畜禽产品安全生产综合配套技术丛书

鹅标准化安全生产关键技术

赵金艳　韩占兵　主编

中原农民出版社

·郑州·

图书在版编目(CIP)数据

鹅标准化安全生产关键技术 / 赵金艳, 韩占兵主编. —郑州: 中原农民出版社, 2016.9
(畜禽产品安全生产综合配套技术丛书)
ISBN 978 - 7 - 5542 - 1488 - 6

Ⅰ.①鹅… Ⅱ.①赵… ②韩… Ⅲ.①鹅 – 饲养管理 – 标准化 Ⅳ.①S835.4 – 65

中国版本图书馆 CIP 数据核字(2016)第 213247 号

鹅标准化安全生产关键技术

赵金艳　韩占兵　主编

出版社: 中原农民出版社

地址: 河南省郑州市经五路 66 号　　　　　　**邮编:** 450002

网址: http://www.zynm.com　　　　　　　　**电话:** 0371 – 65788655

发行单位: 全国新华书店　　　　　　　　　　**传真:** 0371 – 65751257

承印单位: 新乡市豫北印务有限公司

投稿邮箱: 1093999369@ qq.com

交流 QQ: 1093999369

邮购热线: 0371 – 65788040

开本: 710mm × 1010mm　　1/16

印张: 21.5

字数: 352 千字

版次: 2016 年 10 月第 1 版　　　　　　　　**印次:** 2016 年 10 月第 1 次印刷

书号: ISBN 978 - 7 - 5542 - 1488 - 6　　　　**定价:** 39.00 元

　　　　本书如有印装质量问题,由承印厂负责调换

序

近年来,我国采取有力措施加快转变畜牧业发展方式,提高质量效益和竞争力,现代畜牧业建设取得明显进展。第一,转方式,调结构,畜牧业发展水平快速提升。持续推进畜禽标准化规模养殖,加快生产方式转变,深入开展畜禽养殖标准化示范创建,国家级畜禽标准化示范场累计超过 4 000 家。规模养殖水平保持快速增长。制定发布《关于促进草食畜牧业发展的意见》,加快草食畜牧业转型升级,进一步优化畜禽生产结构。第二,强质量,抓安全,努力增强市场消费信心。坚持产管结合、源头治理,严格实施饲料和生鲜乳质量安全监测计划,严厉打击饲料和生鲜乳违禁添加等违法犯罪行为。切实抓好饲料和生鲜乳质量安全监管,保障了人民群众"舌尖上的安全"。畜牧业发展坚持"创新、协调、绿色、开放、共享"发展理念,坚持保供给、保安全、保生态目标不动摇,加快转变生产方式,强化政策支持和法制保障,努力实现畜牧业在农业现代化进程中率先突破的目标任务。

随着互联网、云计算、物联网等信息技术渗透到畜牧业各个领域,越来越多的畜牧从业者开始体会到科技应用带来的巨变,并在实践中将这些先进技术运用到整条产业链中,利用传感器和软件通过移动平台或电脑平台对各环节进行控制,使传统畜牧业更具"智慧"。智慧畜牧业以互联网、云计算、物联网等技术为依托,以信息资源共享运用、信息技术高度集成为主要特征,全力发挥实时监控、视频会议、远程培训、远程诊疗、数字化生产和畜牧网上服务超市等功能,达到提升现代畜牧业智能化、装备化水平,以及提高行业产能和效率的目的。最终打造出集健康养殖、安全屠宰、无害处理、放心流通、绿色消费、追溯有源为一体的现代畜牧业发展模式。

同时,"十三五"进入全面建成小康社会的决胜阶段,保障肉蛋奶有效供给和质量安全、推动种养结合循环发展、促进养殖增收和草原增绿,任务繁重而艰巨。实现畜牧业持续稳定发展，面临着一系列亟待解决的问题：畜产品消费增速放缓使增产和增收之间矛盾突出，资源环境约束趋紧对传统养殖方式形成了巨大挑战，廉价畜产品进口冲击对提升国内畜产品竞争力提出了迫切要求，食品安全关注度提高使饲料和生鲜乳质量安全监管面临着更大的压力。

"十三五"畜牧业发展，要更加注重产业结构和组织模式优化调整，引导产业专业化分工生产，提高生产效率；要加快现代畜禽牧草种业创新，强化政策支持和科技支撑，调动育种企业积极性，形成富有活力的自主育种机制，提升产业核心竞争力；要进一步推进标准化规模养殖，促进国内养殖水平上新台阶；要积极适应经济"新常态"变化，主动做好畜产品生产消费信息监测分析，加强畜产品质量安全宣传，引导生产者立足消费需求开展生产；要按照"提质增效转方式，稳粮增收可持续"工作主线，推进供给侧结构性改革，加快转型升级，推行种养结合、绿色环保的高效生态养殖，进一步优化产业结构，完善组织模式，强化政策支持和法制保障，依靠创新驱动，不断提升综合生产能力、市场竞争能力和可持续发展能力，加快推进现代畜牧业建设；要充分发挥畜牧业带动能力强、增收见效快的优势，加快贫困地区特色畜牧业发展，促进精准扶贫、精准脱贫。

由张晓根教授组织编写的《畜禽产品安全生产综合配套技术丛书》涵盖了畜禽产品质量、生产、安全评价与检测技术，畜禽生产环境控制，畜禽场废弃物有效控制与综合利用，兽药规范化生产与合理使用，安全环保型饲料生产，饲料添加剂与高效利用技术，畜禽标准化健康养殖，畜禽疫病预警、诊断与综合防控等方面的内容。

丛书适应新阶段新形势的要求，总结经验，勇于创新。除了进一步激发养殖业科技人员总结在实践中的创新经验外，无疑将对畜牧业从业者培训，促进产业转型发展，促进畜牧业在农业现代化进程中率先取得突破，起到强有力的推动作用。

中国工程院院士

2016 年 6 月

目 录

鹅标准化安全生产关键技术

第一章　鹅标准化安全生产概述

我国养鹅历史悠久,是世界上养鹅最多的国家。我国的养鹅业以前一直处于小规模、分散饲养的状态,形成了许多各具特点的地方品种。各地对鹅的饲养管理和产品的利用也各有不同,我国养鹅的目的主要是生产鹅肉、鹅蛋和少量的肥肝,也生产出大量的羽绒。2000 年前后我国鹅存栏数量已超过 2 亿只,近十几年来人们认识到绿色、健康的鹅产品的价值,激发了养鹅的热情,使得鹅产业的规模快速扩大起来,目前已经发展到近 9 亿只的规模,成为世界上真正的养鹅大国。同时人们对畜禽产品提出了更高的要求,市场需求的是安全、优质、有利于人类健康的鹅业产品,即鹅群本身的健康要有利于人类健康和环境安全,使鹅产业由数量发展型跨越到科技密集的效益型,达到鹅产业的标准化、规模化、安全化生产状态。

第一节 鹅产业发展概况

一、鹅产业发展现状

联合国粮农组织统计数据显示,2005 年全世界鹅的总存栏量为 3.019 7 亿只,其中我国的鹅存栏量为 2.678 2 亿只,占世界鹅总存栏量的 88.69%;全世界鹅的总屠宰量为 5.842 9 亿只,其中我国的鹅屠宰量为 5.431 6 亿只,占世界鹅总屠宰量的 92.96%;全世界鹅肉的总产量为 233 万吨,其中我国的鹅肉总产量为 217.25 万吨,占世界鹅肉总产量的 93.20%。我国鹅的饲养量、鹅的产量均居世界第一位,在世界鹅业生产中占有重要地位。

目前我国鹅的饲养量已近 9 亿只,已成为名副其实的养鹅生产大国。与以前相比,我国的鹅产业主要变化有以下几点:

(一)养鹅区域扩大,规模化养殖渐渐成为养鹅业的主流

我国以前养鹅的省份相对比较集中,伴随着我国农业产业化格局的调整和鹅产品市场的供不应求,越来越多的省份和地区加入了养鹅的行列,目前在我国大陆除西藏、青海、甘肃外,其他各省市区都有数量不等的规模养鹅场分布,其中养鹅 5 000 万只以上的省份有江苏、广东、安徽、四川、河南、山东等。

(二)鹅的良种及选育受到重视,鹅的种质得到改善,提高了养鹅效益

我国拥有世界上最丰富、最庞大的鹅种资源基因库,是世界上鹅品种资源最丰富的国家。根据调查我国现有 20 多个鹅品种,国家畜禽资源管理委员会已将其中的豁眼鹅、四川白鹅、皖西白鹅、狮头鹅、兴国灰鹅、乌鬃鹅等地方良种建立了国家级保种场,对我国地方良种鹅的遗传多样性保护和开发利用起到了重要作用。我国近年来引进的几个欧洲鹅种,如繁殖性能较高的莱茵鹅,产肥肝性能较优的专用品种朗德鹅,匈牙利羽绒专用的霍尔多巴吉鹅等,都经过系统的专门化选育,早期生长发育快,繁殖性能中等,产绒多,适应性强,具有独特的遗传基因资源,已经成为我国鹅品种资源的重要组成部分,对我国发展现代养鹅业起着积极作用。

由于良种受到人们的重视,良种鹅的引养、繁育、推广速度日益加快。2001 年前,我国养殖的土杂鹅占养鹅总数的 2/3 左右,目前,良种鹅的普及率已达 2/3,随着鹅的良种率的提高,鹅业生产水平如繁殖率、养殖成活率、生长速度、经济早熟性等也普遍提高,养鹅的经济效益约提高 30%。

（三）养鹅从业者有目的地研究和使用鹅用饲草、饲料

养鹅是一项自然生产和资源再生产的物质转换过程，饲料营养是养鹅的物质基础，随着科学养鹅知识的普及提高和优良品种鹅的引养，人们逐渐认识到了良种鹅必须饲喂营养全面而平衡的草料，才能生长发育快，生产性能好，鹅体健壮，抗病力强，优良的遗传基因才能充分发挥出来，并产生良好的经济效益。20 世纪末和 21 世纪初，人们养鹅是有啥料喂啥料，长成啥样是啥样。2002 年以后，随着养鹅业的发展和科技水平的提高，传统养鹅方式逐步开始转变，鹅的专用配合饲料生产供应逐渐增多，有 20% 左右的养鹅户开始试喂配合料，取得成效后，示范带动效应明显，目前 300～500 只规模的养鹅户有90% 以上饲喂配合饲料（包括一些肉鸭、肉鸡和猪的配合料）。为满足养鹅业迅猛发展的需要，各地都陆续研制出不同品种、不同生理阶段如雏鹅、肉仔鹅、种鹅繁殖期需要的配合料，其中预混料更为普遍。

鹅是草食性水禽，种草养鹅和青贮玉米秸秆喂鹅，是科学养鹅的重要内容。在广大的农区和半农半牧区，从 21 世纪初就开始种植冬牧 70 黑麦草、菊苣、墨西哥玉米、苦荬菜等优质牧草养鹅，取得成效后，种植面积已经迅速扩大，目前有 24 个省市区开展了面积不等的种草养鹅工作，收效很好。青贮玉米秸秆喂鹅也在河南、河北、山东、安徽等地先后试验成功，正在大力普及推广。农作物秸秆如玉米秸秆、花生秧、豆秧等干燥粉碎后经生物发酵喂鹅，也在一些地区推广。

采用配合饲料养鹅、种草养鹅、青贮玉米秸秆喂鹅、农作物秸秆粉生物发酵喂鹅等工作，是养鹅业的科技创新工程，也是一场科技革命，意义深远而重大。我们应该解放思想，改变观念，以创新的精神，因地制宜，好好为之。

（四）广泛使用现代化的养鹅设施、设备

随着标准化鹅场建设和规范化饲养管理工作的不断发展，不少新筹建的现代式规模养鹅的鹅舍建筑都舍弃了砖、水泥、灰沙、钢材、木材等材料，采用轻质耐用、隔热性能好的塑料构件，省工、省时、省运费、省占地面积，美观、整齐、大方，适于养鹅的需要，是今后发展的方向。

在饲养管理设备方面，大都采用了比较规范化的禽用饮水器、料盘和自动饮水装置；两层式笼育雏和网上平养方式，采用了电动刮粪机；较大规模养鹅场（户）采用青饲料切割机、揉丝机加工青草、菜类喂鹅，节省了人力，提高了青绿饲料的利用率。总之，采用现代饲养管理设备，既减轻了人工劳动强度，又减少了人工操作时间对鹅群正常生活规律的干扰，有利于鹅群的生长发育和生产性能的正常发挥。特别是两层式笼育雏设备比较规范,分小群饲养,饲槽、水槽放置笼外,采食、饮水自由而均匀,水也不沾湿鹅身,不发生啄毛现象,鹅群生长发育快,整齐度高,成活率高。正常情况下,饲养人员除免疫之外,一般不干扰鹅群的生活规律,一个人可管 4 000 ~ 5 000 只雏鹅,是地面养、网养的若干倍,应该广泛采用。

(五)鹅场环境调控意识增强,鹅场设计、管理日趋完善

环境是鹅群生命和生产活动的三大要素之一,鹅业养殖者近年来在进行鹅场设计和生产管理过程中,基本能够为鹅群提供适宜的温度、湿度、光照条件和洁净的饮用水源,大部分场家进行了鹅场粪便的无害化处理。

以前养鹅模式的缺点主要是小规模散养,容易造成各种畜禽混养,生活区、生产区界限不清,闲杂人员不能有效控制进入生产区,出入场区没有必备的消毒设施等。随着养鹅规模的扩大,鹅场建设越来越规范,鹅舍设计越来越合理,对地理位置、水源、风向、场区规划等因素充分考虑。饲养人员的管理、防疫意识逐渐增强,在鹅生产管理过程中,饲养人员有了疫病防控意识和环境保护意识,对垫料、废弃物、病死鹅等基本能够掌握合适的处理技术。

(六)现代化鹅产业模式得到了较快发展

所谓现代化鹅产业,就是把养殖型的养鹅业转变为精深加工鹅肉制品应用型的鹅产业,实现产业效益最大化。根据国情,实现这一目标须以鹅肉产品加工企业为龙头,走"公司 + 基地 + 养殖户"产销一体化,牧工贸一条龙的产业化道路。在养鹅发展比较快,基础较好的地区,可以大户为主体,组织养鹅合作社,建立行业协会,带动千家万户,利用经纪人搞好流通。这些大户既是生产者、组织者,又是市场的开拓者,在经营方式上加以突破,积极培育龙头企业,促进饲养、加工行业的发展,形成产业化规模效益。

(七)鹅产品保质量、创品牌、增新品,出口创汇和扩大内销并举

我国在鹅绒和鹅绒制品方面在国际市场享有一定的知名度,近年来应适应欧洲市场对羽绒制品来源追溯的法律要求,继续提高质量,保持声誉,不断扩大生产规模,增加产量。在鹅裘皮加工方面,虽然在我国未能规模化生产,但却是鹅业生产较有前途的加工项目,正在进一步深入研究,改进加工工艺,我国是最有条件和最有能力占领这一市场的国家。如果鹅裘皮得到开发,我国鹅的饲养量将会有更大的突破。鹅肥肝是一种高档禽产品,目前我国肥肝生产在国际市场上所占份额较低,由于我国肝用鹅种资源主要引自国外,再者鹅的填肥、取肝、保鲜、运输等方面尚需进一步改进技术,增加投入,提高鹅肥

肝的质量,将会有新的发展机遇。鹅肥肝在我国有较好的生产条件,国际市场货源缺口较大,鹅肥肝生产将是我国发展鹅业生产的另一个新的热点。目前除发展传统的、风味独特的鹅肉加工产品外,应努力推出国内外市场需要的分割、冷冻包装方便食品,同时积极推进我国人民对鹅产品的认识和消费习惯,以扩大国内市场对鹅产品的需求量。例如我国北方过去从不吃鹅肉,现在已经有很大改观,市场上出现不少盐水鹅、烧鹅等店铺,而且生意也很红火。现在还有向边远地区推进的趋势,估计不远的将来鹅业生产有可能超过鸭业生产。国外也是如此,比如法国人认为鹅肉是佳品,有代替火鸡的趋势。

(八)全国性鹅业信息系统初步形成

随着网络技术的不断发展和网络系统的完善,畜禽养殖行业都通过网络平台获取养殖技术和产品信息,鹅产业也不落后,目前鹅产品已形成"全国卖,全国买"的统一大市场,鹅产品价格也完全由市场进行调节,指导鹅产业经营的关键就是需要全面、准确、快捷地把握鹅业相关市场信息,一个全国性的鹅专业信息系统,帮助养鹅场(户)了解国内外市场的价格,价格变动的趋势,产、供、销单位的具体地址,产品质量的具体要求、标准,以及相关产业的动态等,以便鹅业加工企业和养鹅生产者制订生产、销售计划。避免盲目性,使鹅业生产健康有序地发展。

二、鹅业生产存在的问题

虽然我国养鹅的规模和数量正在呈逐年上升的趋势,鹅的产品也在不断地被更多的消费群体所接受,但是,我国的养鹅业距离养鹅强国还有很长的路要走,鹅业生产中存在的问题主要表现为:

(一)我国养鹅业的规模化、产业化程度不高

近年来,由于我国畜牧业产业结构的调整和广大消费者对绿色健康食品的需要,养鹅业从传统的畜牧业副业的地位迅速发展起来,行业专家们认为养鹅业是中国 21 世纪具有竞争优势的朝阳产业,应该大力发展现代养鹅业,20多年的实践证明是正确的。20 多年来,广大农民自力更生,把全国养鹅数量由不到 1 亿只发展到近 9 亿只的规模,成为世界上真正的养鹅大国。但由于多方面因素的影响,养鹅业仍停留在传统的数量发展型阶段,无实力向科技密集的效益型阶段跨越。所以,有量无质的养鹅业呼声不大,效应不强,制约了朝阳产业的优势发展。接下来的很长一段时间养鹅业的主要任务就是解决好养鹅业在品种、技术、产品质量、产品加工等环节中存在的难题,把我国养鹅业做大做强,成为规模化、产业化程度高的养鹅强国。

(二)我国养鹅业的规模增长与配套的相关环节不相符

目前,我国养鹅的数量已经达到世界第一的水平,但是全国养鹅大部分是分散养殖,所以与养鹅业配套的其他环节不成熟,造成脱节现象,具体表现为:

1. 养鹅场(户)组织化程度低

在贸易全球化、金融一体化的21世纪,发展养鹅业,必须切实提高养鹅业的组织化程度,形成集群经济体制和经营机制,才能在竞争激烈的市场中稳操胜券。目前我国养鹅场或基地大部分是各自为政的状态,鹅的品种选育、饲料配合、药品研发、产品销售、技术服务等对比其他畜禽的相关体系还很不成熟,甚至没有专门的产品研发和科技服务人员,鹅产业的规模和数量迫切需要各相关环节系统的组织和协调,才能保障养鹅业顺畅、可持续发展。

2. 从业者获取市场信息不及时

我国从事养鹅业的大部分是农民,养殖场主要分散在农村,虽然我国畜禽养殖的网络平台逐年完善,但限于从业者的年龄、知识水平等,在获取信息和交流方面存在一定的困难和时差,而养鹅业和其他畜牧养殖是一样的,需要及时了解市场行情,尤其是饲料、疫苗、疾病流行与预防、产品销售等信息变化迅速,需要养殖场及时了解市场,敏感获取信息,以便采取正确的应对措施。

3. 科技水平低

现阶段我国养鹅业各环节专业人才缺乏,大部分养殖户没有经过专业学习,都是"摸着石头过河"的状态,心里不清楚养鹅业的各个环节怎么做,对品种、饲料营养、饲养管理、疫病防治、产品加工和销售各个环节认识模糊,从众现象严重,特别容易造成盲目上马、盲目下马的现象,尤其是遇到行情不好时极易挫伤养殖户的养殖热情。因此应该加强科学普及工作,在养鹅场大力推广科学养鹅技术,如科学育雏技术、育成鹅限饲技术、鹅场环境控制与疫病防疫技术、种鹅繁殖技术等;在鹅生产行业范围内重点加强鹅营养需要标准的研制和日粮标准的制订、鹅产品的综合开发利用、良种鹅品种(系)的选育、传染病和常见病的防治、产供销协调和规模效益研究等。

4. 资金不足,承担风险能力低

养鹅业的从业者大部分是农民或跨行业投资者,在资金投入方面经常出现资金链条断裂现象,农民养殖户基本上是倾其所有建场养鹅,遇到市场不景气或鹅群遭遇传染病时,一旦遭受经济损失则无力继续维持,也就是说他们从事养鹅业只能赚不能赔;而跨行业投资者往往不懂养殖,遭遇第一次失败一般不再回头。而搞畜牧业养殖,风险是时时存在的。解决这个问题一方面需要国家政策支持,鼓励并支持节粮型鹅业养殖的发展,在政策上予以倾斜,在资金上予以补贴或贷款,以增强养鹅业抗御自然和市场风险的能力。同时鹅业养殖场也要联合起来形成集群经济实体,融资建设,风险共担,同时注重技术和信息的掌握与交流,只有经得起市场考验才能走得更远。

(三)鹅的良种繁育体系不健全成为我国养鹅业发展的瓶颈

长期的养鹅实践,养鹅者逐渐认识到良种是发展养鹅业的基础,大都在引养良种鹅之后取得了增产增值的效果,但达不到良种鹅资料中介绍的水平。分析主要的原因是:

1. 没有系统选育

我国地方鹅品种资源丰富,但大多数地方良种都是在进行着简单再生产,品种内开展系统选育的很少,选育程度还比较低;同一个品种内的个体,在遗传结构、核心群数量、体形外貌和生产性能等方面还存在较大差异,长久以来,优良特性不再明显或丧失。除了真正的育种场之外,几乎所有的种鹅场(户)都是进行着有数量无质量的无序繁殖,根本不开展留优淘劣的选育工作。长时间的优劣混繁,优良的生产性能必然下降乃至消失,很多从国外引进的优秀品种(品系),因为不继续选育而迅速衰退,造成种质资源的浪费。

2. 繁育推广利用不规范

鹅的良种繁育体系建设只有专家的呼声,缺乏政府的意见,更缺乏有效的法规,鹅的良种资源在被随意利用或浪费着,甚至被随意杂化着,优势基因在丢失着。没有形成科学的选育制度和培育方法,投入资金少而且分散,传统品种已不能满足现代化、产业化生产的需要。

3. 随意留种

有些种鹅场将普遍无序杂交乱配的杂化后代鹅当种鹅卖给养鹅户,充当种鹅繁殖利用,导致血缘混乱,生理机能异化,生长发育缓慢,整齐度差,生活力、抗病力降低,病害多发,经济效益低下。良种不能科学地繁育、推广、利用,造成良种不良和良种无良果的严重情况。

(四)没有统一、规范的鹅的营养标准

以前我国鹅的饲养规模小、千家万户分散饲养,上规模的种鹅场(户)不多,饲养管理十分粗放,没有形成系统的规范的鹅的营养标准,不同产区的人民一般就地取材按照当地养殖习惯饲喂鹅群。伴随着鹅产业规模的发展,国内许多学者也开展了有关鹅的饲料营养、饲养管理技术等方面的研究,但不同品种、不同生理阶段鹅的营养标准不够完善,严重制约了我国养鹅业的技术进步。我国缺乏对有关鹅的生理、营养、饲养、饲料配制等配套技术的系统性研究,所以在鹅的饲养过程中有些场户参考鸡、鸭的营养标准配制饲料,如目前有很多鹅场用鸡花料饲喂雏鹅,用肉鸭料饲喂肉仔鹅等,但是鹅毕竟不同于鸡鸭,在生理、生产等方面差距较大,没有能够充分发挥鹅的食草性优势,浪费了饲料,影响了鹅产业的经济效益和鹅业生产的健康发展。

(五)鹅产品市场的成熟性、稳定性差

养鹅业的规模大了,产品多了,但目前尚没有形成稳定的产、供、销体系,鹅产品消费市场开拓乏力,具体表现为:

1. 鹅肉市场区域过于明显

我国虽是世界鹅肉生产和消费大国,但由于历史原因和现时缺乏鹅肉产品消费市场的开拓者,呈现明显的区域消费特征。目前,也只有淮河流域以南和京广路以东的较大范围是鹅肉消费较多的区域,其中江苏、上海更多一些,南京市由年消费鹅 500 多万只升至 1 500 多万只,扬州市更是后起之秀,目前,年消费鹅 1 500 万只左右。周围的高邮、仪征、邗江、泰兴等城镇都是鹅肉消费日益兴旺的地方,江苏更是名副其实的养鹅大省和鹅肉产品消费大省,其盛势正在带动周围地区养鹅业的发展。广东和香港都是鹅肉消费量很大的地区,广东年消费鹅约 1 亿只;浙江的大部,安徽的长江沿岸地区,江西、湖南、湖北的部分地区,广西、云南、海南、贵州只有大中城市有一定量的鹅肉消费,四川虽是养鹅大省,只是热衷于鹅肠等内脏的消费,重庆的消费量亦有限。其他地区特别是山东、河南、黑龙江、吉林、辽宁等地区的养鹅业迅速发展,但鹅肉消费量极少,乃至空白。这些年,鹅肉消费区域呈现由南向北转移的趋势,但发展缓慢,例如郑州市 2003 年消费鹅 20 多万只,2008 年约 100 万只,但升势不稳。粗略估计,目前我国养鹅区域已广布 28 个省、市、区,而消费鹅肉的人口约为 5 亿。总之,南方终端消费市场发展缓慢,广阔且潜力巨大的北方消费市场的开拓极度乏力,已经成为严重制约鹅业发展的瓶颈。这种情况,说明两个问题,一个是消费市场空间大,一个是产销布局失衡,亟待进行产销协调布局的调整。"北养南销"是产业发展过程中的临时状态,但不能成为"常态",否则就会增加生产经营成本,成为"病态"将制约产业的持续发展。

2. 鹅羽绒及羽绒制品在国际受挫

鹅的羽绒作为鹅业的副产品,采集羽绒主要来源于屠宰时烫褪毛收集,少部分来源于活拔羽绒。"活拔鹅绒"的工艺来源于匈牙利、波兰等欧洲国家,由于成本、消费习惯等因素,我国国内市场对"活拔绒"制品需求量极少。欧

洲关于家养鹅的法律对家养鹅(包括家养雁属、家养野生鸿雁属及其杂交种)的生物特性、饲养人和监督办法、鹅舍、屠宰等方面做出了严格的规定。"禁止任何会或者可能会给鹅带来痛苦的饲养方式或者饲养计划","不允许从活禽身上拔取羽绒、羽毛"。我国有一整套关于野生动物保护的法律、法规,但保护家禽方面的法律法规尚未出台。我们只有尊重欧洲等国家或地区保护动物的法律与消费者需求,反对虐待动物的行为,才不至于失掉市场。

3. 鹅肥肝出口技术需要攻关

鹅肥肝是法国美食的代表,和鱼子酱、黑松露一起被誉为世界三大美食。鹅肥肝不仅营养丰富,而且质地细嫩,口味鲜美,浓郁,奇特,有一种独特的香味,是国际上公认的滋补身体的名贵美食。我国劳动力、饲料、饲养场地等养鹅资源丰富,但是对于鹅肥肝的消费量却很少。我国生产的鹅肥肝以冻鲜肝的形式出口日本、欧洲等地,在吉林长春、广西北海、山东临沂等地形成相当规模;由于出口要求严格,冻鲜肝出口的成品率低,造成大量等外品滞销,导致以冻鲜肥肝为主出口的企业经济效益不高。而以肥肝为原料生产肥肝酱的关键技术未能突破,国内大量冻肥肝和等外品滞销,同时国家每年需大量外汇购买肥肝酱;鹅肥肝产业链中产前、产中发达,产后显得滞后,落后的产后加工严重制约产前和产中的发展。

(六)我国鹅产品缺乏深加工的工艺和设备

我国养鹅的数量和年屠宰数量逐年升高,但在鹅产品加工领域没有明显的突破。目前我国鹅产品加工以粗加工为主,精深加工比例少。我国鹅的屠宰加工工艺,技术和设备相对滞后,加工产品品种单一,并且多以初级产品上市,产品附加值低。我国鹅肉大多停留在初加工的水平上,如肉鹅产品中,分割产品仅占35%,而高附加值的二次加工产品与发达国家差距甚远。我们应该拉长鹅产品加工的产业链条,在有自己特色的中式风味鹅加工制品、二次加工制品、冷藏鹅肉制品、高附加值的鹅肉制品、保健二次加工制品上加大研发力度。

绝大多数鹅产品加工企业屠宰设备落后,处于低水平的简单生产状态。由于气候因素的影响,鹅的饲养不能做到全年均衡生产,屠宰加工季节性较强,加工设备半年忙、半年闲,经营利润不高,使企业不愿意投资更新设备或重新建厂。多数厂家临时性短期行为的思想比较严重,赚一把就走,多赚一年是一年,这也是鹅加工企业不能尽快上规模、上水平的一个重要原因。

(七)养鹅业缺乏专业人才队伍

我国从事养鹅的人群中,大部分不是专业人士,基本没有经过专业培养和训练,对鹅的特点、养殖技术、疫病防治技术、鹅场经营管理等缺乏认识,很大程度上靠的是周边养殖群众的带动,或者部分龙头企业的放养,所以在鹅业养殖过程中科技力量薄弱,急需懂技术、会管理的专业人才队伍充实养鹅业的各个环节。养鹅业如果能够吸纳我国畜牧类大专院校的毕业生不断加入,并与大专院校开展长期的产、学、研合作,将在很大程度上推动养鹅业的快速发展。

第二节　鹅标准化安全生产的概念与意义

一、鹅标准化安全生产概念

鹅标准化安全生产是指在鹅业养殖的过程中,养鹅场(户)按照养殖设备和环境标准化、生产管理水平标准化的要求进行生产经营,保证环境安全、鹅群安全和鹅产品安全。

鹅标准化生产过程就是推广普及鹅业养殖新技术、新成果的过程,同时是增强鹅业经营者法制观念和质量意识的过程。其中养殖设施与环境标准化主要是指工厂化生产,养鹅场设计标准科学,设施装备先进,鹅群饲养环境优越,是生产安全健康鹅产品的硬性基础。例如,现代化鹅场应分为生产区和生活区两部分,生产区应建有兽医室、隔离室、种鹅舍、育雏舍、青年鹅舍、育成鹅舍、育肥舍、种蛋库,并安装自动饮水、淋浴、消毒、监测等完善的配套设施,充分考虑动物的福利;管理水平的标准化主要围绕生产健康鹅产品而建立的生产标准、饲料生产标准、防疫程序标准、鹅产品质量标准以及相应的法律与企业经营管理体系等。这些标准对鹅产品的质量来说,是硬性的约束条件。

环境安全是指通过科学合理地设计养鹅场及各阶段鹅舍,进行环境控制和废弃物有效处理,维持适宜的鹅群生活、生产环境,同时减少对周边环境的污染;鹅群安全是指通过提供全价优质饲料、科学饲养管理和疾病控制保持鹅群健康,减少疾病的发生;鹅产品安全是指通过维护适宜的饲养环境,保持鹅群健康,科学合理地使用药物等保证产品的优质和绿色(药物残留少)。在鹅业安全生产的环节中环境安全是基础,鹅群安全是保证,鹅产品安全是要求。只有环境安全,才能为鹅群提供良好的生活、生产环境,才能减少对养殖场及周围环境的污染并有效防止疫病的发生;只有鹅群安全,才能保证鹅群的生产潜力充分发挥,才能生产出量多质优的鹅产品;只有鹅产品安全,才能获得更大的经济效益和社会效益。

二、鹅标准化安全生产的意义

（一）养鹅业实行标准化安全生产是我国鹅业稳定发展的需要

鹅业生产实行标准化，就是要规范种鹅、饲料、兽药、养鹅机械等投入品的供应，规范不同阶段、不同用途的鹅群饲养、鹅产品加工及流通各环节的操作规程，按照不同品种、不同生理阶段、不同用途的鹅群标准进行饲养、防疫、加工、贮运、包装、销售。这样可以有效地提高鹅产品质量，提高鹅业生产的整体素质。不进行标准化生产、操作不规范是自然经济时期小生产的生产方式，现代市场经济条件下是行不通的。实施养鹅业标准化生产，不断提高鹅产品标准化，就能培植更多的鹅产品，促进鹅业产业化更快的发展。

经过 2013 年禽流感的冲击，我国水禽产业结构需要进一步调整，对于养鹅业来说，要重点培育新的鹅业养殖经营模式，进一步提高养鹅业的规模化、组织化程度，提升养鹅场（户）对市场的掌控能力；同时要合理保护鹅品种资源，充分利用鹅的优良遗传基因，提高鹅的生产潜力；再者要不断规范和改善鹅的养殖条件，因地制宜，科学养鹅，加强鹅饲养环境的保护并有效处理鹅场污物保护周边环境不被污染，保证鹅的生活福利和产品安全；加大鹅群疫病防控的科研和实施力度，开发鹅专用疫苗，加强鹅产业应对疫病风险的能力，保障鹅群健康，减少药物残留。

（二）绿色、安全、保健的鹅产品是消费者一贯的追求

鹅业的系列产品一直以其优质、绿色、营养、保健的特质被广大消费者所喜爱。根据传统的中医观点，鹅肉性平味甘，具有益气、补虚之功效，适宜于身体虚弱、气血不足、营养不良之人食用。鹅肉为红肉，风味比较好，在华东、华南和东南亚地区鹅肉在人们的日常食品消费中占有重要的地位，而且近年来北方对鹅的消费量也有迅速增加的趋势。鹅以青粗饲料为主，不仅肉质好，而且污染少，制成的鹅肉制品具有独特的风味，市场的消费潜力很大。2008 年世界卫生组织选出的最好的肉类就是鹅肉，因为其脂肪的化学结构和橄榄油接近，含较多的不饱和脂肪酸，有益于心脏健康。鹅蛋品质优良，具有补中，滞气的功效。鹅羽绒的比重小、保暖效果好，是制作羽绒服、羽绒被等防寒保暖用品的高档原料。鹅肥肝质量好，鹅肥肝中的不饱和脂肪酸有助于降低人血液中胆固醇的含量，是预防心血管系统疾病的优质食品，在欧洲，尤其是在法国，鹅肥肝制成的肥肝酱是高级的营养食品。近年来我国不断披露的食品安

全事件,使人们更加喜欢选择无污染、安全、优质、营养的绿色和无公害食品,因此,保证鹅业标准化生产,树立产品安全意识,生产无公害、绿色有机鹅产品,实现从鹅舍到餐桌全过程监控,生产出更多符合市场需求的安全的鹅产品,市场前景将更加广阔。

2013年的H7N9禽流感疫情对养鹅业造成了很大损失,受多种因素制约,目前养鹅产业仍然是一个脆弱的产业,抗风险能力不强,必须建立完善养鹅产业健康发展的长效机制。借鉴生猪调控应急预案,建立维护鹅产业健康发展的应急预案,如政府的补贴机制、战略收储机制、金融支持、政策性保险等。更应该加强投资规模化养鹅场,不仅能加快我国鹅业养殖规模化进程,更能规范鹅养殖,从而提升消费者信心,稳定鹅业发展。

(三)鹅业安全生产是国际市场形势需要

伴随着世界畜牧业的快速发展,环境保护、食品安全和动物福利问题已成为全人类共同关注的目标。健康高效养殖、杜绝餐桌污染是各国政府、企业界和学术界普遍关注的焦点。世界贸易组织(WTO,也称"世贸组织")各成员国也纷纷制定相关动物产品贸易的法律、法规和标准,逐步开始实施绿色贸易壁垒,绿色贸易壁垒将成为世贸组织其他成员与我国贸易竞争的主要手段,将出现不断的摩擦与纠纷,制约着我国农畜产品的出口。在我国鹅产业发展过程中,需要不断地采取强有力的措施,推动养鹅业的技术创新,加速技术进步与产业升级,练好内功,提高跨越绿色壁垒能力,生产出数量充足的安全、优质、无药物残留的鹅产品。

我国自加入世贸组织后,饱尝了技术壁垒给畜产品出口带来的艰难,先后有多个国家因畜禽产品中抗生素残留超标,宣布暂停进口我国动物产品,使我国的外贸出口蒙受巨大经济损失。我国畜禽产品出口困难主要由于饲养户缺乏安全意识,受经济利益驱使,滥用兽药及饲料添加剂,导致农畜产品兽药残留及有毒有害物质超标。再者我国的疫病监测、诊断、预防和扑灭等各个环节存在着体系不健全、设施简陋、技术落后等突出问题,达不到国际兽医卫生组织要求的标准。比如鹅产业,在国内很多地区吃鹅仍然以活鹅交易为主,2013年H7N9禽流感事件告诉我们,必须减少并关闭活鹅市场。在欧美发达国家,城市里没有活鹅交易。活鹅交易减少有利于控制疾病,减少传染源,但这需要时间,需要全方位努力,最主要的是要引导消费。这就要求企业延伸产业链,发展龙头企业,大力开发鹅产品深加工,关键在于鹅体深度利用。进行标准化安全生产的商品鹅品质好,均匀度高,才能实现工厂化生产加工。

第二章 标准化鹅场规划设计与环境安全控制

禽场选址和建筑设计等畜牧工程技术做不好,容易造成禽场(舍)环境难以控制,为环境条件和疾病控制等埋下安全隐患,且禽场(舍)属于固定资产投资,不容易改建,建成后影响时间长,因此应充分重视禽场的选址、规划和禽舍的设计建设等畜牧工程措施,做到禽场(舍)建设标准化,为今后长远发展奠定坚实的基础。

鹅场建设更应注意科学化和规范化,因为鹅属于水禽,场址、场舍一般水源或水域面较大,若规划不好,很容易导致各种问题的发生。规模鹅场各类建筑物间的布局要做到因地制宜,科学合理,以节约资金,提高土地利用率。设计规范、布局合理的鹅场既便于饲养管理,又有利于防疫工作的开展,减少疾病的入侵。

第一节 标准化鹅场规划设计

一、选址

鹅场场址的好坏直接关系到投产后场区小气候状况、经营管理及环境保护状况。现代化的养鹅生产必须综合考虑占地规模、场区内外环境、市场与交通运输条件、区域基础设施、生产与饲养管理水平等因素,场址选择不当,可导致整个鹅场在运营过程中不但得不到理想的经济效益,还有可能因为对周围的大气、水、土壤等环境污染而遭到周边企业或城乡居民的反对。因此,场址选择是鹅场建设可行性研究的主要内容和规划建设必须面对的首要问题,需要考虑以下因素:

(一)地势地形

鹅场应选在地势较高、干燥平坦及排水良好的场地,要避开低洼潮湿地,远离沼泽地。地势要向阳背风,以保持场区小气候温热状况的相对稳定,减少冬春季风雪的侵袭。

平原地区一般场地比较平坦、开阔,应将场址选择在较周围地段稍高的地方,以利排水防涝。地面坡度以 1%～3% 为宜,且地下水位至少低于建筑物地基0.5米以下。对靠近河流、湖泊的地区,场地应比当地水文资料中最高水位高1～2米,以防涨水时被水淹没。

山区建场应选在稍平缓的坡上,坡面向阳,总坡度不超过25%,建筑区坡度应在2.5%以内。山区建场还要注意地质构造情况,避开断层、滑坡、塌方的地段,也要避开坡底和谷地及风口,以免受山洪和暴风雪的袭击。有些山区的谷地或山坳,常因地形地势限制,易形成局部空气涡流现象,致使场区内污浊空气长时间滞留、潮湿、阴冷或闷热,因此应注意避免。场地地形宜开阔整齐,避免过多的边角和过于狭长。

(二)水源水质

鹅场要有水质良好和水量丰富的水源,同时便于取用和进行防护。

水量充足是指能满足场内人禽饮用和其他生产、生活用水的需要,且在干燥或冻结时期也能满足场内全部用水需要。鹅是水禽,需水量比较大,建场选址时必须考虑水源供水量问题。

水质要清洁,不含细菌、寄生虫卵及矿物毒物。在选择地下水做水源时,要调查是否因水质不良而出现过某些地方性疾病。农业部在 NY 5027—2008

《无公害食品　畜禽饮用水水质》、NY 5028—2008《无公害食品　畜禽产品加工用水水质》中明确规定了无公害畜牧生产中的水质要求。水源不符合饮用水卫生标准时，必须经净化消毒处理，达到标准后方能饮用。具体要求见表2－1和表2－2。

表2－1　畜禽饮用水质量要求

项目	自备水	地面水	自来水
大肠杆菌值(个/升)	3	3	
细菌总数(个/升)	100	200	
pH 值	5.5～8.5		
总硬度(毫克/升)	600		
溶解性总固体(毫克/升)	2 000		
铅(毫克/升)	Ⅳ级地下水标准	Ⅳ级地下水标准	饮用水标准
铬(六价,毫克/升)	Ⅳ级地下水标准	Ⅳ级地下水标准	饮用水标准

表2－2　畜禽饮用水中农药限量指标(单位:毫克/毫升)

项目	马拉硫磷	内吸磷	甲基对硫磷	对硫磷	乐果	林丹	百菌清	甲萘威	2,4－二氯苯氧乙酸
限量	0.25	0.03	0.02	0.003	0.08	0.004	0.01	0.05	0.1

（三）土壤地质

土壤的透气性、吸湿性、毛细管特性及土壤化学成分等不仅直接和间接影响家禽场的空气、水质和地上植被等，还影响土壤的净化作用。沙壤土最适合场区建设，但在一些客观条件限制的地方，选择理想的土壤条件很不容易，需要在规划设计、施工建造和日常使用管理上，设法弥补土壤缺陷。

对施工地段工程地质状况的了解，主要是收集工地附近的地质勘查资料，地层的构造状况，如断层、陷落、塌方及地下泥沼地层。对土层土壤的了解也很重要，如土层土壤的承载力，是否是膨胀土或回填土。膨胀土遇水后膨胀，导致基础破坏，不能直接作为建筑物基础的受力层；回填土土质松紧不均，会造成建筑物基础不均匀沉降，使建筑物倾斜或遭破坏。遇到这样的土层，需要做好加固处理，严重的、不便处理的或投资过大的则应放弃选用。此外，了解拟建地段附近土质情况,对施工用材也有意义,如沙层可以作为砂浆、垫层的骨料,可以就地取材,节省投资。

鹅场地面要平坦,向南或东南稍倾斜,背风向阳,场地面积大小要适当,土壤结构最好是沙质壤土,这种土壤排水性能好,能保持鹅场的干燥卫生。

(四)气候因素

气候状况不仅影响建筑规划、布局和设计,而且会影响鹅舍朝向、防寒与遮阳设施的设置,与鹅场防暑、防寒日程安排等也十分密切。因此,规划鹅场时,需要收集拟建地区与建筑设计有关和影响鹅场小气候的气候气象资料和常年气象变化、灾害性天气情况等,如平均气温,绝对最高气温、最低气温,土壤冻结深度,降水量与积雪深度,最大风力,常年主导风向、风向频率,日照情况等。各地均有民用建筑热工设计规范和标准,在鹅舍建筑的热工计算时可以参照使用。

(五)社会条件

1. 城乡建设规划

家禽场选址应符合本地区农牧业发展总体规划、土地利用发展规划、城乡建设发展规划和环境保护规划,不要在城镇建设发展方向上选址,以免影响城乡人民的生活环境,造成频繁地搬迁和重建。

2. 交通运输条件

家禽场每天都有大量的饲料、粪便、产品进出,所以场址应尽可能接近饲料产地和加工地,靠近产品销售地,确保其有合理的运输半径。大型集约化商品场,其物资需求和产品供销量极大,对外联系密切,故应保证交通方便,场外应通有公路,但应远离交通干线。

3. 电力供应情况

家禽场生产、生活用电都要求有可靠的供电条件,一些家禽生产环节如孵化、育雏、机械通风等电力供应必须绝对保证。通常,建设畜牧场要求有 II 级供电电源。在 III 级以下供电电源时,则需自备发电机,以保证场内供电的稳定可靠。为减少供电投资,应尽可能靠近输电线路,以缩短新线路敷设距离。

4. 卫生防疫要求

为防止家禽场受到周围环境的污染,选址时应避开居民点的污水排出口,不能将场址选在化工厂、屠宰场、制革厂等容易产生环境污染企业的下风向处或附近。在城镇郊区建场,距离大城市 20 千米,小城镇 10 千米。按照畜牧场建设标准,要求距离铁路、高速公路、交通干线不小于 1 千米,距离一般道路不

小于 500 米,距离其他畜牧场、兽医机构、畜禽屠宰厂不小于 2 千米,距居民区不小于 3 千米,且必须在城乡建设区常年主导风向的下风向。禁止在以下地区或地段建场:规定的自然保护区、生活饮用水水源保护区、风景旅游区;受洪水或山洪威胁及有泥石流、滑坡等自然灾害多发地带;自然环境污染严重的地区。

5. 土地征用需要

必须遵守十分珍惜和合理利用土地的原则,不得占用基本农田,尽量利用荒地和劣地建场。大型家禽企业分期建设时,场址选择应一次完成,分期征地。近期工程应集中布置,征用土地满足本期工程所需面积,远期工程可预留用地,随建随征。征用土地可按场区总平面设计图计算实际占地面积。

二、鹅场的布局

鹅场规划的原则是分区规划,按照生产目的进行功能区规划。在满足卫生防疫等条件下,建筑紧凑,以节约土地、满足生产需要。

1. 鹅场的分区(图 2 - 1)

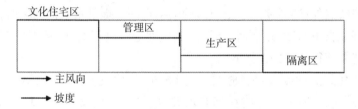

图 2 - 1　各区按风向建设示意图

鹅场可分成管理区、生产区和隔离区。各功能区应界限分明,联系方便。管理区与生产区间要设大门、消毒池和消毒室。管理区设在场区常年主导风向上风处及地势较高处,主要包括办公设施及与外界接触密切的生产辅助设施,设主大门,并设消毒池。

生产区可以分成几个小区,它们之间的距离在 300 米以上,每个小区内可以有若干栋鹅舍,综合考虑鹅舍间防疫、排污、防火和主导风向与鹅舍间的夹角等因素,鹅舍间距离为鹅舍高度的 3 ~ 5 倍。

隔离区设在场区下风向处及地势较低处,主要包括兽医室、隔离鹅舍等。为防止相互污染,与外界接触要有专门的道路相通。场区内设净道和污道,污道与后门相连,两者严格分开,不得交叉、混用。

2. 场区绿化场区(图 2 - 2)

绿化是鹅场规划建设的重要内容,要结合区与区之间、舍与舍之间的距离、遮阳及防风等需要进行。可根据当地实际种植能美化环境、净化空气的树种和花草,但不宜种植有毒、有飞絮的植物。

图2-2 场区绿化示意图

三、鹅舍建筑

禽舍作为家禽生活和生产的场所,必须保证合适的生活环境,如良好的通风换气、温度和光照控制、废物清除等功能。鹅具有敏感性高、活动力强、喜水、喜清洁等特性,要求有较大的活动空间。因此,鹅舍除了需要具备以上禽舍的一般特点外,还需要给予鹅更多的活动空间并提供水上活动场所,以使鹅能够较好地自由活动,在水面上清洗、梳理羽毛和进行交配,从而发挥正常的生产性能并获得良好的经济效益。

鹅舍建筑总的要求是冬暖夏凉、阳光充足、空气流通、干燥防潮、保持卫生、经济耐用,同时要考虑建在拥有水源、地势较高而又有一定坡度的地方。设计鹅舍要求功能完备,操作合理;利于防疫,持续发展;结构坚固,经久耐用;节约能源,降低成本;便于舍内各项环境指标的控制。

鹅舍应根据饲养鹅种的不同年龄、不同饲养方式、不同饲养地的气候条件来建造。建筑材料选用原则是就地取材,因陋就简。根据鹅舍的用途可分为育雏舍、育成(或青年)鹅舍、种鹅舍。各类鹅舍的要求各有差异。

(一)育雏舍(图2-3)

南北方育雏鹅舍大致相同,一般都采用离地的漏缝地板式或网床养殖,使雏鹅与粪便隔离,防止受粪便中有害细菌的感染。为了保温,网床上方可以安装红外保温灯,或者在网床下方地下或地面设置炉火烟道向舍内供暖。网床内还给予料槽和饮水器。南方的网床往往是单层的,北方的多为多层,主要是为了对雏鹅更好地保暖。雏鹅在舍内的饲养时间根据外界气温变化而定,夏季时间短于冬季。

雏鹅绒毛稀少,体质比较娇嫩,调节体温能力差,需要有14~28天的保温

图 2 - 3　育雏鹅舍

时间。要求育雏舍温暖、干燥、保温性能良好,空气流通而无贼风,电力供应稳定,最好设有保温设备。每栋育雏舍以容纳 500 ~ 1 000 只雏鹅为宜。房舍檐高 2 ~ 2.5 米,内设天花板,以增加保温性能。窗与地面面积之比一般为 1:(10 ~ 15),南窗离地面 60 ~ 70 厘米,设置气窗,便于空气调节;北窗面积为南窗的 1/3 ~ 1/2,离地面 1 米左右,所有窗子与下水道通外的口子要装上铁丝网,以防兽害。育雏舍地面最好用水泥或砖铺成,以便于消毒,并向一边略倾斜,以利排水。室内放置饮水器的地方,要有排水沟,并盖上网板,雏鹅饮水时溅出的水可漏到排水沟中排出,确保室内干燥。为便于保温和管理,育雏室应隔成几个小间。每小间的面积为 12 ~ 14 米^2,可容纳 30 日龄以下的雏鹅 100 只左右。舍前设运动场和水浴池,运动场亦是晴天无风时的喂料场,略向水面倾斜,便于排水,喂料场与水面连接的斜坡长 3.5 ~ 5 米。运动场宽度为 3 ~ 6 米,长度与鹅舍长度等齐。运动场外接水浴池,池底不宜太深,且应有一定坡度,便于雏鹅上下和浴后站立休息。

(二)育肥舍

育肥舍也称青年舍。育成阶段鹅的生活力较强,对温度的要求不如雏鹅严格。因此,育成鹅舍的建筑结构简单,基本要求是能遮挡风雨、夏季通风、冬季保暖、室内干燥。在南方气候温暖地区可采用简易的棚架式鹅舍。规模较大的鹅场,建筑育成鹅舍时,可参考育雏鹅舍。

育成鹅形体较大,生活力旺盛,抵抗力强,能够忍受粗放的环境和适应多种类型的鹅舍,因此各地的育成鹅和商品鹅鹅舍呈现较大的差异和多样性。

育肥鹅舍内可设计成栅架(图 2 - 4),分单列式和双列式两种,四面可用竹子围成栏栅,围高 64 厘米,每根竹竿间距 5 ~ 6 厘米,以利鹅头伸出采食和饮水。外设料槽和水槽,饲料槽上宽 30 厘米、底宽 24 厘米、高 25 厘米,水槽宽 20 厘米、高 12 厘米。育肥棚架离地面 70 厘米以上,栅底竹条编成间隙2.5～3 厘米,以使粪便漏下。育肥舍分若干小栏,每小栏 10～15 米^2,可容纳中等体形育肥鹅 70～90 只。也可不用棚架,鹅群直接养在地面上,但须每天清扫,常更换垫草,并保持舍内干燥。

图 2-4　棚架育肥鹅舍

在北方常见的是旱养鹅舍(图 2-5),由于北方干燥缺水,冬季天气寒冷,因此需要建造砖瓦结构和轻钢结构的鹅舍,同时采用旱养、半旱养的养殖模式。在东北草原或草甸区域还有放牧加补饲的生产方式,北方鹅种的羽绒质量高且售价较高,加上近年南方鹅肉消费量不断上升,使北方肉鹅生产的经济效益一直很好,特别是东北地区出现了很多产业化经营的养鹅企业,在政府项目支持下,从国外引进了性能优良的鹅种,建造了许多高档鹅舍,这些鹅舍高大宽敞,采用轻钢结构、钢质屋顶和泡沫保暖建材建造。其内部一般采用打碎

图 2-5　北方旱养鹅舍

玉米秸秆作为垫料,在舍外的运动场也同样放置有料槽和饮水器。

(三)种鹅舍(图2-6,图2-7)

图2-6　种鹅舍

图2-7　种鹅舍

鹅为季节繁殖性动物,南方鹅繁殖季节为每年的9月到第二年的5月,北方鹅为2月至7月上旬产蛋,换羽后在秋季又可部分产蛋。为了改变母鹅的繁殖季节,发挥其最大的繁殖性能,需要为其提供一个舒适的生活环境,种鹅舍的建设应比其他鹅舍标准高,这方面各地存在很大差异。

种鹅舍建筑视地区气候而定,一般也有固定鹅舍和简易鹅舍之分,舍内鹅栏有单列式和双列式两种。双列式鹅舍中间设走道,两边都有陆上运动场和水上运动场,在冬天结冰的地区不宜采用双列式。单列式鹅舍冬暖夏凉,较少受季节和地区的限制,故大多采用这种方式。单列式鹅舍走道应设在北侧。种鹅舍要求防寒、隔热性能好,有天花板或隔热装置更好。北方鹅舍屋檐高度为1.8~2.0米以利保暖,南方则应提高到3米以上。窗与地面面积比要求1:8,特别在南方地区南窗应尽可能大些,离地70厘米以上的大部分做成窗,北窗可小些,离地100~120厘米。鹅舍地面易消毒,设排水沟,舍内地面比舍外高10~15厘米。一般种鹅场,在种鹅舍的一角须设产蛋间(栏)或安置产蛋箱,产蛋间可用高60厘米的竹竿围成,开设2~3个小门,让产蛋鹅自由进出。地面上铺细沙,或木板上铺稻草。

每栋种鹅舍以养400~500只种鹅为宜。产蛋期种鹅舍由舍内、陆上运动场和水上运动场三部分组成,舍内面积的计算办法为:大型种鹅每平方米2~2.5只、中型种鹅每平方米3只、小型种鹅每平方米3~3.5只。陆上运动场一般应为舍内面积的2~2.5倍,水上运动场与陆上运动场面积几乎相等,或至少有陆上运动场面积的1/3~1/2,水深80~100厘米。周围要建围栏或围墙,一般高度在1~1.3米即可。鹅舍周围应种树,树荫可使鹅群免受酷暑侵扰。如无树荫或树荫不大,可在水陆运动场交界处搭建凉棚,防止日光直射。

我国养鹅业由于整体水平较低,农民、企业和政府项目投入水平差异较大,造成我国各地鹅舍建筑类型和档次参差不齐。现在养鹅生产中鹅舍类型有开放式、半封闭式(图2-8)和全封闭式。无论哪一种鹅舍都是根据当地生产环境、自己经济实力和生产方向要求而建。全封闭式环控鹅舍可节约土地和减少对公共水域的污染,将成为未来水资源和土地资源日益紧张情况下的最佳选择。同时,还需要考虑如何优化鹅舍设计,研发不同季节不同地区的通风换气方式和技术,结合良好的饲喂方式,更好地控制鹅舍内环境,节约能源投入,开展节能低碳养鹅。

图2-8 半封闭式鹅舍

(四)孵化室

孵化室是养鹅场的重要组成部分,有的已经发展成为专门的企业组织。孵化室应与外界保持可靠的隔离,应有其专门的出入口,与鹅舍的距离至少应有150米,以免来自鹅舍的病原微生物横向传播。孵化室应具有良好的保温性能,外墙、地面要进行保温设计。孵化室要求有换气设备,使二氧化碳的含量低于0.01%。

孵化室设计应注重以下几点:

1. 保温性好

孵化厅的保温性地面、屋顶、四周墙壁具有良好的保温性能。外墙厚度应为37厘米,地面要求填20厘米厚的炉灰渣后,用水泥浇地。地面的承重能力应大于700千克/米^2。

2. 通风性能良好

孵化室要求通风性能良好,孵化室二氧化碳的含量应小于0.01%。孵化室的门应与孵化机的门呈垂直方向或错开位置。门窗的位置应尽量避免室外气流直接通向室内,孵化室窗子面积不宜过大。

3. 隔离措施好

孵化室应与外界保持可靠的隔离,与鹅舍的距离至少应有50米,以免来自鹅舍的病原微生物横向传播。孵化厂的工艺流程:种蛋选择、装盘、消毒、入库、预温消毒、孵化、出雏、性别鉴定、包装、外运。

(五)鹅舍设计与建造的基本原则

鹅舍设计与建造合理与否,不仅关系到鹅舍的安全和使用年限,而且对家禽生产潜力的发挥、舍内小气候状况、禽场工程投资等具有重要影响。进行鹅舍设计与建造时,必须遵循以下原则:

1. 满足建筑功能要求

家禽场建筑物有一些独特的性质和功能。要求这些建筑物既具有一般房屋的功能,又有适应家禽饲养的特点;由于场内饲养密度大,所以需要有兽医卫生及防疫设施和完善的防疫制度;由于有大量的废弃物产生,所以场内必须具备完善的粪尿处理系统,还必须有完善的供料贮料系统和供水系统。这些特性,决定了家禽场的设计、施工只有在畜牧兽医专业技术人员参与下,才能使其生产工艺和建筑设计符合畜牧生产的要求,才能保证设计的科学性。

2. 符合家禽生产工艺要求

规模化家禽场通常按照流水式生产工艺流程,进行高效率、高密度、高品质生产,鹅舍建筑设计应符合家禽生产工艺要求,便于生产操作及提高劳动生产率,利于集约化经营与管理,满足机械化、自动化所需条件和留有发展余地。首先要求在卫生防疫上确保本场人禽安全,避免外界的干扰和污染,同时也不污染和影响周围环境;其次要求场内各功能区划分和布局合理,各种建筑物位置恰当,便于组织生产;再次要求禽场总体设计与鹅舍单体设计相配套,鹅舍单体设计与建造符合家禽的卫生要求和设备安装的要求;最后要求按照"全进全出"的生产工艺组织家禽业的商品化生产。

3. 有利于各种技术措施的实施和应用

正确选择和运用建筑材料,根据建筑空间特点,确定合理的建筑形式、构造和施工方案,使鹅舍建筑坚固耐用,建造方便。同时鹅舍建筑要利于环境调控技术的实施,以便保证家禽良好的健康状况和高产。

4. 注意环境保护和节约投资

既要避免家禽场废弃物对自身环境的污染,又要避免外部环境对家禽场造成污染,更要防止家禽场对外部环境的污染。要搞好家禽场环境保护,合理选择场址及规划是先决条件,重视以废弃物处理为中心的环境保护设计,大力进行生态家禽场建设,充分利用废弃物,是环境保护的重要措施。

在鹅舍设计和建造过程中,应进行周密的计划和核算,根据当地的技术经济条件和气候条件,因地制宜、就地取材,尽量做到节省劳动力、节约建筑材料,减少投资。在满足先进的生产工艺前提下,尽可能做到经济实用。

四、鹅舍设施

(一)育雏设备

早春气温较低,且天气变化无常,刚出壳的雏鹅调节体温的能力较差,所以必须供温育雏,育雏用的供温设备一般可采用煤炉、炕道等。

在育雏室内砌筑地火龙供温(图2-9),可增加室内育雏面积,温度均匀、稳定,且无煤气中毒的危险。这种地火龙可在建造育雏舍时同时砌筑。育雏舍炉灶,火口在地下由4~5条砖砌的炕道通向另一头,集中在一个烟囱出口。灶内也可燃烧砻糠、木屑等耐燃燃料,以保证坑道内温度均衡。用煤炉加温,则需安装烟囱,及时排出煤气。由于育雏舍内经常铺用垫草,因此,用煤炉供温还需时刻注意防火。不论是煤炉供温还是坑道供温,舍内均需用屯席将雏鹅围成小栏,屯席高20~30厘米,每一栏30~50只雏鹅。随着雏鹅的长大,圈栏可逐渐放大,并逐步并群。围栏上应放置竹竿。每隔4~5个屯席围栏就应留出一块干净的空地,约2米^2,准备2~3块相同大面积的塑料布,以备雏鹅活动、喂食、喂水之用。每一块这样的空地应配有4~5个饮水器具,可用毛竹劈成两半制作,也可用水盆,饮水器具的面积应以1次喂水时可同时有一半的雏鹅饮到水为宜。每一育雏舍内还应备有多个水桶、水勺、料桶,及专用的菜刀、砧板,以备切青饲料用。网上育雏设备见图2-10。

图 2-9　地上火龙

图 2-10　网上育雏设备

（二）中鹅、成鹅用喂料器和饮水器

育雏完毕后的中鹅应有适当高度的饮水器和喂料器,可在瓦盆,水槽周围用竹条围起,使鹅能将头伸进啄食而不能踩进饲料盆。鹅龄较大时也可不用竹围,但盆必须有一定的高度。盆上沿的高度应随鹅龄的增加而及时调整,原则上以鹅能采食为好。木制饲槽应适当加以固定,防止碰翻。也可自制水泥饲槽,饲槽长度一般为 50～100 厘米,上宽 30～40 厘米,下宽 20～30 厘米,高10～20 厘米,内面应光滑。

（三）围栏和旧渔网

鹅群放牧时应随身携带竹围或旧渔网。鹅群放牧一定时间后,将围栏或渔网围起,让鹅群休息。

（四）产蛋箱和孵化箱

一般可不设产蛋箱,仅在种鹅舍内一角围出一个产蛋室让母鹅自由进出。

育种场和繁殖场需做记录时可设立自闭式产蛋箱,天然孵化时应备有孵化箱。但也可用砖垒成孵化巢。孵化箱和孵化巢可做成上宽下小的圆形锅状巢。上直径40~45厘米,下直径20~25厘米,高35~45厘米。里面铺上稻草,孵化箱或孵化巢都应高离地面10~15厘米。巢与巢之间应有一定距离,以防止孵鹅打架或偷蛋。

(五)运输鹅或种蛋的笼或箱

应有一定数量的运输育肥鹅或种鹅的笼子,可用竹子制成,长80厘米,宽60厘米,高40厘米,种鹅场还应有运种蛋和雏鹅的箱子,箱子应保温、牢固。此外,不管是何种鹅舍,均需备足新鲜干燥的稻草以作垫料之用,可在秋收时收购并储备起来,苫上草帘或苫布,不使淋雨霉变。

(六)环境控制设备

1. 控温设备

包括降温设备和采暖设备,常见有以下几种设施。

(1)湿帘风机降温系统(图2-11) 该系统由湿帘(或湿垫)、风机、循环水路与控制装置组成,具有设备简单、成本低廉、降温效果好、运行经济等特点,比较适合高温干燥地区。

图2-11 湿帘风机降温系统

在湿帘风机降温系统中,关键设备是湿帘。国内使用比较多的是纸质湿帘,采用特种高分子材料与木浆纤维空间交联,加入高吸水、强耐性材料胶结而成,具有耐腐蚀、使用寿命长、通风阻力小、蒸发降温效率高、能承受较高的过流风速、安装方便、便于维护等特点。湿帘风机降温系统是目前最成熟的蒸发降温系统。

湿帘的厚度以100~200毫米为宜,干燥地区应选择较厚的湿帘,潮湿地区所用湿帘不宜过厚。

（2）喷雾降温系统　用高压水泵通过喷头将水喷成直径小于100微米的雾滴，雾滴在空气中迅速汽化吸收舍内热量使舍温降低。常用的喷雾降温系统主要由水箱、水泵、过滤器、喷头、管路及控制装置组成，该系统设备简单，效果显著，但易导致舍内湿度提高。若将喷雾装置设置在负压通风鹅舍的进风口处，雾滴的喷出方向与进气气流相对，雾滴在下落时受气流的带动而降落缓慢，延长了雾滴的汽化时间，可提高降温效果。但鹅舍雾化不全时，易淋湿羽毛影响生产性能。

（3）电热式保温伞　热源主要为红外线灯泡和远红外板，伞内温度由电子控温器控制，可将伞下距地面5厘米处的温度控制在26～35℃，温度调节方便。

（4）燃气式保温伞　主要由辐射器和保温反射罩组成。可燃气体在辐射器处燃烧产生热量，通过保温反射罩内表面的红外线涂层向下反射远红外线，以达到提高伞下温度的目的。燃气式保温伞内的温度可通过改变悬挂高度来调节。

由于燃气式保温伞使用的是气体燃料（天然气、液化石油气和沼气等），所以育雏室内应有良好的通风条件，以防由于不完全燃烧产生一氧化碳而使雏鹅中毒。

（5）热风炉供暖系统（图2-12）　主要由热风炉、送风风机、风机支架、电控箱、连接弯管、有孔风管等组成。热风炉有卧式和立式两种，是供暖系统中的主要设备。它以空气为介质，采用燃煤板式换热装置，送风升温快，热风

图2-12　热风炉供暖系统

出口温度为80～120℃,热效率达70%以上,比锅炉供热成本降低50%左右,使用方便、安全,是目前推广使用的一种采暖设备。可根据鹅舍供热面积选用不同功率热风炉。立式热风炉顶部的水套还能利用烟气余热提供热水。

2. 通风设备

主要是风机,包括轴流风机和离心风机。

(1)轴流风机　主要由外壳、叶片和电机组成,叶片直接安装在电机的转轴上。轴流风机风向与轴平行,具有风量大、耗能少、噪声低、结构简单、安装维修方便、运行可靠等特点,而且叶片可以逆转,以改变输送气流的方向,而风量和风压不变,因此,既可用于送风,也可用于排风。但风压衰减较快。目前鹅舍的纵向通风常用节能、大直径、低转速的轴流风机。

(2)离心风机　主要由蜗牛形外壳、工作轮和机座组成。这种风机工作时,空气从进风口进入风机,旋转的带叶片工作轮形成离心力将其压入外壳,然后再沿着外壳经出风口送入通风管中。离心风机不具逆转性,但产生的压力较大,多用于畜舍热风和冷风输送。

3. 照明设备

(1)人工光照设备　包括白炽灯、荧光灯。

(2)照度计　可以直接测出光照强度的数值。由于家禽对光照的反应敏感,鹅舍内要求的照度比日光低得多,应选用精确的仪器。

(3)光照控制器　基本功能是自动启闭鹅舍照明灯,即利用定时器的多个时间段自编程序功能,实现精确控制舍内光照时间。

第二节　鹅场环境安全控制

加入WTO之后为我国畜禽产品进入国际市场打开了方便之门,然而,各国为了保护本国的经济利益,纷纷设置了较高的技术壁垒。这些年来,我国出口畜禽产品因疫病和药残问题被退货和销毁的事件频频发生,出口量逐年减少,呈现出易进难出的局面。要打破国际市场技术壁垒,坚守住国内畜产品市场,就必须控制疫病,杜绝药残,提供"高品质、安全、无公害"畜禽产品,打破畜产品质量瓶颈。但是,实践证明,畜禽商品生产只靠传统的畜禽饲养方式和疫病防治方法,不可能走出疫病防治误区,推行生物安全环境才是从根本上控制疫病,解决疫苗兽药滥用而疫病长期难以控制问题的唯一出路。

随着畜禽养殖业规模化和集约化生产的快速发展,在大大提升养殖户经济收入和生活水平的同时,畜禽饲养及加工生产过程中产生的大量排泄物和废弃物也对环境及人民群众的身体健康产生严重威胁。如果处理不当,这些污染物不但会对大气造成污染,而且会对土壤和水质也造成严重的污染。

畜禽养殖中产生的污染物被排入水库、河流或农田等水域中,会使水体产生大量浮游生物及衍生的水生生物,如水藻等。这些生物大量繁殖,消耗水中氧气,造成水体富营养化。这样的水质在池塘会威胁鱼类生存,在农田会使禾苗发生徒长、倒伏或晚熟、绝收现象。同时,受影响的植物根系腐烂或鱼虾死亡后,在水底进行厌氧分解而产生硫化氢、氨等恶臭物质,使水质受到进一步污染,对人畜健康造成危害。此外,畜禽粪尿及污物不仅污染地表水和地下水,而且一些病原微生物和寄生虫通过水传染给人和家畜,严重危害人畜的健康。

一、水源、土壤安全防护

良好的水源和安全的土壤地质是保证鹅场健康、稳定有序生产的保证,如何保证水质安全和降低或避免土壤土质污染是鹅场重要的工作。

(一)水源防护

畜禽养殖场的废水中含有大量的化学污染物,我国大部分规模化养殖场废水未经处理或者简单处理后直接排放,造成水体富营养化,未经处理的畜禽粪便随意排放,经过雨水冲刷和土壤毛细管作用,粪便中的氮、磷元素进入土壤后转化为硝酸盐和磷酸盐,不但造成土壤污染还会造成地下水污染。硝酸盐能转化成致癌物质,饮用水污染后将严重威胁人的身体健康,而地下水污染大概要300年才能自然恢复。

为了保护水源,鹅场取水点周围应设置保护区。生活饮用水水源保护区由环保、卫生、公安、城建、水利、地矿等部门共同划定,并在防护地带设置固定的告示牌,落实相应的水源保护工作。

1. 地表水水源卫生防护

地表水水源卫生防护必须遵守下列规定:①取水点周围半径100米的水域内,严禁捕捞、网箱养殖、停靠船只、游泳和从事其他可能污染水源的任何活动。②取水点上游1 000米至下游100米的水域不得排入工业废水和生活污水;其沿岸防护范围内不得堆放废渣,不得设立有毒、有害化学物品仓库、堆栈,不得设装卸垃圾、粪便和有毒有害化学物品的码头,不得使用工业废水或生活污水灌溉及施用难降解或剧毒的农药,不得排放有毒气体、放射性物质,不得从事放牧等有可能污染该水域水质的活动。③以河流为给水水源的集中式供水,由供水单位及其主管部门会同卫生、环保、水利等部门,根据实际需要,可把取水点上游 1 000 米以外的一定范围河段划为水源保护区,严格控制上游污染物排放量。④受潮汐影响的河流,其生活饮用水取水点上游及其沿岸的水源保护区范围应相应扩大,其范围由供水单位及其主管部门会同卫生、环保、水利等部门研究确定。⑤作为生活饮用水水源的水库和湖泊,应根据不同情况,将取水点周围部分水域或整个水域及其沿岸划为水源保护区,并按①、②的规定执行。⑥对生活饮用水水源的输水明渠、暗渠,应重点保护,严防污染和水量流失。

2. 地下水水源卫生防护

必须遵守下列规定:①生活饮用水地下水水源保护区、构筑物的防护范围及影响半径的范围,应根据生活饮用水水源地所处的地理位置、水文地质条件、供水的数量、开采方式和污染源的分布,由供水单位及其主管部门会同卫生、环保及规划设计、水文地质部门研究确定。②在单井或井群的影响半径范围内,不得使用工业废水或生活污水灌溉和施用难降解或剧毒的农药,不得修建渗水厕所、渗水坑,不得堆放废渣或铺设污水渠道,并不得从事破坏深层土层的活动。③工业废水和生活污水严禁排入渗坑或渗井。④人工回灌的水质应符合生活饮用水水质要求。

(二) 土壤安全防护

畜禽粪便中含有的氮、磷是宝贵的资源。如果直接排放,不但造成巨大的资源浪费,而且严重污染环境;若利用好畜禽有机肥,不仅可以减轻畜禽粪便对环境的污染,还可提高土壤肥力,改善土壤结构,是我国农业可持续发展的重要保证。

使用未经处理的畜禽粪便施用于农田,若超过土壤自身的自净能力,可导致土壤的孔隙堵塞,造成土壤透气和透水性下降及板结,严重影响土壤质量,并可使作物徒长、倒伏、晚熟或不熟,造成减产甚至毒害作物;另外在畜禽养殖中大量使用的各种促进生长和提高饲料利用率、抑制有害菌的微量元素添加剂,如硒、铜、砷等将同粪便一同排出,长期使用未经处理的粪便会使重金属和有害物质在土壤中含量增加,不仅抑制作物的生长,而且会在作物中大量富集,当作物中这些元素含量超过一定标准就会影响人类的健康。

另外,作为禽畜疾病预防及治疗药物抗生素、生长促进剂、饲料添加剂等被广泛应用于养殖业并进入环境,造成了环境中抗性耐药菌和抗性基因的日益增加,从而影响人体和动物健康以及生态环境。

防止土壤污染,可采取以下措施:①加强对于鹅场废水、粪污等的治理和综合利用,防止向土壤任意排放含各种污染物质的废物。②合理使用兽药和疫苗,积极发展高效、低毒、低残留的兽药药。③对粪便、垃圾和生活污水进行无害化处理。④慎重推广污水灌溉,对灌溉农田的污水要严格进行监测和控制,最好使用处理后的污水灌田。⑤采用好氧生物堆肥处理技术,减少环境污染。好氧堆肥处理技术,就是将畜禽粪便单独或与其他填充料(如木屑、稻壳、作物秸秆粗粉等)混合堆肥,并进行充气和搅拌,使其充分发酵后作为农用。

在畜禽养殖中应使用多种途径实施"干湿分离、雨污分离、饮排分离"等手段尽量减少畜禽粪便的排放,减少污水中污染的浓度,减轻处理难度,节约成本。畜禽粪便中含有大量的病原体、微生物和寄生虫卵,必须经过堆肥、发酵等无害化处理后进行还田,否则将对人畜带来潜在的危害。畜禽养殖业的污染防治要充分利用土壤的自然吸收净化能力,让畜牧业回归农业,使之与种植业紧密结合,以畜禽粪便肥养土地,真正实现种养平衡、生态平衡。另外,大型畜禽养殖污染已引起重视。已将畜禽养殖业的环境管理纳入法制化管理轨道,地方各级环境保护部门要强化相应的管理和监督职能,对畜禽养殖业的污染控制要采取有效的防治手段,严格控制畜禽养殖场的污染排放,使我国畜禽养殖业走可持续发展的道路。

二、生物安全防护

生物安全意义比较广泛,它指的是预防临床或亚临床疫病发生的一种畜禽生产安全体系,重点强调环境因素在保证动物健康中所起的决定性作用,也就是保证畜禽生长处在最佳状态的生态环境体系中,保证其发挥最佳的生产性能。广义的生物安全是泛指生命的安全,包括人、畜、禽的舒适、安宁和福利等。狭义的生物安全是针对所有人、畜、禽的病原,核心是预防病原微生物侵入畜、禽体内并产生危害,是疾病综合防治的重要环节。动物的疫病是畜禽场址选择、房舍的设计、通风、采光、温度、湿度、饲料、饮水、人员、饲养管理等各个环节综合作用的结果,只要发生了疫病,就可以判断以上某些环节中存在问题。

生物安全是一项系统工程,是疫病的预防体系,它从建场时就开始考虑人畜的安全。整个生物安全体系的每一个环节的设计宗旨就是排除疫病威胁,阻断引起畜禽疾病及人畜共患病的病原体进入畜禽群体中。因此,生物安全措施是减少疾病危险的最佳手段,它可以对多种病同时起到预防和净化作用,不像疫苗,一种疫苗只对一种病有效。而长期以来将防疫灭病工作从畜牧生产的综合管理体系中孤立出来,片面地将疫病防治技术理解为注射疫苗、喂药打针的观点导致长期依靠药物来控制疫病,最终只能导致养殖成本提高,耐药菌(毒)株的形成,病的种类日趋繁杂,增加了控制(净化)疫病的难度,畜禽死淘率居高不下,直接影响了养殖户的经济效益。

目前,生物安全体系已为畜牧业发达国家所普遍接受并成功实践,取得了不少成功的经验。以美国养鸡业为例,从 20 世纪 50 年代开始至 90 年代,已消灭了鸡白痢、MG(败血支原体)、MS(滑液囊支原体)、鸡淋巴细胞白血病及所有血清型的沙门菌。国内许多地区正在建设"无规定动物疫病区",建议在所有畜禽场中长期持之以恒地实施生物安全体系,它无疑将是真正实现"无规定疫病"的最有效途径。为克服养禽场的疾病风险,保证安全高效生产,禽场管理者必须制定周密的生物安全措施,反复教育每一位从业人员,认真细致、自始至终地贯彻在生产活动的每个环节,责成畜牧师、兽医师和班组长重点监督实施,才能确保生产成功。

有效地消灭和减少病原,切断传播途径,增强动物抵抗力,降低易感性是目前防止疾病发生的关键,简单地说,生物安全就是一种以切断传播途径为主的包括全部良好饲养方式和管理在内的预防疾病发生的良好生产管理体系。它的具体内容包括:

(一)环境控制

新建畜禽场选址应贯彻隔离原则并注意常年主风向,水、电和饲料供应、污水处理及其他附属设施等,使畜禽场远离居民区和其他畜禽场及屠宰加工厂、集贸市场和交通要道,通常要有 1 ~ 2 千米的距离。畜禽场的生产区和生活区,二者之间最好要有 200 米的缓冲防疫隔离带。生活区包括更衣消毒区、办公区、宿舍、食堂、水电供应区等。要彻底改变将会客办公、种畜禽生产、孵化销售混合建在同一场区内的观念,生产区应按照畜禽各个生产环节的需要合理划分功能区。如在鹅场,应按育雏、育成、产蛋、孵化、蛋库、销售等不同功能分区布局。每一区域维持"全进全出"系统,做到人员、工具不交叉。尤其要将清洁区和污染区分开,净道、污道分开,自然水和污水要分管道排放。此外,还应提供可以隔离封锁的单元或区域,以便发生问题可以紧急处理。房舍建筑应该具有相对的密闭性,防止飞鸟野兽和老鼠进入畜禽舍传播疾病。应确保提供不同年龄畜禽所需的温度、湿度、通风、采光、气候环境条件,以免对畜禽产生应激。房舍地面和基础最好采用混凝土结构,防止啮齿动物打洞,也利于清洗和消毒。代次较高的场可采用空气过滤正压系统,实践证明它能高效地预防各种疾病。畜禽舍之间不宜栽种树木,以免引来飞鸟传播疾病。房舍周围 15 米范围内的地面都要进行平整和清理,以便能迅速方便地铲割杂草,以尽可能减少和杀灭畜禽舍周围病原及疾病传播媒介。有条件时,可在场区外建立绿化带。单元区"全进全出"畜禽转群空舍时要先将粪便、垫料、尘埃等清理出去,先经多次高压水泵清洗后用消毒剂进行消毒,两批之间空舍时间至少为 3 周。

(二)人员的控制

人员是畜禽疾病传播中最危险、最常见也最难以防范的传播媒介,必须靠严格的制度进行有效控制。

要制定严格的生物安全防疫规章制度,对所有生产工作人员进行生物安全制度培训,使遵守防疫制度成为他们自觉的习惯。工作人员进入畜禽生产区要淋浴更换干净的工作服、工作靴。工作人员进入或离开每一栋舍要养成清洗双手、踏消毒池消毒鞋靴的习惯。尽可能减少不同功能区内工作人员交叉现象。主管技术人员在不同单元区之间来往应遵从清洁区至污染区,从日龄小的畜群到日龄大的畜群的顺序。饲养员及有关工作人员应远离外界畜禽病原污染源,不允许私自养动物。有条件的场,可采取封闭隔离制度,安排员工定期休假。

尽可能谢绝外来人员进入生产区参观访问,经批准允许进入参观的人员要进行淋浴洗澡,更换生产区专用服装、靴帽。并对其姓名及来历等内容进行登记。杜绝饲养户之间随意互相串门的习惯。工作人员应定期进行健康检查,防止人畜互感疾病。采用微机闭路监控系统,便于管理人员和参观者不必轻易进入生产区。

(三)畜禽生产群的控制

畜禽要来源于疫病控制工作完善的场。每一个单元隔离小区严格实行"全进全出"的饲养方式,同群畜禽尽量做到免疫状态相同、年龄相同、来源相同、品种相同。根据畜禽不同品种、不同年龄、不同季节制定适宜的饲养密度,实施合理的生物安全水平。尽可能减少日常饲养管理操作中对畜禽群的应激因素,使畜禽保持健康稳定的免疫力。保持对畜禽生产群的日常观察和病情分析,对饲养管理的每一个环节进行监控,排除所有潜在的危害性因素。定期进行健康状况检查和免疫状态监测,保持畜禽恒定的免疫水平。

(四)对物品、设施和工具的清洁与消毒处理

器具和设备必须经过彻底清洗和消毒之后方可带入畜禽舍,日常饮水、喂

料器具应定期清洗、消毒。

（五）饲料、饮水的控制

必须保证提供充足的营养，保证畜禽发挥最佳的生产性能。

使用符合无公害标准要求的全价配合饲料，推行氨基酸平衡日粮，减少余氮排出对环境的污染。保证水源中矿物质、细菌和化学污染成分符合畜禽饮用水标准，应定期进行检测。防止饮水、饲料在运转过程中受到污染。

（六）垫料及废弃物、污物处理

垫料、粪尿、污水、动物尸体，都应严格进行无害化处理，应建立生化处理设施，对垫料、粪尿、污水，应进行生化处理和降解，动物尸体应深埋或化制。

（七）日常操作程序

为确保新鹅群能在一个无害虫、无疾病的鹅舍中安全饲养，就需要工作人员保持高度警惕并做好如下工作：

第一，谢绝外人参观。所有工作人员进入生产区须更衣、淋浴，并穿上清洁的防水工作服和高筒靴。

第二，饲养人员每次进入禽舍前，先用刷子刷洗靴子，再脚踏足浴消毒池。消毒水的深度应可淹没脚面。每日更新足浴消毒液。脚浴池是提醒每一个员工遵循生物安全措施的一个永久性标志物。用清水洗净双手，再用70%乙醇喷雾消毒手面和手心。

第三，用消毒液冲洗和消毒所有进入鹅场的车辆。车辆驾驶员入场后应待在驾驶室内。有必要下车操作时，须事先更衣洗澡，或穿上清洁的隔离服、长筒靴。在多龄鹅场卸货时，应遵循从小鹅群向老鹅群转移的工作路线，或从健康群到患病群的路线。兽医和其他人员也须遵循这一原则。

第四，每天以禽用消毒剂和洗涤混合液清洗饮水器。碘伏消毒液为上佳选择，因为它可以除去藻类和黏性物质，对鹅毒性低，其棕色特征可以帮助管理者检查饲养员是否进行了清洗工作。

第五，及时检出病死鹅，小心地放入死鹅处理袋，及时焚化处理。焚尸炉应远离鹅舍，以免羽毛和灰尘对鹅舍构成交叉污染。

第六，有一个明显的危险往往被忽视，那就是禽场环境本身可能就是传染源。鹅舍四周可能存在再传染的窝藏点。清洁程序必须将这些区域包含在内。鹅舍周围的杂草要定期割除。最好将它们也做成水泥地面，以便清洁和消毒。

第七，定期清洁所有的设备。随时清除鹅场内的垃圾和杂物，以免招惹蚊蝇和害虫。不要在鹅舍附近停放车辆和堆放物品。

第八,清除鹅舍周围200米范围内的粪便和旧垫料。如不能尽快运走,必须小心地密封或掩埋,防止被风吹散,这是养禽场最危险的传染源。

第九,储藏备用的新麦秸、稻壳和其他垫料要保持干燥,堆放紧密,以免受潮霉变引起霉菌孢子随风传播。

三、鹅场污物处理技术

随着大规模集约化养禽业的迅猛发展,家禽养殖废弃物(粪便、圈舍垫料、废饲料、散落的羽毛、孵化产生的胚蛋、蛋壳等)处理已成为亟待解决的难题。一方面禽场废弃物造成了很大的污染,危及畜禽本身及人体健康;另一方面,家禽粪便又是一种宝贵的饲料或肥料资源,通过加工处理可制成优质饲料或有机复合肥料,不仅能变废为宝,而且可减少环境污染,防止疾病蔓延,具有较高的社会效益和一定的经济效益。但是,家禽粪便含水率高,黏附性大,气味恶臭,易成团结块,难于处理。此外还含有大量生物酶、细菌和寄生虫卵(部分细菌和虫卵是病毒性的,是家禽致病的主要因素)、消毒药水、重金属等有害物质,因此必须进行无害化处理,即脱水干燥、快速发酵腐熟、消毒灭菌、除臭除杂。无害化处理必须做到尽可能多地保持粪便的有效成分,对分离出的杂物和干燥产生的气体进行彻底治理,不产生二次污染,在现有基础上进一步提高产品品质,降低能源消耗。

水禽饲养是我国传统的畜牧生产项目,我国是世界上最大的养鹅生产和消费国,鹅的饲养量占世界总量的88%以上。2013年我国鹅的饲养量约7亿只,其中出栏约6亿只,存栏种鹅约1亿只,近年来,随着以产品加工企业为龙头,带动农民饲养水禽的外向型生产的迅速发展,北方的鹅饲养量也具有了一定的规模。鹅饲养逐渐由过去的以放牧为主的千家万户分散饲养过渡到规模化、适度规模专业化和农户分散饲养并举的局面。由于鹅饲养规模的不断扩大,饲养密度的提高,在较小的土地上产生了大量的废弃物,若不妥善处理,不仅会污染周围环境,形成畜产公害,而且还会造成水禽饲养场自身污染,对鹅的健康和生产造成威胁。这些源源不断的废弃物,是现代化禽畜场发展中必须探讨的问题。

(一)污物处理技术发展概况

国外对家禽粪便的开发研究始于20世纪40年代初,到60年代中后期,欧美、日本等发达国家已解决了鸡粪的干燥难题,并成功地将干鸡粪用于牛、猪、鱼和绵羊的饲料中,取得了较好的效果,同时各国专家学者对粪便饲料化的安全性进行了大量的试验研究并得出结论:带有潜在病原菌的畜禽粪便经过适当处理后,再用作饲料是安全的。美国为此还制定了相应的鸡粪饲料标准。目前国外粪便干燥常用的方法有以下几种:①太阳能干燥或自然通风与太阳能干燥相结合,干燥场地设有封闭的玻璃大棚,并备有可移动的搅拌机。②火力干燥,以油或煤做燃料,但成本高,使用不普遍。③发酵脱水干燥,此法能够达到除臭、灭菌、脱水的目的,使用较为普遍。

关于粪便干燥后气体的处理,目前国外主要采用几种方法:①稀释分散法——利用高烟囱(50米以上)将废气直接排到大气中,让臭气浓度迅速降低到其阈值以下(人的嗅觉刚好闻不到的浓度以下)。②燃烧法——将废气在700~800℃下燃烧,除掉其中的臭味。此法应用普遍但投资较大。③吸收法——用水或化学溶液吸收臭气。④吸附法——利用吸附剂(如活性炭、干鸡粪)在常温下吸附臭气。此外,还有生物法、化学法除臭。

我国禽粪的开发研究始于20世纪80年代初,最初是将晒干的鸡粪用作鱼饲料和猪饲料,目前也有用于牛和绵羊饲料的。近几年来,有些地区将鸡粪加工成有机复合肥,效果较好。目前我国禽粪干燥主要有以下几种方法:①自然干燥或自然干燥与通风干燥相结合,生产场地设有塑料大棚并备有搅拌装置,此法成本低,但周期长(一般25~45天)。②热喷膨化法是利用高温高压,瞬时喷爆蒸发水分、杀菌、除臭,同时可改善适口性,有利于羽毛等杂物处理。③高温高压真空干燥法可以处理鸡粪、死鸡和屠宰下脚料,一次完成消毒灭菌、干燥、粉碎、除臭,产品质量好,但原料含水率不能超过30%。④快速发酵法又称为动态充氧法,此法成本低,处理后的鸡粪可做饲料或肥料,缺点是发酵前需掺入大量干料调节水分,而且所生产的产品只能鲜喂,不能贮存,需进一步干燥才能形成商品。⑤微波法杀虫彻底,但耗电高,要求原料水分不超过35%。⑥火力干燥法是利用煤、油或燃气做燃料,直接将含水率75%~80%的湿鸡粪干燥到14%以下,此法尽管能耗高,但相对于其他几种方法而言,应用要普遍一些。

国内"粪便干燥废气脱臭技术"的研究起步较晚,目前主要有以下几种方法:①与养殖工艺相结合:在饲料中添加沸石、硫酸亚铁等添加剂或在新鲜粪中添加除臭剂,使粪便本身不臭或在干燥过程中少排出臭气。②水洗法:由于干燥废气温度高(回转圆筒200℃左右,搅拌气流100℃左右)湿度大,将废气直接通过水洗降温,不仅可除去粉尘,使部分臭气冷凝成液态溶解于水中,而且还可将溶于水的臭气吸收,从而达到除臭的目的。③稀释法:通过30米以

上的高烟囱直接排放，将臭气稀释。④吸附法：利用活性炭、木屑或干鸡粪吸附臭气。⑤吸收法：通过化学溶液使臭气分解。

这些方法各有优缺点，虽然都能除去部分臭味，但不彻底。

（二）目前存在的主要问题

上述处理粪便的几种方法，虽各具特色，都能处理家禽粪便，但也存在一些致命的缺陷，主要表现在以下几方面。

1. 设备不配套，处理不完善，应用范围窄

如热喷法、真空干燥法、微波法，只能处理含水率30%～40%的半干鸡粪，动态充氧法产品质量好，但只能处理含水率45%的混合料，不仅需加入干料调节水分，而且发酵后水分仍在40%，只能鲜喂，形不成商品。因此，这几种方法都需解决前后段的干燥问题。

2. 处理周期长，占地面积大，环境卫生差

如大棚发酵干燥法，虽然能耗低，但处理周期长，一般为40天左右，从而需堆贮场地大，建设费用高，加上发酵最适宜的含水率为55%～60%，因此存在一个水分调节过程，需在鲜粪中（含水率75%左右）加入大量干料。

3. 能耗高，臭气治理不彻底

如火力干燥法，采用高温快速干燥工艺，可以直接干燥含水率75%左右的鲜鸡粪，但能耗高，做饲料适口性差，做肥料易烧根，加上废气成分复杂。单一除臭方法达不到理想效果，因而排出的废气产生了二次污染，须继续治理。

4. 推广应用受地域和气候限制

如太阳能大棚发酵干燥法，在潮湿多雨的季节不能使用，火力干燥法在城镇居民区不能使用。

（三）近期发展趋势

从国内外最新资料来看，粪便处理与一个国家的经济发展水平有关，对经济发达国家而言，粪便做肥料还田成为主要出路，对发展中国家来说，粪便做饲料仍是主要出路。目前欧美、日本等经济发达国家基本上不主张用粪便做饲料，东欧国家主张粪水分离，固体粪法用做饲料，液体部分用于生产沼气或灌溉农田。

目前日本的养鸡场中，主要采用好氧性堆肥发酵系统，使鸡粪成为商品肥料，包括纯鸡粪和以鸡粪为主配制的复合有机肥。由于其肥效一般较高，有利改良土壤，而且价格比化肥低，施用方便，颇受市场欢迎。日本1 300户蛋鸡场中，有45%的鸡场采用这种模式。随着"EM"生物技术的广泛应用，今后还

有大力发展的趋势。从我国的实际情况出发,我国处理粪便主要有以下新趋势。

1. 新型沼气厌氧发酵法

利用此法生产新能源——沼气。此法不仅可以处理含水多的鸡粪而且可处理污水,适用刮粪和水冲法的饲养工艺,适于南方阴雨天多、晒干比较困难的地方,其所产生的沼渣、浴液可用于肥田养鱼,有利于形成生态农业。

2. 组合处理法

采用两种以上的方法组合使用,优势互补,可以达到满意的效果。如用太阳能蒸发水分到一定程度,再用烘干法或真空干燥法、膨化法、微波法、热喷法等,既节约能源、降低成本,又可生产出优质产品。

3. 好氧发酵法

利用此法,可较好地解决粪便造成的非点源污染问题。根据处理后的不同用途及作物的不同吸肥特性,可制成生物饲料,如反刍动物饲料、宠物饲料或制成堆肥、有机复合肥、复混肥、生物菌肥等颗粒肥料。从国际国内未来走势看,粪便做成商品肥料还田利用将成为主要出路。

家禽粪便无害化处理技术的完善和推广,为贯彻执行国家环保局《畜禽养殖业污染防治管理办法》和《畜禽养殖业污染物排放标准》提供了可靠的技术保障,对开辟饲料或肥料资源,减少环境污染,防止疫病蔓延,促进畜禽业持续健康发展,都具有积极意义,同时也将带来较好的经济效益、社会效益和生态环境效益。

(四)粪便的处理方法

1. 固液分离

形成粪便污染的主要原因是由于从大、中型水禽饲养场排出的粪便量大且含水量高,难于运输、存放或直接利用。因此,粪便的固液分离是对粪便进行处理和综合利用的重要环节。它既可以对固体物的有机物再生利用,进行发酵、烘干等处理,从而制成肥料、饲料;又可减少污水中的总固态物,便于污水的排放和进一步处理。

固液分离的方法主要有两类:一类是按固体物几何尺寸的不同进行分离;一类是按固体物与溶液的比重不同进行分离。

(1)筛分 筛分是一种根据水禽粪便的粒度分布进行固液分离的方法。固体物的去除率取决于筛孔的大小。筛孔大则去除率低,筛孔小则去除率高,但筛孔容易堵塞。其筛分形式主要有固定筛、振动筛、转动筛等。固定筛筛孔为 20～30 目时,固体物去除率为 5%～15%,其缺点是筛孔容易堵塞,需经常清洗。振动筛加快了固体物与筛面间的相对运动,减少了筛孔堵塞现象,当孔径为 0.75～1.5 毫米时,固体物去除率为 6%～27%。转动筛具有自动清洗筛面的功能,筛孔为 20～30 目时,固体物去除率为 4%～14%。

（2）沉降分离　沉降分离是利用固体物比重大于溶液比重的性质而将固体物分离出来的方法。它分为自然沉降、絮凝沉降和离心沉降。自然沉降速度慢,去除率低。絮凝沉降由于使用了絮凝剂,使小分子悬浮物凝聚起来形成大的颗粒,从而加快了沉降速度,提高了去除率。离心沉降由于离心加速度的提高,大大加快了颗粒的沉降速度,使分离性能大为改善,当粪的含固率为8%时,总固态物去除率可达 61%。

（3）过滤分离　过滤与筛分有许多相同之处,两者最大的区别是在分离过程的不同,前者未过滤的颗粒可在滤网上形成新的过滤层,对上层的物料进行过滤。其主要有真空过滤机、带式压滤机、转辊压滤机等。真空过滤机去除率高但结构复杂,投资大。带式压滤机设备费用相对较低,电耗低,能连续作业,由于采用高分子材料的滤网,可使设备寿命大大提高。转辊压滤机结构紧凑,分离性能比筛分好。

2. 鹅粪便的加工

固液分离是水禽粪便处理的第一步,要进一步减少污染,提高经济效益,就必须对分离的固体物和污水再次加以处理,进行综合利用。粪便处理方法主要有以下几种:

（1）自然堆放发酵法　即将粪便自然堆放在露天广场上,使其自然发酵。这种方法占地面积大、周期长,对环境污染十分严重;但其方法简单,投资少,适用于饲养规模小、人口稀少的偏远地区。

（2）太阳能大棚发酵法　其方法是将粪便置于塑料大棚内,利用太阳能加热发酵速度。其优点是投资少,运行成本低,但发酵时间相对较长。

（3）充氧动态发酵法　在粪便、垫草堆中通过加氧设施不断充入空气,供有氧微生物繁殖所需。这种方法设备简单,发酵速度快,但设备规模小,能耗高,生产率低。

（4）高温快速干燥法　此法利用专业化的设备,粪便、垫草经过高温蒸汽处理,灭菌、干燥一次完成,生产率高,可实现工业化生产,但设备投资大,能耗高,对原料含水率有一定要求。

（5）沼气法　即利用沼气池对粪水进行厌氧发酵生产沼气,但一次性投资大,然而作为生态农业不失为一种很好的方法。

(6)热喷法　用热蒸汽对粪水进行处理。此法对原料含水率要求较高,能耗大,生产率低。

(7)微波干燥法　此法利用微波发生设备,对物料进行加热处理。该法干燥速度快,灭菌彻底,但设备投资高,能耗大,现有条件下很难推广使用。

(8)生物干燥法　粪便的生物干燥,其原理就是利用堆肥过程中,微生物分解有机物所产生能量,增加粪便中水分的散发,起到干燥粪便降低粪便水分的目的。利用生物干燥原理,采用批次堆肥的方法,粪便堆肥化处理过程中,在含水量为40%、温度为60℃时,微生物降解作用最活跃,在温度为46℃时,每1克水14升通气量条件下,可以获得最大的干燥速度。每天每消耗1千克固体物可以使粪便含水量由70%下降到57%。

上述固液分离及其进一步处理方法大多已在实际生产中应用,也取得了一定的效果,但处理方法都比较单一,只解决了某一方面的问题,而且各种方法都有其局限性,如何更好地选择、应用粪便处理方法,使之更合理、更有效,以最低的生产成本产生最佳的经济效益,必须从整个生产及环境系统工程来全面考虑。

3. 鹅粪的利用

对鹅粪便的处理途径主要有以下几种方法:

(1)用作肥料　畜粪还田利用,是我国农村处理畜粪的传统做法,并已经在改良土壤、提高农业产量方面取得了很好的效果。水禽粪便氮、磷、钾含量丰富,据测定,鹅粪中含氮0.55%、磷1.54%、钾0.95%,而且养分均衡,含有较高的有机肥,施用于农田能起到改良土壤,增加有机质,提高土壤肥力的作用。

(2)用作生产沼气的原料　鹅粪一直被认为是制取沼气的好原料,含有各种有机物25.5%,可作为能源原料,据报道,每千克鹅粪可产沼气0.094~0.125米^3。鹅粪经过沼气发酵,不仅能生产廉价、方便的能源——沼气,而且发酵后的残留物是一种优质的有机肥料。

(3)用作饲料　鹅粪中含有大量未消化吸收的营养物质,其中含粗蛋白质22.9%,粗脂肪17.4%,无氮浸出物45.3%,可作为鱼类、反刍动物的添加饲料。但禽类粪便含有多种病原微生物和寄生虫卵,因此,在用作饲料前要经过适当处理。而且,用作饲料的粪便应该是采用网上平养饲养方式收集的粪便,其中基本不含垫料。粪便适当地投入水体中,有利于水中藻类的生长和繁殖,使水体能保持良好的鱼类生长环境。但要注意控制好水体的富营养化,避免使水中的溶解氧耗竭。

(五)孵化废弃物的处理和利用

鹅蛋在孵化过程中也有大量的废弃物产生。第一次验蛋时可挑出部分未受精蛋(白蛋)和少量早死胚胎(血蛋)。出雏扫盘后的残留物以蛋壳为主,有部分中后期死亡的胚胎(毛蛋),这些构成了孵化场废弃物。

孵化废弃物经高温消毒、干燥处理后,可制成粉状饲料加以利用。由于孵化废弃物中有大量蛋壳,故其钙含量非常高,一般为17%～36%。生产表明,孵化废弃物加工料在生产鸡日粮中可替代6%的肉骨粉或豆粕,在蛋鸡料中则可替代16%。

(六)垫料废弃物的处理和利用

随着鹅饲养数量增加,需要处理的垫料也越来越多。国外有对鸡垫料重复利用的成熟经验。鸡垫料在舍内堆肥,产生的热量杀死病原微生物,通过翻耙排除氨气和硫化氢等有害气体,处理后的垫料再重复利用,鸡舍垫料重复使用,对鸡增重和存活率无显著影响。该技术可作为鹅生产过程垫料废弃物的重复利用的借鉴,可以降低生产成本,减少养殖场废弃物处理量。

(七)废水的无害化处理

1. 废水的前处理

在废水的前处理中一般用物理的方法,针对废水中的大颗粒物质或易沉降的物质,采用固液分离技术进行前处理。前处理技术一般有过滤、离心、沉淀等。筛滤是一种根据鹅粪便的粒度分布状况进行固液分离的方法。在机械过滤方面常用的机械过滤设备有自动转鼓过滤机、转滚压滤机等。自动转鼓过滤机是根据筛滤技术研制的一种固液分离机械,其特点是转筒可在一定范围内调整倾斜度,并配有反冲洗装置,可持续运行。转滚压滤机的结构比较紧凑,性能较筛网好,分离性能取决于滤网的孔径。

2. 化学处理

通过向污水中加入某些化学物质,利用化学反应来分离、回收污水中的污染物质,或将其转化成无害的物质。处理的对象主要是污水中溶解性或胶体性污染物。常用的方法有混凝法、化学沉淀法、中和法、氧化还原法等。

3. 微生物处理

根据微生物对氧的需求情况,废水的微生物处理法分为好氧生物处理法、厌氧生物处理法和自然生物处理法。好氧生物处理法又分为活性污泥法和生物膜法两类。活性污泥法本身就是一种处理单元,它有多种运行方式。生物膜法有生物滤池、生物转盘、生物接触氧化池及生物流化床等;厌氧生物处理法又名生物还原法,主要用于处理高浓度的有机废水和污泥,使用的处理设备主要是厌氧反应器;自然生物处理法是独立于好氧生物处理和厌氧生物处理之外的废水生物处理方法,往往存在好氧、兼性和厌氧微生物的共同作用。自然生物处理又称为生态处理,包括稳定塘(氧化塘)处理、土地处理和湿地处理。氧化塘又有好氧塘、兼性塘、厌氧塘、曝气塘和水生植物塘之分。土地处理法有漫流法、渗滤法、灌溉法及毛细管法等。废水中的有机污染物是多种多样的,为达到相应处理要求,往往需要通过几种方法和几个处理单元组成的系统进行综合处理。

规模化鹅场废弃物,如鹅粪便、病死鹅、废水、孵化废弃物及屠宰后产生的血和内脏等,污染鹅场养殖环境,影响周边居民的人居环境,制约养鹅业的发展。因地制宜对不同废弃物采用差异化无害化处理,有利于增加养鹅经济效益,有利于促进养鹅业可持续发展。

第三节 鹅舍环境控制

一、舍内温度控制

(一)温度对水禽的影响

水禽羽绒发达,一般能够抵抗寒冷,缺乏汗腺,对炎热的环境适应性较差。当温度超过30℃时,采食量减少,雏禽增重减慢,成年禽产蛋数和蛋重下降。而且禽蛋的蛋壳质量也下降,破蛋率提高,蛋白稀薄。炎热气候条件下,种蛋的受精率和孵化率也要下降。一般来说,成年产蛋水禽适宜的温度为5~27℃。而最适宜为13~20℃,产蛋率、受精率、饲料转化率都处于最佳状态。

(二)控温设计

主要考虑冬季的防寒和夏季的防暑问题。

1. 防寒设计

北侧和西侧向风的墙壁应该适当加厚,墙内外及屋檐下应该用草泥或沙石灰浆抹匀,防止冬季冷风通过墙缝进入舍内。北侧和西侧墙壁上的门窗数量及大小应小于南墙和东墙,而且要有良好的密闭性能。

屋顶可以使用草秸或在石棉瓦的上面铺草秸,与单一的石棉瓦屋顶相比,草秸屋顶的保温和隔热效果更好。屋顶表面还可以用草泥糊一层,既可以加

固屋顶以防止风将草秸吹掉,又可以提高保温和防火效果。

2. 防暑设计

屋顶设计对夏季舍内温度的影响最大,其要求可以参照屋顶的防寒设计房屋的朝向。

二、舍内湿度控制

(一)湿度对水禽的影响

尽管鹅是水禽,但是舍内潮湿对于任何生理阶段、任何季节鹅群的健康和生产来说都是不利的。水禽在饮水时,很容易将水洒到地面,在鹅舍设计时应该充分考虑排水防潮问题。在寒冷的冬春季节,舍内潮湿的垫料会影响正常的高产,种禽会造成种蛋污染。炎热的夏季,潮湿的空气会造成饲料霉变,甚至羽毛上也会生长霉菌,造成霉菌病的暴发。夏季垫料潮湿也会霉变。

(二)防潮设计

防潮设计可以从以下几个方面考虑:鹅舍要建在地势较高的地方,因为低洼的地方受地下水和地表水的影响经常是潮湿的;舍内地面要比舍外高出30厘米以上,有利于舍内水的排出和避免周围雨水向舍内浸渗;屋顶不能漏雨;舍内要设置排水沟,以方便饮水设备内洒出水的排出;如果用水槽供水则水槽边缘的高度要适宜,从一端到另一端有合适的坡度,末端直接通到舍外。

三、舍内通风控制

(一)通风对水禽的影响

通风对于水禽饲养意义重大。合理的通风可以有效调节舍内的温度和湿度,在夏季尤为重要。通风在保证氧气供应的同时,清除了舍内氨、硫化氢、二氧化碳等有害气体,而且使病原微生物的数量大大减少。

(二)通风设计

一年四季对舍内的通风要求(通风量、气流速度)有很大区别,在禽舍的通风设计上应充分考虑到这一点。通风包括自然通风和机械通风两种方式。自然通风依靠舍内外气压的不同,通过门窗的启闭来实现。机械通风则是禽舍通风设计的主要方面。机械通风有正压通风和负压通风两种形式,按气流方向还可以分为纵向通风和横向通风。不同的通风方式各有特点,分别适用于不同类型的禽舍以及不同的季节。现将有关机械通风的方式介绍如下:

1. 负压纵向通风设计

这种通风方式是将禽舍的进风口设置在一端(禽场净道一侧)山墙上,将风机(排风口)设置在另一端(污道一侧)的山墙上。当风机开启后将舍内空气排出而使舍内形成负压,舍外的清新空气通过进风口进入舍内,空气在舍内流动的方向与禽舍的纵轴相平行。这种通风方式是大型成年禽舍中应用效果最理想、最普遍的方式,它产生的气流速度比较快,对夏季热应激的缓解效果明显。同时,污浊的空气集中排向鹅舍的一端,也有利于集中进行消毒处理,还保证了进入禽舍的空气质量。这种通风方式在禽舍长度 60～80 米、宽度不大于 12 米、前后墙壁密封效果好的情况下应用比较理想。

进风口设计时要尽可能安排在前端山墙及靠近山墙的两侧墙上,进风口的外面用铁丝网罩上以防止鼠雀进入。进风口的底部距舍内地面不少于 20 厘米,总面积应是排风口总面积的 1.5～2 倍。

风机的安装应将大小型号相间而设,可以多层安设,安装的位置应该考虑山墙的牢固性。下部风机的底部与舍外地面的高度不少于 40 厘米,为了防止雨水对风机的影响,可以在风机的上部外墙上安装雨搭。风机的内侧应该有金属栅网以保证安全,风机外面距墙壁不应该少于 3 米以免影响通风效率。每个风机应单独设置闸刀,以便于控制。

2. 负压横向通风设计

即将进风口设置在禽舍的一侧墙壁上,将风机(排风口)设置在另一侧墙壁上,通风时舍内气流方向与禽舍横轴相平行。这种通风方式气流平缓,主要用于育雏舍。

进风口一般设置在一侧墙壁的中上部,可以用窗户代替;风机设置在另一侧墙壁的中下部,其底壁距舍内地面约 40 厘米,内侧用金属栅网罩上。所用的风机都是小直径的排风扇。

3. 正压通风

即用风机向禽舍内吹风,使舍内空气压力增高而从门窗及墙缝中透出。使用热风炉就是这种通风方式的典型代表,夏季用风机向禽舍内吹风也是同一原理。

四、光照及其控制

(一)光照对水禽的影响

光照与水禽的采食、活动、生长、繁殖息息相关,尤其是对水禽性成熟的控制上,光照和营养同样重要。雏禽为了满足采食以达到快速生长的需要,要求光照时间较长,除了自然光照以外,还需要人工补充光照。育成期水禽一般只利用自然光照,防止过早性成熟。产蛋期每天 16～17 小时的长光照制度,有利于刺激性腺的发育、卵泡的成熟、排卵,提高产蛋率。

（二）采光设计

水禽舍内的采光包括自然照明和人工照明。自然照明是让太阳的直射光和散射光通过窗户、门及其他孔洞进入舍内，人工照明则是用灯泡向舍内提供光亮。一般禽舍设计主要考虑人工照明，根据禽舍的宽度在内部安设 2~3 列灯泡，灯泡距地面高约 1.7 米，平均每平方米地面有 3~5 瓦功率的灯泡即可满足照明需要。另外，在禽舍中间或一侧单独安装 1 个 25 瓦的灯泡，在夜间其他灯泡关闭后用于微光照明。

五、噪声及其控制

水禽长期生活在噪声环境下，会出现厌食、消瘦、生长不良、繁殖性能下降等不良反应。突然的异常响动会出现惊群、产蛋率突然下降。超强度的噪声（如飞机低飞）会造成水禽突然死亡，尤其是高产水禽。

合理选择场址是降低噪声污染最有效的措施，水禽场要远离飞机场、铁道、大的工厂。另外，饲养管理过程中，尽量减少人为的异常响动。

第三章　鹅标准化品种与种业安全控制

　　各个国家、各个地区提供的历史证据表明，家鹅起源于世界上不同地方的鸿雁和灰雁，在不同的历史时期经人类驯化成为家鹅，鹅在地球上分布范围很广，并且由于野生祖先的不同，自然生态条件的复杂多样，世界各地选育程度和利用目的不同，经过劳动人民长期的选择和培育逐步形成了具有不同遗传特性和生产性能的地方品种。我国拥有国际上最丰富的鹅品种资源，此外，欧洲及高加索地区品种资源分布也很广。

　　鹅的品质和生产性能直接关系到鹅业的健康发展，决定着鹅产品的数量和质量，是鹅业安全生产的物质基础。优良鹅种的生产性能高、具有较强的抗病、抗逆能力，能够有效减少疾病的发生机会，降低养殖风险、增加养殖效益，同时也可避免大量用药对环境造成的危害以及对人类健康的影响。饲养适合现代标准化养殖的优良鹅品种，能够获得大量优质的种蛋、鹅苗，保证鹅业养殖的高产出和高收益，因此鹅品种的选择培育与合理使用是鹅业安全生产的关键。

第一节　鹅种质资源概述

一、鹅品种分类

鹅品种的形成是自然选择和人工选择相结合的产物,养鹅的目的主要是获得好而多的鹅肉、鹅蛋、鹅肥肝、鹅羽绒等鹅产品。因此,根据养鹅生产发展的方向和鹅品种利用情况,人们从不同角度对鹅的品种进行分类,把在不同的生态环境、社会经济条件下形成的鹅品种按照地理特性、经济用途、体型、产蛋性能、羽色等特征进行分类。

1. **按地理特征分类**

按照地理特征对鹅的品种分类,可以分为中国鹅、英国埃姆登鹅、埃及鹅、加拿大鹅、法国图卢兹鹅、东南欧鹅、德国鹅等,这仅是世界上部分国家鹅种中的一些代表品种,其性状具有一定的代表性。比如中国鹅就包括众多的地方品种,各品种均有自身的特点,但也有很多相似性状。

2. **按经济用途分类**

伴随着鹅业养殖的发展和人们选育水平的不断提高及人类对鹅产品多元化的追求不同,人们定向选育产生了一些优秀的专用品种。如法国的朗德鹅、图卢兹鹅,匈牙利的玛加尔鹅,意大利的奥拉斯白鹅等是进行肥肝生产的专用品种,我国广东的狮头鹅、湖南的溆浦鹅也有一定的产肥肝潜力。专门的肉用鹅种如德国的莱茵鹅、浙东白鹅等具有早期生长速度快、料肉比高等优良特性,我国还有一些小型鹅种如清远鹅、乌鬃鹅具有肉质细嫩鲜美的独特性状。我国的豁眼鹅、太湖鹅等品种是产蛋率高的鹅种。此外,我国的皖西白鹅是世界上羽绒质量最好的品种,匈牙利的霍尔多巴吉鹅近年来作为专门的羽绒用鹅种饲养量也很大。

3. **按体型大小分类**

按体型分类是目前最常用的分类方法,根据成年鹅的活重将鹅分为大型、中型、小型三类,小型品种鹅的公鹅体重为 3.7~5.0 千克,母鹅 3.1~4.0 千克,如我国的太湖鹅、乌鬃鹅、永康灰鹅、豁眼鹅、籽鹅、伊犁鹅等。中型品种鹅的公鹅体重为 5.1~6.5 千克,母鹅 4.4~5.5 千克,如我国的浙东白鹅,皖西白鹅,溆浦鹅,四川白鹅,雁鹅,德国的莱茵鹅等。大型品种鹅的公鹅体重为 10~12 千克,母鹅 6~10 千克,如我国的狮头鹅,法国的图卢兹鹅、朗德鹅等。

4. 按羽毛颜色分类

鹅的羽色相对鸡、鸭而言比较简单,按羽毛颜色不同主要分为白鹅和灰鹅两大类。在我国北方以白鹅为主,南方灰白品种均有,但白鹅多数带有灰斑,有的同一品种中存在灰鹅、白鹅两系,如溆浦鹅。灰羽鹅有安徽的雁鹅,四川的钢鹅,广东的乌鬃鹅、阳江鹅、马岗鹅,浙江的永康鹅,福建的长乐鹅。白羽鹅有东北的籽鹅、豁眼鹅,江苏的太湖鹅,安徽的皖西白鹅,浙江的浙东白鹅,四川白鹅,河北的白鹅。国外鹅品种以灰鹅占多数如朗德鹅、图卢兹鹅;有的品种如丽佳鹅苗鹅呈灰色,长大后逐渐转白色;莱茵鹅的苗鹅出生时羽色也不统一,呈灰黄或乳黄色带灰色斑块,长大后羽毛转为白色。

5. 按产蛋性能的高低分类

鹅的产蛋性能差异很大,不同品种鹅的年产蛋量高低不同。高产品种年产蛋高达150枚,甚至200枚,如豁眼鹅;中产品种,年产蛋60~80枚,如太湖鹅、雁鹅、四川白鹅等。低产品种,年产蛋25~40枚,如我国的狮头鹅、浙东白鹅、皖西白鹅等,法国的图卢兹鹅、朗德鹅等。

6. 按性成熟早晚分类

鹅的品种不同性成熟早晚差异很大,根据鹅的性成熟日龄可将鹅分为早熟型、中熟型和晚熟型。早熟型鹅开产期在130日龄左右,大部分小型鹅和部分中型鹅种属于早熟型;中熟型开产期在150~180日龄,大部分中型鹅种性成熟中等;晚熟型开产期在200日龄以上,如大型鹅种。如此可见,性成熟与体格呈一定的相关性,一般体型大的鹅种性成熟晚些,体型小的鹅种性成熟早些,同类体型的鹅种的性成熟期也会因所处环境的温度、光照而表现一定的差异度。

二、现代鹅业中鹅种资源的特点

现代鹅业生产中使用的鹅种资源因养殖和消费习惯不同,鹅的种质资源分布有很大差异,国外以肥肝、鹅肉消费为主,因此饲养的鹅种一般属于大型、耐填饲的品种,而我国的本土的鹅种绝大多数起源于鸿雁,颈部较细,不耐填饲,一般用于肉用或蛋用。

(一)我国鹅种资源的来源及利用特点

目前在我国,鹅的品种资源大体上可以分为三类,一是我国的地方品种资源,例如狮头鹅、四川白鹅、太湖鹅、浙东白鹅、豁眼鹅、皖西白鹅、溆浦鹅、雁鹅等优良品种;二是国内经过多年的改良和驯化形成的育成品种,例如扬州鹅、天府肉鹅等优良品种;三是从国外引入的品种,例如朗德鹅、莱茵鹅、图卢兹

鹅、埃姆登鹅、霍尔多巴吉鹅等优良品种。不同来源的种鹅在生产中所起的作用和使用方向不同：

1. 种源直接进行商品生产

不管是引进良种还是地方良种，它们要么具有较高的生产性能，要么在某一方面有突出的生产用途，或者对当地自然条件及饲养管理条件有良好的适应性，都具备较高的经济价值，都是劳动人民长期驯化、选择、培育的结果，均可直接用于生产鹅产品。目前，我国直接用于生产的鹅种资源主要是地方良种，即在地方良种群体内开展纯种繁育，通过继代选育技术选留种鹅，繁殖的后代或产蛋或肉用。

2. 作为杂种优势利用的杂交亲本

地方品种或引进品种均可用于经济杂交的亲本。经过品种群内的选优和提纯，选留出杂交亲本核心群，通过配合力测定，选出最优的杂交配套组合，一般地方品种较适宜做母本，一般培育品种或外来品种较适宜做父本，利用其后代的杂种优势进行商品生产。一般情况下，大、中型品种具有较高的生长速度、饲料转化率高等特点，但繁殖性能往往较低、肉质较差，而中小型鹅种则相反，即生长速度慢、饲料转化率低，但繁殖性能高，肉质好。因此，在生产实践中多以大中型鹅种做经济杂交的父本，中小型品种作为母本进行二元杂交，我国在商品鹅生产中也开展了一些三元杂交，但推广比例较低，也有少数引进品种是按照四系配套的经典模式进行配套杂交生产。

3. 作为培育新品种、新品系的素材

在培育新品种、新品系种群时，经常需要综合两个或两个以上的种群特点，即把原来不在一个个体的性状通过杂交组合到一个个体中来，经过横交固定优秀的性状组合，再通过扩繁使优秀性状在群体中蔓延，则现有种群作为育种素材可以培育出新品系或新品种。另外，无论是在什么用途的种群中，均可发现一些具有新变异性状的个体，通过有效的选种、选配手段，也可育成具有新特点的新品种、新品系。我国对引进的外来鹅品种主要是做杂交改良的父本，提高后代的生长速度或开发地方品种的生产潜力（如我国鹅肥肝生产）。把引进品种直接用于生产加大了种源费用不划算。

在对待不同鹅种资源时，需注意地方品种存在不同的类群或地方品种的不同品种系，如山东的五龙鹅和东北的豁眼鹅属于同一个品种内不同的地方类群，这些地方类群具有品种的共同特点又存在着一定的差异，在利用时应注意加以区别选择。再者有些引进品种在育成国内选育水平较高，形成了专门

化品系,引进后注意代次和配套,如法国莱茵鹅采用的是现代家禽育种的四系配套模式,引入我国的均是祖代和父母代的专门父本品系和母本品系的单性别,只有按照四系配套组合才能进行生产,因此在杂交利用时应充分注意。再者引进品种因各地引进的类群不同,引进的时间不同,引进后选育工作的差异等,使得同一品种在各种性能上差异较大,甚至有的丧失原有的品种特点,在杂交利用时也应充分注意。中国具有丰富的鹅种资源,但长期以来,各地方品种多采用闭锁繁育,没有形成科学的选育制度和培育方法,投入资金少而且分散。品种(系)选育和配套系杂交利用刚刚开始,传统品种已不能满足产业化生产的需要。虽然,经过育种工作者的不懈努力,近几年来我国已经培育出了五龙鹅、扬州白鹅、天府肉鹅和吉林白鹅等一系列优质高产的新品种(系),但是,我们应该清楚地看到,大多数鹅种的选育程度还比较低;同一个品种内的个体,在遗传结构、核心群数量、体形外貌和生产性能等方面还存在较大差异,这些因素已经严重制约了我国鹅产业化的进程。

(二)我国鹅种资源的一般种质特点

1. 不同品种产蛋性能南北方区别明显

鹅的产蛋性能呈现北方的鹅产蛋多,南方的鹅产蛋少的特点。如吉林的籽鹅年产蛋达 120 枚左右,山东的五龙鹅产蛋在 110 枚左右,江苏的太湖鹅产蛋约 70 枚,而广东的狮头鹅等品种产蛋仅 28～35 枚。南方鹅产蛋少是由产区人民对鹅的利用方式决定的,南方主要以吃鹅肉为主,在鹅的形成过程中不注重产蛋性能的选育。一年中自然抱孵两窝,自繁自养,在过年过节时宰杀食用。

2. 鹅地方品种体型北方小、南方大

我国地方鹅种体型因气候、消费习惯、地方文化等不同而差别较大。无论是人或其他生物的体型都表现为北方大、南方小。但鹅与其他生物相反,北方鹅种体型小、南方鹅种大。如南方的狮头鹅成年体重在 12 千克左右,而东北的籽鹅只有 4.2 千克。

3. 南方人喜欢养灰鹅,北方人喜欢养白鹅

白鹅产鹅绒附加价值高,是收入的一个重要的来源。北方包括长江中下游地区的养鹅把产鹅绒作为重要的经济指标之一。而南方人养鹅则主要以吃肉为主,经长期的人为选择,形体愈来愈大。

第二节　我国现代鹅业生产中使用的鹅种

一、中国鹅品种

我国是养鹅大国,饲养的鹅数量多,分布广泛,并且我国鹅品种资源丰富,按照品种的特征分为两大类型,被国际公认的中国鹅和产于新疆的伊犁鹅。其中,中国鹅是东亚大陆的著名鹅品种,在世界鹅的育种史上具有重要的地位和作用,在漫长的品种形成和普及过程中形成了分布在不同区域的优良品变种和品种群,我国现有鹅品种在《畜禽品种志》上有名的有 10 个,没有登上品种志的许多地方品种在品质上也有不少独特之处。我国鹅品种的有些性能是世界上其他国家所不能媲美的,如世界上产蛋量最高的鹅种和世界上羽绒性能最好的鹅种都是我国著名的地方良种鹅品种,这些优良的地方品种具有中国鹅的典型特征,又具有各自独特的优良性状,这些独特的优秀种质资源正在或将来在鹅的性状改良和育成过程中起到不可低估的作用。下面按照中国鹅的体型将一些具有代表性的中国鹅地方品种进行介绍:

(一)大型鹅种——狮头鹅

所谓大型鹅种指的是体重大、生长速度快、具有很高的肥肝生产性能的鹅种,同时大型鹅种的主要特点是性成熟晚、就巢性强、产蛋量低、耗料多。我国的狮头鹅是我国乃至亚洲唯一的大型鹅种。

1. 产区与分布

狮头鹅是我国唯一的大型鹅种,原产于广东省饶平县溪楼村,历史上产区人民一直有赛大鹅习惯,经过历代选育形成了大型鹅种。现在中心产区为广东省澄海市和汕头市郊,并在澄海市建立了狮头鹅种鹅场,开展了系统的选育工作,已经育出了澄海系狮头鹅种。由于狮头鹅可以作为肉用仔鹅和肥肝鹅的杂交父本,所以分布范围较广,目前北京、上海、广西、黑龙江、辽宁、河北、陕西、山西、山东等省市均有分布。

2. 外貌特征

狮头鹅体躯硕大,两颊有左右对称的肉瘤 1～2 对,从正面看犹如狮头,因而得名狮头鹅。狮头鹅体躯呈方形,头大颈粗,前躯略高。公鹅头部肉瘤发达前倾,母鹅的肉瘤相对小而扁平。脸部皮肤松软,眼皮突出呈黄色,眼圈金黄色,外观眼球似下陷,喙短、坚实呈黑色。颌下咽袋发达,一直延伸到颈部。背部、前胸羽毛及翼羽呈棕褐色,腹部羽毛呈白色或灰白色,由头顶至颈部的背面形成鬃状的深褐色羽毛带。胫粗壮,蹼宽大,均呈橘黄色。成年狮头鹅的体重、体尺见表3-1。狮头鹅外貌特征见图3-1。

表3-1　成年狮头鹅体重、体尺

性别	体重（克）	体斜长（厘米）	胸深（厘米）	胸宽（厘米）	龙骨长（厘米）	骨盆宽（厘米）	半潜水长（厘米）
公	8 850	42.7	15.6	22.5	24.7	11.6	72.0
母	7 860	36.9	14.9	21.5	21.7	10.3	69.0

图3-1　狮头鹅(左边公鹅,右边母鹅)

3. 生产性能

（1）生长速度与产肉性能　狮头鹅成年公鹅体重9 000克左右,母鹅体重8 000克左右,较以前的标准体重有所下降。初生公鹅体重为134克,母鹅为133克,雏鹅早期生长速度快,在以放牧饲养为主的条件下,30日龄公鹅体重为2 249克,母鹅为2 063克;60日龄公鹅体重为5 550克,母鹅体重为5 115克;70~90日龄未经育肥的公鹅体重为6 180克,母鹅体重为5 510克。公鹅半净膛屠宰率为81.9%,公鹅全净膛率为71.9%;母鹅半净膛屠宰率为84.2%,母鹅全净膛率为72.4%。

（2）产肥肝性能　狮头鹅具有良好的肥肝性能,经过短期填饲,平均肝重600克以上,肝料比1:40。公鹅与其他品种母鹅杂交,能明显提高仔鹅的产肉性能和产肥肝性能。

（3）产蛋性能　母鹅开产日龄170~180天,产蛋具有明显的季节性,每年的8~9月至翌年的3~4月为产蛋季节,第一个产蛋年平均产蛋20~24枚,平均蛋重为176.3克,蛋形指数1.48;第二年以后年平均产蛋28枚,平均蛋重217.2克,蛋形指数1.53。每个产蛋季节分为三个产蛋期,每期产蛋6~

10 枚,蛋壳乳白色。

（4）繁殖性能　种公鹅配种一般在 200 日龄以上,公母鹅配种比例为 1：
(5~6)。一岁母鹅产蛋受精率为 69%,受精蛋孵化率为 87%;两岁以上母鹅
的产蛋受精率为 79.2%,受精蛋孵化率为 90%。母鹅就巢性很强,每产完一
期蛋就巢一次。母鹅盛产期在 2~4 岁,可持续利用 5~6 年,公鹅可利用 3~
4 年。

（5）产羽绒性能　狮头鹅是灰羽鹅种,羽绒利用价值不及白羽鹅种。70
日龄公母鹅烫褪毛产量平均 300 克/只。

4. 品种利用情况

（1）纯种繁育　在产区及周边地区主要进行纯种繁育与饲养,以鹅肉和
肥肝为主要产品。我国人民对鹅肥肝尚没有形成消费习惯,但是欧洲许多鹅
肥肝消费大国要靠进口维持,我国鹅肥肝生产的工艺技术已经初步成熟,有大
量生产鹅肥肝的潜力,不久的将来会迎来狮头鹅大范围推广的局面。

（2）杂交利用　狮头鹅作为父本与中小型母鹅(如四川白鹅、豁眼鹅、太
湖鹅等)杂交,杂交代的生长速度与产肥肝性能均显著高于母本纯繁后代。

（二）中型鹅种

所谓中型鹅种是指体型中等、性成熟期中等、生长速度较快、产蛋性能中
等或较高的鹅种,由于我国的鹅种分布范围较广,生产性能也不尽一致,下面
将我国具有代表性的中型鹅种分述如下:

1. 四川白鹅

（1）产区与分布　四川白鹅属中型鹅种,原产于四川的温江、乐山、宜宾
和重庆市永川等县区,现广泛分布于四川盆地的坪坝和丘陵水稻产区,是四川
及重庆市饲养量最大的鹅种,在山东、河南、江苏、黑龙江、辽宁、内蒙古等省区
均有大量养殖。

（2）外貌特征　四川白鹅全身羽毛洁白、紧密,喙、胫、蹼橘红色,眼睑椭
圆形,虹彩蓝灰色。成年公鹅体质结实,头颈较粗,体躯稍长,前额肉瘤成半圆
形,不发达;成年母鹅头部清秀,颈细长,肉瘤不明显。公母鹅均无咽袋和皱
褶。四川白鹅体重、体尺见表 3 - 2,外貌特征见图 3 - 2。

表3－2　成年四川白鹅体重、体尺

性别	体重（克）	体斜长（厘米）	胸深（厘米）	胸宽（厘米）	龙骨长（厘米）	骨盆宽（厘米）	半潜水长（厘米）
公	4 360	29.41	8.47	9.97	19.20	7.63	66.09
母	4 310	26.60	7.50	9.90	17.60	7.22	59.10

图3－2　四川白鹅（左边母鹅，右边公鹅）

（3）生产性能

1）生长速度与产肉性能　四川白鹅出生重81.1克,60日龄前生长较快,据测定60日龄平均重2 855.7克,90日龄平均重3 518.9克。产区群众喜欢肥嫩仔鹅,一般从60日龄陆续上市出售。成年公鹅体重3.85千克,全净膛屠宰率75.9%,胸腿肌重861克,占胴体重的29.5%;成年母鹅体重3.4千克,全净膛屠宰率73.5%,胸腿肌重788克,占胴体重的31.7%;料肉比(1.0～1.3):1(不包括青饲料)。

2）繁殖性能　四川白鹅公鹅性成熟期180天左右,公鹅的配种年龄一般控制在240日龄以后。母鹅开产日龄200～240天,产蛋旺季为每年的10月至翌年的4月,一般年产蛋量60～80枚,平均蛋重149.92克,蛋形指数1.45,蛋壳白色。母鹅基本上无就巢性。公、母鹅配种比例一般为1:(4～5),经过严格选择的优良公鹅,配种比例可扩大到1:(7～8)。受精率一般在80%左右,受精蛋孵化率为84.2%。育雏成活率为97.6%。种鹅利用年限3～4年。

3）产肥肝和产羽绒性能　四川白鹅羽毛洁白,绒羽多,价值高。四川白鹅3月龄时羽绒生长已基本成熟,即可开始活体拔绒。据报道,四川白鹅种鹅育成期可拔绒3次,只平均198.66克,其中绒羽46.83克,含绒率23.57%;休

产期拔毛3次,只平均236克,其中绒羽51.26克,含绒率21.72%。同时四川白鹅具有一定的产肝性能,经填肥后,平均肝重344克。

(4)品种利用情况

1)纯种繁育 由于四川白鹅繁殖性能好,产蛋量高,仔鹅生长速度快。因此在产区或我国的重庆、湖北、河南、安徽、浙江、上海等省市引进时可以直接进行纯种繁育,进行肉仔鹅生产。

2)杂交利用 利用两品种间可能产生的杂种优势提高产肉和繁殖性能,在现阶段是有效和可行的利用方案。近十年来,许多省区引种四川白鹅,其优良的产肉和繁殖性能得到普遍证实。四川白鹅与国内许多鹅种和国外大型鹅种的杂交试验结果表明,四川白鹅在经济杂交中做母本的表现更好,在配套系中是理想的母系母本材料。

2. 浙东白鹅

(1)产区与分布 浙东白鹅原产于浙江省东部奉化、象山、定海等县,现广泛分布于浙江省及周边地区,中心产区为宁波市。由于其一年四季都能产蛋和繁育,当地群众喜称四季鹅。

(2)外貌特征 浙东白鹅体躯呈长方形,前额肉瘤高突,随着年龄的增长肉瘤越来越明显,颌下无咽袋,颈细长。喙、颈、蹼在年幼时为橘黄色,成年以后变为橘红色,肉瘤颜色略浅于喙的颜色。浙东白鹅跖相对高于其他中型鹅,公鹅7.5厘米以上,母鹅7.0厘米以上,显得体躯高大、灵活。成年公鹅昂首挺胸,鸣声洪亮,有较强的自卫能力,好追逐人;母鹅肉瘤较低,性情温驯,腹部宽大而下垂。雏鹅孵出时绒毛金黄色,体躯较宽,头大颈长,跖、蹼粗壮,眼圆有神,鸣声清脆,动作活泼,反应灵敏。成年鹅全身羽毛洁白,约有15%的个体在头部、背部夹杂少量斑点状灰褐色羽毛。成年浙东白鹅体重、体尺见表3-3,外貌特征见图3-3。

表3-3 成年浙东白鹅体重、体尺

性别	体重（克）	体斜长（厘米）	胸深（厘米）	胸宽（厘米）	龙骨长（厘米）	骨盆宽（厘米）	颈长（厘米）
公	5 044	30.5	9.4	8.7	18.1	7.8	33.5
母	3 985	28.2	8.5	8.2	15.7	7.3	31.0

图 3-3　浙东白鹅(左边公鹅,右边母鹅)

(3)生产性能

1)生长速度与产肉性能　浙东白鹅早期生长速度快,出生重86.7克,30日龄体重为1.34千克,70日龄体重为3.2~4.0千克。浙东白鹅商品肉鹅一般60~70日龄出栏,出栏均重为4 100克,其中公鹅4 400克,母鹅3 800克,公鹅屠宰率为87.54%,母鹅屠宰率为88.07%。肉鹅生长速度与季节有关,在自然放牧条件下,一般以年夜鹅(农历年底左右出栏)生长最快,清明鹅(清明节前后出栏)最慢。肉鹅生产肥肝,经1个月填肥,体重可达6 000克以上,肥肝重平均450克。

2)繁殖性能　公鹅4月龄达到性成熟,母鹅3月龄达到性成熟,配种产蛋在5月龄,母鹅每年有4个产蛋期,每期70天,产蛋8~13枚,每年可产蛋40枚左右,平均蛋重150克。自然交配公母鹅比例为1:4,人工辅助交配,公、母鹅比例为1:15,受精率90%以上。浙东白鹅利用期较长,公鹅可利用3~5年,以第2~3年最好,母鹅可利用10年,以第3~5年最好。产区有公母鹅不同年龄交叉配种的习惯,即老公鹅配新母鹅,新公鹅配老母鹅。

3)产羽绒性能　每只鹅产羽150克左右,羽绒率9%。

(4)品种利用情况　浙东白鹅的主要优点是肉质好,早期生长速度快,在目前我国中型白羽鹅品种中生长速度最快,成年体重最大。肉鹅的可加工性强,是出产高等鹅肉产品的原料,其中白斩鹅、烤鹅一直是宁波等地消费者喜欢的传统佳肴。浙东白鹅最大的缺点是产蛋量少。浙江省农业部门成立了"宁波市浙东白鹅选育协作组",在象山县种鹅场对浙东白鹅进行品种选育,现在该鹅的体形外貌和生产性能都有不同程度的提高,其中产蛋量提高了

4.7%,背长增加了11.6%,杂毛率下降了88.9%,个体间生产性能趋于一致,目前已经向全国推广。

3. 皖西白鹅

（1）产区与分布　皖西白鹅产于安徽省西部丘陵山区和河南省固始县一带,在河南省当地也称固始鹅,主要分布在安徽省的霍邱、寿县、安庆、肥西、舒城、长丰等地及河南的固始等。该鹅具有生长快、觅食力强、耐粗饲、肉质好、羽绒品质优良等特点。

（2）外貌特征　皖西白鹅体型中等,头中等大小,前额有发达而光滑的肉瘤。母鹅体躯呈蛋圆形,颈相对细短,腹部轻微下垂。公鹅肉瘤大而突出,颈粗长有力,呈弓形,体躯略长,胸部丰满,前躯高抬,全身羽毛洁白,喙和肉瘤呈橘黄色,胫、蹼橘红色。皖西白鹅中约有6%的个体颌下有咽袋,还有少数鹅头顶后部有球形羽束,即顶心毛。成年皖西白鹅的体重、体尺见表3-4,外貌特征见图3-4。

表3-4　成年皖西白鹅体重、体尺（此表摘自安徽省地方标准 DB3434/T 539—2005）

性别	体重（克）	体斜长（厘米）	胸深（厘米）	胸宽（厘米）	龙骨长（厘米）	半潜水长（厘米）	颈长（厘米）	胫长（厘米）
公	6 400 ~7 000	30.5 ~32.0	10.5 ~11.5	10.3 ~10.8	18.5 ~20.0	85.0 ~94.5	38.5 ~40.0	7.6 ~8.2
母	6 100 ~6 300	29.0 ~30.0	10.0 ~10.7	10.6 ~11.0	17.0 ~20.5	78.2 ~86.5	36.0 ~37.5	7.0 ~7.5

图3-4　皖西白鹅（左边母鹅,右边公鹅）

（3）生产性能

1）生长速度与产肉性能　皖西白鹅早期生长速度较快,初生重100克,30日龄体重可达1 400克,60日龄达3 400 ~3 650克,90日龄达4 500克。成年公鹅体重为 6 400 ~ 7 000 克,成年母鹅的体重 6 100 ~ 6 300 克。在粗放的饲养条件下,8 月龄放牧饲养不催肥的鹅的半净膛屠宰为 79.0%,全净膛屠宰率为 72.8%。

2)产蛋性能 母鹅一般 6 月龄可开产,但产区群众习惯于早春孵化,人为将开产期推迟到 9 ~ 10 月龄,所以母鹅多集中在每年的 1 ~ 4 月产蛋。一般母鹅分两期产蛋,61% 的母鹅在 1 月产第一期蛋,65% 的母鹅在 4 月产第二期蛋,平均年产蛋 25 枚,平均蛋重 142 克,蛋壳白色。有就巢性的母鹅相应抱孵 2 次,所以 3 月和 5 月是出雏高峰。没有就巢性的母鹅每年产蛋 50 枚左右,但仅占群体的 3% ~ 4%,由于不符合当地自然孵化的繁殖习惯,多被淘汰,所以人为地限制了该鹅种的产蛋量。

3)繁殖性能 在自然交配的条件下,公、母鹅的配种比例为 1:(4 ~ 5),种蛋受精率为 88.7%;由专养的配种公鹅进行人工辅助配种时,公母鹅配比为 1:(8 ~ 10),种蛋受精率为 91%。受精蛋孵化率为 91% 以上,健雏率可达 97%。母鹅可利用 4 ~ 5 年,特别优秀者可利用 7 ~ 8 年,公鹅可利用 3 ~ 4 年或更长。

4)产羽绒性能 皖西白鹅羽绒的产量和质量均很优秀,羽绒洁白,尤其以羽绒的绒朵大而著称。3 ~ 4 月龄仔鹅平均每只产羽绒 270 ~ 280 克,其中纯绒 16 ~ 20 克;8 ~ 9 月龄鹅平均每只产羽绒 350 ~ 400 克,其中纯绒 40 ~ 50 克。

(4)品种利用 皖西白鹅纯种繁育生产肉仔鹅,肉质优良,腌制加工的腊鹅是产区传统的肉食品。同时利用仔鹅和休产期种鹅的羽绒,皖西白鹅的羽绒质量在中国乃至世界上位居第一,是安徽省重要出口物资之一,绒羽出口量占全国的 10%,占世界羽绒贸易量的 3.3%。

近年来,有的养鹅基地引种皖西白鹅与中小型鹅杂交作为杂交组合的父本,提高仔鹅的生长速度,改善杂交代的羽绒性能。

4. 溆浦鹅

(1)产区与分布 溆浦鹅原产于湖南省溆浦县沅水的支流溆水的沿岸溆县,与该县邻近的隆口、洞口、新化、安化等县均有分布。

(2)外貌特征 溆浦鹅体型较大,体躯略长。公鹅体躯呈长方形,肉瘤明显,颈长呈弓形,前躯丰满而高抬,叫声清脆而洪亮,有较强的护群性。母鹅体躯呈椭圆形,胸宽大于胸深,后躯丰满有腹褶。羽毛主要有白、灰两种,以白色居多。约有 20% 的个体枕骨后方着生一簇旋毛,也叫顶心毛。白鹅全身羽毛白色,喙、肉瘤、胫、蹼呈橘黄色;灰鹅颈部、背部、尾部羽毛灰褐色,腹部白色,喙黑色,肉瘤灰黑色。成年溆浦鹅的体重、体尺见表3-5,外貌特征见图3-5。

表3-5 成年溆浦鹅体重、体尺

性别	体重（克）	体斜长（厘米）	胸深（厘米）	胸宽（厘米）	龙骨长（厘米）	骨盆宽（厘米）	颈长（厘米）	胫长（厘米）
公	6 500~7 500	39.4	10.7	13.3	19.6	9.2	40.5	12.5
母	5 500~6 500	37.3	9.4	12.0	17.2	8.6	35.9	11.2

图3-5 溆浦鹅(左图灰羽,右图白羽)

（3）生产性能

1）生长速度与产肉性能 溆浦鹅初生雏鹅体重120克,溆浦鹅生产速度快,30日龄达1 540克,60日龄达3 160克,90日龄4 420克,120日龄4 550克,150日龄5 250克,180日龄的公鹅体重可达5 890克,母鹅可达5 340克,成年公鹅平均体重6 500~7 500克,母鹅5 500~6 500克。其半净膛屠宰率公鹅为88.70%,母鹅为87.29%;全净膛屠宰率公母鹅分别为80.72%和79.83%。

2）产肥肝性能 溆浦鹅产肥肝性能优秀,在国内鹅种中位居第二,有生产特级肥肝的潜力,成年鹅填肥3周,肥肝平均重627克,最大肥肝重1 330克,肝料比为1:28,白色和灰色两种羽色的鹅产肥肝性能无差异。

3）产蛋性能 母鹅一般7月龄开产,年产蛋30枚左右,产蛋季节集中在秋末和初春,分2~3个产蛋期产蛋,每期产蛋8~12枚,母鹅每产完一期蛋之后,就巢孵蛋一次。蛋壳以白色居多,少数为淡青色,平均蛋重200克以上。

4）繁殖性能 公鹅5~6月龄具有交配能力,公、母鹅配种比例为1:(3~5),种蛋受精率为96%,受精蛋孵化率为90%以上,一般母鹅可利用5~7年,公鹅利用3~5年。

（4）品种利用情况　溆浦鹅的特点是前期生长快，耗料少，觅食力强，适应性强，这些特点符合肉仔鹅生产的条件，纯种繁育生产仔鹅是产区的主要生产方式。由于溆浦鹅能生产优质肥肝，可以纯种繁育生产肥肝，也可以做母本与朗德鹅或者狮头鹅杂交提高肥肝产量。

5. 雁鹅

（1）产区与分布　雁鹅是我国灰色鹅种的代表。原产于安徽六安的霍邱、寿县、舒城、肥西等地，现分布于全国各地，以安徽的宣城、郎溪、广德一带和江苏西南部及河南固始县饲养相对集中，形成了新的饲养中心。

（2）外貌特征　雁鹅体型中等，结构匀称，全身羽毛紧贴。头中等大小，圆形略方，前额有光滑的肉瘤，突起明显，颈细长成弓形。公鹅体躯呈长方形，母鹅体躯呈蛋圆形，胸部丰满，前躯高抬，后躯发达，外形高昂挺拔。部分个体有咽袋和腹褶。成年鹅羽毛呈灰褐色或深褐色，颈的背侧有一条明显的灰褐色羽带，体躯从上往下羽色渐浅，腹部羽毛灰白色或白色，背、翼、肩及腿羽均为银边羽，排列整齐。肉瘤，喙黑色。肉瘤的边缘和喙的基部有半圈白羽。胫、蹼橘黄色，爪黑色。成年雁鹅的体重、体尺见表3-6，外貌特征见图3-6。

表3-6　成年雁鹅体重、体尺

性别	体重（克）	胸深（厘米）	胸宽（厘米）	龙骨长（厘米）	骨盆宽（厘米）	颈长（厘米）	胫长（厘米）
公	6 020	11.5	14.0	19.5	9.2	36.7	11.3
母	4 775	10.3	12.3	16.7	8.4	32.6	10.3

图3-6　雁鹅（左边公鹅，右边母鹅）

（3）生产性能

1）生长速度与产肉性能　初生重公鹅为149克,母鹅为104克。雁鹅耐粗饲,饲料利用率高,早期生长速度快。60日龄公鹅体重2 440克,母鹅重2 170克;90日龄公鹅重3 950克,母鹅重3 460克。如果饲养条件好,喂以配合饲料,2月龄体重即可达到4 000克以上。成年公鹅体重6 000～7 000克,母鹅4 000～5 000克。成年公母鹅的半净膛屠宰率分别为86.14%和83.98%,全净膛屠宰率分别为72.6%和65.43%。

2）产蛋性能　母鹅一般8～9月龄开产,在饲养管理较好的条件下,7月龄即可开产,年产蛋量25～35枚,平均蛋重150克,蛋壳白色。雁鹅有就巢性,每产一定数量的蛋即进入就巢期而休产。一般是一个月产蛋,一个月孵化,一个月加料复壮,每个季节循环一次,因此雁鹅被称为四季鹅。且年产蛋量、蛋重逐年增加。

3）繁殖性能　公鹅4～5月龄有配种能力,其性行为表现有季节性,且公鹅对母鹅有选择性,公、母鹅配种比例一般为1∶5,种蛋受精率在85%以上,受精蛋孵化率在70%～80%。母鹅一般利用3年,公鹅一般利用1～2年。

（4）品种利用　雁鹅外形优美,生长快,群体发育整齐,肉用性能较好,纯种繁育生产肉用仔鹅。在安徽六安地区、江苏西南部生产规模比较集中。东北三省尤其是黑龙江地区存栏量很高。

6. 兴国灰鹅

（1）产区与分布　兴国灰鹅是江西省兴国的传统养殖特色品种,养殖历史悠久,经过产区人民长期的选育形成了以古龙岗为中心产区的棉花鹅和以龙潭为中心产区的石潭鹅,石潭鹅体型偏小,生长缓慢,在发展过程中逐渐被市场所淘汰,近些年来以棉花鹅为基础选育扩群推广,是产区及周边群众饲养的主要鹅种。

（2）外貌特征　兴国灰鹅喙青色,头、颈、背部羽毛呈灰色,胸、腹部羽毛为灰白色,虹彩乌黑色。胫黄色,皮肤肉黄色。公鹅体躯较长,颈粗长,前胸挺起,公鹅性成熟后额前有黑色肉瘤突起似半个乒乓球状,下颌无咽袋;母鹅体躯较圆,颈较细短,母鹅大多数有明显腹褶。成年兴国灰鹅体重、体尺见表3-7,外貌特征见图3-7。

表3-7　成年兴国灰鹅体重、体尺

性别	体重 （克）	体斜长 （厘米）	胸深 （厘米）	胸宽 （厘米）	龙骨长 （厘米）	骨盆宽 （厘米）	喙长 （厘米）	胫长 （厘米）
公	5 090	33.92	9.5	11.90	18.18	6.02	7.677	8.20
母	4 670	31.14	9.53	11.43	16.40	7.07	6.92	7.49

图3-7　兴国灰鹅（左边公鹅，右边母鹅）

（3）生产性能

1）生长速度与产肉性能　兴国灰鹅出壳重92克，75日龄体重公鹅达4 800克，母鹅达4 500克，平均日增重超过55克以上。成年鹅体重：公鹅5 070克，母鹅4 670克。半净膛屠宰率：公鹅81.0%，母鹅81.5%；全净膛屠宰率：公鹅68.8%，母鹅69.4%。

2）繁殖性能　公鹅性成熟日龄150～180天，母鹅开产日龄180～210天，年产蛋30～40枚，为季节性产蛋，一般10月开始产蛋至翌年4月，5～9月为非繁殖季节。一般产10～12枚蛋时抱窝一次，每个产蛋年产蛋3期。平均蛋重149克，蛋形指数1.42，蛋壳呈白色。公、母鹅自然交配性比1：（5～6），种蛋率80%，受精蛋孵化率85%。

3）产羽绒性能　上市屠宰时可收集羽绒300克，绒羽30克左右。种鹅在休产期可活拔毛绒3次，每次获得不含毛片的毛绒30克，后备种鹅5～9月也可以拔绒3次，每次获得毛绒30克左右。兴国灰鹅的头颈部、背部的羽毛为灰色，但胸腹部羽毛为灰白色质量较好。

（4）品种利用　兴国灰鹅的青嘴、黄脚、瘤头、灰羽特征在南方很受消费者青睐，在主产区兴国县主要进行纯种繁育，每年向广东销售400万羽，年出栏900万羽以上。同时也引用狮头鹅、马岗鹅、清远鹅等与其杂交改良生产性能。

7. 扬州鹅

（1）产区与分布　扬州鹅是由扬州大学联合当地几个部门共同选育的新品种。其基础群是太湖鹅，经多品种、多组合杂交，进行配合力测定，筛选最佳组合，进行自繁固定，经过五个世代历时十多年时间的选育，育成了遗传性能稳定、生产性能较高的新鹅种——扬州鹅。扬州鹅是目前我国首次利用国内种源为基础进行培育的优良鹅种。扬州鹅2002年8月已通过省级品种审定。扬州鹅在当地饲养较多，饲养效果较理想。目前已向山东、河南、上海、黑龙江、安徽等十多个省市推广。

（2）外貌特征　扬州鹅头中等大小、头颈高昂；前额有半球形肉瘤，呈橘黄色；颈匀称、长短粗细适中；体躯方圆、体型紧凑；羽毛洁白、绒质较好，偶见眼稍或头顶或腰背部有少量灰褐色的个体；喙、胫、蹼橘红色，眼睑淡黄色，虹彩灰蓝色；公鹅比母鹅体躯略大，体格雄壮，母鹅清秀。雏鹅全身乳黄色，喙、胫蹼橘红色。外貌特征见图3-8。

图3-8　扬州鹅（左边公鹅，右边母鹅）

（3）生产性能

1）生长速度与产肉性能　平均体重：雏鹅出生体重84～90克，70日龄3.6～4.2千克；70日龄公鹅平均半净膛屠宰率76.83%，母鹅77.20%；70日龄公鹅平均全净膛屠宰率67.8%，母鹅68.5%。成年公鹅5 530～5 578克，母鹅4 120～4 172克。

2）产蛋性能与繁殖性能　母鹅平均开产日龄214～220天，平均年产蛋78枚，蛋重138～150克，蛋壳白色。公、母鹅配种比例1：（6～7），种蛋受精率94%，孵化率89%。公母鹅利用年限2～3年。

（4）品种利用　新育成的扬州鹅耐粗饲,抗病能力强,仔鹅早期生长速度快,肉质鲜美,可以直接进行纯繁生产肉仔鹅,也可以作为肉仔鹅杂交配套的母本。

（三）小型鹅种

小型鹅种具有体躯小,性成熟早,产蛋量高,肉质细嫩等优点,我国拥有世界上产蛋量最高的小型鹅种。

1. 太湖鹅

（1）产区与分布　太湖鹅是我国鹅种中一个小型的高产白鹅品种,原产于江、浙两省沿太湖地区,现主要分布于江苏、浙江、上海,在东北、河北、湖南、湖北、江西、安徽、广东、广西等地也有饲养。

（2）外貌特征　太湖鹅体型小,体质细致紧凑,全身羽毛洁白,体态高昂,前躯丰满而高抬。前额肉瘤明显,圆而光滑,呈淡姜黄色,颈细长呈弓形,无咽袋,从外表看公母鹅差异不大,公鹅体躯相对高大,常昂首展翅行走,叫声洪亮;母鹅肉瘤较公鹅为小,喙也相对短些,叫声较低。公、母鹅的喙、胫、蹼均呈橘红色。成年太湖鹅的体重、体尺见表3-8,外貌特征见图3-9。

表3-8　成年太湖鹅体重、体尺

性别	体重（克）	体斜长（厘米）	胸深（厘米）	胸宽（厘米）	龙骨长（厘米）	骨盆宽（厘米）	颈长（厘米）	胫长（厘米）
公	3 850～4 450	30.5	11.4	8.3	16.56	7.59	31.5	10.10
母	3 150～3 750	28.0	10.1	7.8	13.97	6.92	29.5	9.47

图3-9　太湖鹅(左边公鹅,右边母鹅)

（3）生产性能

1）生长速度与产肉性能　太湖鹅主要用于生产肉用仔鹅,雏鹅出生重平均为91.2克,70日龄即可上市,放牧条件下饲养,平均体重为2 250～2 500克;关棚饲养,体重可达2 900～3 400克,料肉比为(2.5～4.5)∶1,70日龄仔鹅的半净膛屠宰率为78.6%,全净膛屠宰率为64%;成年公鹅体重为4 000～4 500克,母鹅3 500～4 250克,半净膛屠宰率分别为84.75%和79.75%,全净膛屠宰率分别为75.64%和68.73%。

2）产蛋性能　太湖鹅产蛋性能较好,母鹅一般150日龄开产,即3月孵化出的母鹅,当年9月到翌年6月为产蛋期,年产蛋60～70枚,高产鹅群可达80～90枚以上,平均蛋重138克。蛋壳色泽较一致,蛋壳几乎全为白色。

3）繁殖性能　公、母鹅的配种比例为1∶(6～7),种蛋受精率在90%以上,受精蛋孵化率在85%以上,母鹅就巢性差,因此太湖鹅的繁殖几乎全为人工孵化。种鹅停产后全部淘汰,即只利用一年。

4）产羽绒性能　太湖鹅羽绒洁白如雪,轻软,弹性好,保暖性强,经济价值高,每只鹅可产羽绒200～250克。

（4）品种利用　太湖鹅在江浙一带饲养的目的主要是为了生产商品肉仔鹅,太湖鹅产蛋量高而集中,采用人工孵化能够在春季提供大量的苗鹅。同时太湖鹅是较好的杂交用母本,近年来为了提高仔鹅的生长速度和屠体品质,生产中用太湖鹅做母本与其他鹅种杂交生产肉用仔鹅,如用皖西白鹅与太湖鹅杂交,杂交代68日龄体重可达3 650克,料肉比为2.04∶1,全净膛屠宰率为72.5%,其肉用性能优于纯种太湖鹅。

2. 豁眼鹅

（1）产区与分布　豁眼鹅又名豁鹅,属于小型高产鹅种,因其上眼睑边缘后上方有明显豁口,因而得名豁眼鹅。原产于山东省莱阳地区,后来推广到东北三省,目前,山东、辽宁、吉林、黑龙江饲养的豁眼鹅较多,并且各地经过选育后有了新的名称,如在山东被称为五龙鹅,在辽宁昌图地区被称为昌图豁眼鹅,在吉林通化地区、黑龙江延寿县周围一带称为疤瘌眼鹅。近年来新疆、广西、内蒙古、福建、安徽等省、自治区也先后引入了豁眼鹅品种。

（2）外貌特征　豁眼鹅体型较小,体质细致紧凑。头较小,额前有光滑的肉瘤,眼呈三角形,上眼睑有一疤状豁口,为该品种独有的特征。颈长呈弓形,前躯挺拔高抬。公鹅体较短,呈椭圆形,母鹅体稍长呈长方形。山东豁眼鹅颈较细长,腹部紧凑,只有少数鹅有腹褶且腹褶较小;少数鹅有咽袋。东北三省的豁眼鹅大多数有咽袋和腹褶。豁眼鹅全身羽毛洁白,喙、肉瘤、胫、蹼均呈橘红色。成年豁眼鹅体重、体尺见表3-9,外貌特征见图3-10。

表3-9　成年豁眼鹅体重、体尺

性别	体重 (克)	体斜长 (厘米)	胸深 (厘米)	胸宽 (厘米)	龙骨长 (厘米)	骨盆宽 (厘米)	颈长 (厘米)	胫长 (厘米)
公	3 240	29.07	10.8	11.92	17.50	11.10	27.10	8.50
母	2 550	30.65	8.71	9.1	15.13	10.68	26.27	7.96

图3-10　豁眼鹅(左边公鹅,右边母鹅)

(3)生产性能

1)生长速度与产肉性能　因各产区饲养条件不同,仔鹅生长速度差异很大。据测定,山东、吉林在半放牧条件下,初生重平均为75克和73克的公母雏鹅,60日龄时公鹅重1 380～1 480克,母鹅为890～1 480克。辽宁鹅相对较重,初生重75克,60日龄时体重达2 500克,90日龄时体重达3 000～4 000克。150日龄上市,半净膛屠宰率为78.3%～81.2%,全净膛屠宰率为70.3%～72.4%。

2)产蛋性能　母鹅开产日龄210～240天,在较好的饲养条件下,年产蛋130～160枚。如果盛夏防暑严冬防寒、喂全价饲料,豁眼鹅可全年产蛋。半舍饲半放牧条件下,年产蛋80～100枚。蛋重平均118克,蛋壳白色,蛋形指数1.44。

3)繁殖性能　豁眼鹅无就巢性,种蛋要进行人工孵化。公、母鹅配种比例为1:(5～7),种蛋受精率为85%左右,受精蛋孵化率为80%～85%,母鹅产蛋高峰在第2～3年,利用年限一般不超过3年。

4）产羽绒性能　豁眼鹅羽绒洁白,含绒量高,但绒絮稍短。成年公鹅一次活拔羽绒 200 克,母鹅 150 克,其中含绒量为 30% 左右。

（4）品种利用　豁眼鹅产蛋性能居世界第一位,东北三省饲养豁眼鹅主要是蛋用。在肉用仔鹅的生产中,豁眼鹅是理想的母本品种,与国外的大型鹅种,如莱茵鹅、朗德鹅杂交,杂交代生长速度可大大提高,70 日龄仔鹅体重达3 200 克以上,料肉比为 2.9：1。

3. 籽鹅

（1）产区与分布　籽鹅的中心产区位于黑龙江省绥北和松花江地区,其中肇东、肇源、肇州等地最多,黑龙江全省各地均有分布。因产蛋多,群众称其为籽鹅。

（2）外貌特征　籽鹅体型较小,紧凑,略显长圆形。羽毛白色,一般头顶有缨,又叫顶心毛,颈细长,肉瘤较小,颔下偶有垂皮,即咽袋,但较小。喙、胫、蹼皆为橙黄色,虹彩为蓝灰色。腹部一般不下垂。成年籽鹅体重、体尺见表 3 - 10,外貌特征见图 3 - 11。

表 3 - 10　成年籽鹅体重、体尺

性别	体重（克）	体斜长（厘米）	胸深（厘米）	胸宽（厘米）	龙骨长（厘米）	颈长（厘米）	胫长（厘米）
公	4 000 ~ 4 500	27.5	9.9	7.5	15.4	27.5	8.6
母	3 000 ~ 3 500	26.9	8.8	7.3	15.3	26.6	8.0

图 3 - 11　籽鹅（左边公鹅,右边母鹅）

（3）生产性能

1）生长速度与产肉性能　初生公雏体重89克，母雏85克；7周龄公鹅体重2 958克，母鹅2 575克；70日龄公鹅体重3 275克，母鹅2 860克；成年公鹅体重4 000～4 500克，母鹅3 000～3 500克。70日龄半净膛率分别为78.02%和80.19%，全净膛率分别为69.47%和71.30%，24周龄公母鹅半净膛率分别为83.15%和82.91%，全净膛率78.15%和79.60%。

2）产蛋性能　籽鹅一般年产蛋在100～130枚，多的可达180枚，蛋壳白色。蛋重平均131.1克，最大153克。蛋形指数为1.43。

3）繁殖性能　母鹅开产日龄为180～210天。公、母鹅配种比例1:（5～7），籽鹅喜欢在水中交配，受精率在90%以上，受精蛋孵化率均在90%以上，高的可达98%。公鹅利用年限3～4年，母鹅4～5年。

（4）品种利用　籽鹅历史悠久。经过多年的选优去劣，在黑龙江省特定的气候和饲养条件下，形成了产蛋能力强的地方品种。可以纯种繁育生产鹅蛋，也可以作为肉仔鹅生产配套杂交的母本。

4. 乌鬃鹅

（1）产区与分布　主产区在广东省的清远市及其附近县市，因羽毛大部分呈乌棕色而得名，当地也称为清远鹅。该品种在广东省颇受消费者喜爱，乌鬃鹅现已远销省内各地及港澳、东南亚等国家和地区。

（2）外貌特征　该品种的鹅体型紧凑，体质结实，头小、颈细、脚短。背、胸、肩和尾部羽毛灰褐色，颈部两侧和前胸部羽毛灰白色，腹部白色；从头顶到颈肩结合处沿颈部背侧有一条棕褐色条带，如同马的深色鬃毛一般，俯视呈乌棕色。喙、肉瘤、胫、蹼均为黑色。公鹅形体比母鹅大，公鹅呈橄榄形，母鹅呈楔形。公鹅肉瘤发达，雄性特征明显。成年乌鬃鹅的体重、体尺见表3－11，外貌特征见图3－12。

表3－11　成年乌鬃鹅体重、体尺

性别	体重（克）	体斜长（厘米）	胸深（厘米）	龙骨长（厘米）	骨盆宽（厘米）	胫长（厘米）	半潜水长（厘米）
公	3 420	23.7	7.6	15.8	6.9	7.5	49.0
母	2 860	23.2	7.1	13.6	6.4	6.8	49.0

图 3 – 12　乌鬃鹅(左边公鹅,右边母鹅)

（3）生产性能

1）生长速度与产肉性能　雏鹅出壳重 95.0 克,仔鹅 70 日龄体重平均 2 850 千克。成年乌鬃鹅体重:公 3 420 克,母 2 860 克。乌鬃鹅 110 日龄屠宰率:半净膛,公鹅 86.8%,母鹅 87.5%;全净膛,公鹅 77.9%,母鹅 78.1%。

2）产蛋性能　母鹅 20 周龄开产,以年产蛋 4 ~ 5 期,第一期产蛋在 7 ~ 8 月,第二期 9 ~ 10 月,第三期 11 月至翌年 1 月,第四期在 2 ~ 4 月,年产蛋约 30 枚,蛋重 145 克左右,蛋形指数 1.49,蛋壳白色。

3）繁殖性能　乌鬃鹅就巢性强,产一期蛋就巢一次,种蛋进行自然孵化。公鹅性欲很高,公、母鹅配比为 1:(8 ~ 10),种鹅种蛋受精率 87.6%,孵化率 92.5%。

（4）品种利用　乌鬃鹅具有体大、肉嫩、香味纯美等特点。在产区及周边地区主要进行纯种繁育进行肉仔鹅生产,特别适合于粤派烤鹅使用,"正宗清远乌鬃鹅"是羊城、港澳地区烧鹅档的招牌菜。

5. 酃县白鹅

（1）产区与分布　酃县白鹅主产于湖南省炎陵县沔水流域,全县均有分布,毗邻的资兴、桂东、茶陵及江西的宁冈、遂川等地均有饲养。因炎陵县原称酃县,所以品种志上称为酃县白鹅。

（2）外貌特征　酃县白鹅属小型肉用鹅种,体躯小而紧凑。头中等大小,有较小的肉瘤,母鹅肉瘤扁平,不突出。颈中等长。体躯宽而深,胸部饱满,母鹅后躯发达,呈蛋圆形。全身羽毛白色。喙、肉瘤、胫、蹼橘红色,爪白玉色,皮肤黄色,少数个体下颌有咽袋,部分个体有腹褶。成年酃县白鹅的体重、体尺见表 3 – 12,外貌特征见图 3 – 13。

表 3 - 12　成年鄱县白鹅体重、体尺

性别	体重（克）	体斜长（厘米）	胸宽（厘米）	胸深（厘米）	龙骨长（厘米）	骨盆宽（厘米）	胫长（厘米）
公	4 250	28.4	11.2	10.8	15.4	8.5	9.2
母	4 100	27.1	10.3	9.8	14.5	8.1	8.9

图 3 - 13　鄱县白鹅（左边公鹅，右边母鹅）

（3）生产性能

1）生长速度与产肉性能　雏鹅出壳重 80 克，30 日龄可达 1 240 克，60 日龄 2 700 克，90 日龄可达 3 800 克左右。成年鹅体重：公鹅 4 250 克，母鹅 4 100 克。180 日龄屠宰率：半净膛，公鹅 84.2%，母鹅 84.0%；全净膛，公鹅 78.2%，母鹅 75.7%。

2）产蛋性能　母鹅开产日龄 160 天，多在 10 月至翌年 4 月产蛋，分 3~5 个产蛋期，每期产蛋 8~12 枚于一个窝内，之后开始抱孵。全繁殖季节平均产蛋 46 枚，第一年产蛋平均重 116.6 克，第二年为 146.6 克。蛋壳白色，蛋形指数 1.49。

3）繁殖性能　种鹅就巢性强，种蛋自然孵化。公、母鹅配种比例 1:（2~4），种蛋受精率约 98.2%，孵化率 97.8%。鄱县白鹅利用年限一般为 4~6 年。

（4）品种利用　主产区及周边地区养殖鄱县白鹅主要进行纯种繁育，进行肉仔鹅生产。

6. 长乐鹅

（1）产区与分布　长乐鹅中心产区位于福建省长乐市的潭头、金峰、湖南、文岭 4 个乡，分布于邻近的闽侯、福州、福清、连江、闽清等县市。产区属亚

热带气候区。农作物一年2~3熟,大量的农副产品和各种菜类是养鹅的好饲料,沿海广阔的滩涂生长着各种牧草,是放牧鹅群的好场所。

(2)外貌特征　长乐鹅昂首曲颈,胸宽而挺。公鹅肉瘤高大,稍带棱脊形;母鹅肉瘤较小,且扁平,颈长呈弓形,蛋圆形体躯,高抬而丰满的前躯,无咽袋,少腹褶。绝大多数个体羽毛灰褐色,纯白色仅占5%左右,灰褐色的成年鹅,从头部至颈部的背面,有一条深褐色的羽带,与背、尾部的褐色羽区相连接;颈部腹侧至胸、腹部呈灰白色或白色,颈部的背侧与腹侧羽毛界限明显。有的在颈、胸、肩交界处有白色环状羽带。喙黑色或黄色,肉瘤黑色、黄色或黄色带黑斑;皮肤黄色或白色;胫、蹼橘黄色;虹彩褐色;颈、肩、胸交界处有白色羽环者,虹彩蓝灰色。纯白羽的个体,喙、肉瘤、蹼橘黄或橘红色。虹彩蓝灰色。长乐鹅群中常见灰白花或褐白花个体,这类杂羽鹅的喙、肉瘤、胫、蹼常见橘红带黑斑,虹彩褐色或蓝灰色。成年长乐鹅的体重、体尺见表3-13,外貌特征见图3-14。

表3-13　成年长乐鹅体重、体尺

性别	体重 (克)	体斜长 (厘米)	胸宽 (厘米)	胸深 (厘米)	龙骨长 (厘米)	骨盆宽 (厘米)	胫长 (厘米)
公	4 380	32.2	11.27	11.5	18.9	8.9	9.6
母	4 190	49.7	11.1	9.8	16.7	8.9	8.9

图3-14　长乐鹅(左边公鹅,右边母鹅)

(3)生产性能

1)生长速度与产肉性能　雏鹅出壳重为99.4克,成年体重公鹅为4 380克,母鹅为4 190克。屠宰测定70日龄公鹅半净膛率为81.78%,母鹅为

82.25%；全净膛率公鹅为 68.67%，母鹅为 70.23%。

2）产蛋性能　母鹅开产日龄 210 日龄，一般年产蛋 2～4 窝，年产蛋 30～40 枚，蛋重为 153 克，蛋壳白色，蛋形指数 1.4。

3）繁殖性能　长乐鹅就巢性较强，公、母鹅配种比例 1:6，种蛋受精率为 80% 以上，种鹅使用年限 2～3 年。

4）产肥肝性能　长乐鹅肥肝性能较好，经 4 周填肥，公鹅肝重 420 克，母鹅肝重 398 克，如果向肥肝用方向发展，还需要进行种鹅群的系统选育。

（4）品种利用　长乐鹅在产区主要是进行纯种繁育进行肉仔鹅生产，如果系统选育后能够提高繁殖性能可以作为肝用鹅杂交母本。

7．伊犁鹅

（1）产区与分布　伊犁鹅又称塔城飞鹅、雁鹅。中心产区位于新疆维吾尔自治区伊犁哈萨克自治州各直属县、市，分布于新疆西北部的各州及博尔塔拉蒙古族自治州一带，以伊犁地区的新源、尼勒克、昭苏和巩留等分布最多。

（2）外貌特征　伊犁鹅是我国唯一由灰雁驯化而来的鹅种，外貌特征与灰雁非常相似，体型中等，颈较短，胸宽广而突出，体躯呈水平状态，扁椭圆形，腿粗短。头部平顶，无肉瘤突起。颌下无咽袋。雏鹅上体黄褐色，两侧黄色，腹下淡黄色，眼灰黑色，喙黄褐色，胫、趾、蹼均为橘红色，喙豆乳白色。成年鹅喙象牙色，胫、蹼、趾肉红色，虹彩蓝灰色，翼尾较长，羽毛可分为灰、花、白 3 种颜色。

1）灰鹅　头、颈、背、腰等部位羽毛灰褐色；胸、腹、尾下灰白色，并缀以深褐色小斑；喙基周围有一条狭窄的白色羽环；体躯两侧及背部，深浅褐色相衔，形成状似覆瓦的波状横带；尾羽褐色，羽端白色。最外侧两对尾羽白色。

2）花鹅　羽毛灰白相间，头、背、翼等部位灰褐色，其他部位白色，常见在颈肩部出现白色羽环。

3）白鹅　全身羽毛白色。

成年伊犁鹅体重、体尺见表 3－14，外貌特征见图 3－15。

表 3－14　成年伊犁鹅体重、体尺

性别	体重（克）	体斜长（厘米）	胸深（厘米）	胸宽（厘米）	龙骨长（厘米）	骨盆宽（厘米）	颈长（厘米）	胫长（厘米）	半潜水长（厘米）
公	4 290	28.8	12.4	12.5	19.1	7.8	26.5	10.3	60.0
母	3 530	28.5	11.5	11.8	17.2	7.1	24.5	9.3	60.7

图 3 - 15　伊犁鹅(左图灰羽公鹅,中图灰羽母鹅,右图花羽公母鹅)

(3)生产性能

1)产蛋性能　伊犁鹅一般每年只有一个产蛋期,出现在 3 ~ 4 月,也有个别鹅分春秋两季产蛋。全年可产蛋 5 ~ 24 枚,平均年产蛋量为 10.1 枚。通常第 1 个产蛋年 7 ~ 8 枚,第 2 个产蛋年 10 ~ 12 枚,第 3 个产蛋年 15 ~ 16 枚,此时已达产蛋高峰,稳定几年后,到第 6 年产蛋率逐渐下降。平均蛋重 156.9克,蛋壳乳白色,蛋壳厚度 0.60 毫米,蛋形指数 1.48。

2)生长速度与产肉性能　放牧饲养,公母鹅 30 日龄体重分别为 1 380 克和 1 230 克,60 日龄体重 3 030 克和 2 770 克,90 日龄体重为 3 410 克和 2 770克,120 日龄体重 3 690 克和 3 440 克。8 月龄育肥 15 天的肉鹅屠宰表明,平均活重 3.81 千克,半净膛率和全净膛率分别为 83.6% 和 75.5%。

3)产羽绒性能　平均每只鹅可产羽绒 240 克,其中纯绒 192.6 克,鹅绒是当地群众养鹅的主要产品之一,喜欢用鹅绒做枕头、冬衣和被褥,因其轻暖隔潮,被视为婚嫁珍品。

4)繁殖性能　公、母鹅配种比例 1:(2 ~ 4)。种蛋平均受精率为 83.1%;受精蛋孵化率为 81.9%。有就巢性,一般每年 1 次,发生在春季产蛋结束后。30 日龄成活率 84.7%。

(4)品种利用　伊犁鹅耐粗饲,适合放牧饲养,产绒性能好,肉质好,但是产蛋量低,限制了规模化饲养,伊犁鹅在我国其他地区饲养很少,主要在产区周边分布,1992 年曾从辽宁省引进豁眼鹅作为母本与伊犁鹅杂交,提高了伊犁鹅的产蛋量和产绒量。

二、引入鹅种

(一)大型鹅

1. 埃姆登鹅

(1)产区与分布　埃姆登鹅原产于德国西部的埃姆登城附近,是一个古老的大型鹅种。有学者认为,该鹅是由意大利白鹅与德国及荷兰北部的白鹅杂交而成。19 世纪,经过选育和杂交改良,曾引入英国和荷兰白鹅的血统,体型变大。

(2)外貌特征 埃姆登鹅体型大,生长快。成年鹅全身披白羽而紧贴,头大呈椭圆形,颈长略呈弓形,背宽阔,体长,胸部光滑看不到龙骨突出,腹部有一双皱褶下垂。尾部较背线稍高,站立时身体姿势与地面成30°~40°。凡是头小,颈下有重褶,颈短,落翅,步伐沉重,龙骨显露者为不合格。喙、胫、蹼呈橘红色,喙粗短,眼睛为蓝色。

埃姆登鹅的雏鹅,全身绒毛为黄色,但在背部及头部带有不等量的灰色绒毛。在换羽前,一般可根据羽的颜色来鉴别公母,公雏鹅绒毛上的灰色部分比母雏鹅的浅些。仔鹅与大部分欧洲白色鹅种一样,羽毛里常会出现有色羽毛,但到成年时会更换为白色羽毛。成年埃姆登鹅外貌特征见图3-16。

图3-16 埃姆登鹅(左边公鹅,右边母鹅)

(3)生产性能

1)生长速度 成年公鹅体重9 000~15 000克,平均为11.80千克;母鹅8~10千克,平均为9.08千克。60日龄仔鹅体重3 500克。

2)产蛋性能 母鹅10月龄左右开产,年平均产蛋35~40枚,蛋重160~200克,蛋壳坚厚,呈白色。

3)繁殖性能 埃姆登母鹅就巢性强。公、母鹅配比一般为1∶(3~4)。

4)产羽绒性能 埃姆登鹅羽绒洁白丰厚,耐活体拔毛,羽绒产量高。

(4)品种利用 埃姆登鹅非常耐粗饲,成熟早,早期生年快,育肥性能好,肉质佳,用于生产优质鹅油和肉。在北美地区,商品化饲养场饲养埃姆登鹅的数量比所有其他品种鹅的总和还要多。其他国家和地区引入该鹅种主要是作为杂交用父本生产肉仔鹅,提高杂交代的生长速度。

2. 图卢兹鹅

(1)产区与分布 图卢兹鹅又称茜蒙鹅,是世界上体型最大的鹅种,19世

纪初由灰鹅驯化选育而成。原产于法国南部的图卢兹市郊区,主要分布于法国西南部,是法国生产鹅肥肝的传统专用品种。后传入英国、美国等欧美国家。

(2)外貌特征　图卢兹鹅体型大,羽毛丰满,具有重型鹅的特征。头大、喙尖、颈粗,中等长度,体躯呈水平状态,胸部宽深,腿短而粗。颌下有皮肤下垂形成的咽袋,腹下有腹皱,咽袋与腹皱均发达。羽毛灰色,着生蓬松,头部灰色,颈背深灰,胸部浅灰,腹部白色。翼部羽深灰色带浅色镶边,尾羽灰白色。喙橘黄色,跖、蹼橘红色。眼深褐色或红褐色。外貌特征见图3-17。

图3-17　图卢兹鹅(左边公鹅,右边母鹅)

(3)生产性能

1)生长速度与产肉性能　成年公鹅体重12 000~14 000克,母鹅9 000~10 000克,60日龄仔鹅平均体重为3 900克。仔鹅经填饲后活重达12 000~14 000克。图卢兹鹅产肉多,但肌肉纤维较粗,肉质欠佳。易沉积脂肪。

2)产肥肝性能　图卢兹鹅用于生产肥肝和鹅油,强制填肥每只鹅平均肥肝重可达1 000克以上,一般为1~1.3千克,最大肥肝重达1 800克。

3)产蛋性能　图卢兹鹅年产蛋量30~40枚,平均蛋重170~200克,蛋壳呈乳白色。

4)繁殖性能　母鹅开产日龄为305天。公鹅性欲较强,有22%的公鹅和40%的母鹅是单配偶,受精率低仅65%~75%,公、母鹅配种比例1:(1~2),1只母鹅1年只能繁殖10多只雏鹅。就巢性不强,平均就巢数量约占全群的20%。

(4)品种利用　该鹅易沉积脂肪,虽然生长快易育肥,但肥肝质量较差,肥肝大而软,脂肪充满在肝细胞的间隙中,一经煮熟脂肪就流出来,肥肝也因之缩小,加上体格过于笨重,耗料多,受精率低,饲养成本很高,所以,现在已逐渐被朗德鹅取代。

3. 非洲鹅

(1)产区与分布　原产于非洲,广泛分布于非洲各地。非洲鹅与中国鹅有密切的亲缘关系,近年来的研究表明非洲鹅与中国鹅起源相同,均由鸿雁驯化而来。

(2)外貌特征　非洲鹅体态略呈直立状。体型粗大,体躯长、宽、深;头宽、厚、大;咽袋大而下垂,随年龄的增长而增长;喙较大,角质坚硬;肉瘤大而宽,微微前倾;颈长、微弯;胸丰满硕圆,背阔而平,臀部圆而丰满,双翼大而强健,合拢时紧贴体侧。非洲鹅有灰、白两类羽色。灰羽非洲鹅头部为浅褐色,颈部为非常浅的灰褐色羽,颈背正中自上而下带有一条清晰的深褐色宽条纹,体侧和大腿上部羽毛灰褐,羽片外缘略淡;主翼羽深蓝灰色,覆主翼羽浅蓝灰色;副主翼羽也为深蓝灰色;但其边缘接近白色,尾羽灰褐色。胫、蹼为深橘黄色,虹彩为深褐色。白羽非洲鹅全身羽毛白色。喙、肉瘤为橘红色;胫、蹼为浅橘红色。成年非洲鹅外貌特征见图3-18。

图3-18　非洲鹅(左图灰羽,右图白羽)

(3)生产性能　成年公鹅体重9.08千克,母鹅8.17千克。母鹅平均年产蛋20~45枚。公、母鹅配比1:(2~6)。繁殖利用年限长。

(4)品种利用　白羽、灰羽非洲鹅在非洲、北美分布很广泛,该鹅种体型大但体脂肪含量不高,在大型鹅种中体脂肪含量最低,耐寒性很强,很受养殖者喜爱。

(二)中型鹅

1. 朗德鹅

(1)产区及分布　朗德鹅又称西南灰鹅,原产于法国西部靠近比斯开湾的朗德省,是由大型的图卢兹鹅和体型较小的玛瑟布尔鹅经长期杂交选育而育成的,是世界著名的肥肝专用品种,也是法国当前生产鹅肥肝的主要品种。

除法国外,匈牙利的饲养量也相当大。

(2)外貌特征 产地标准的朗德鹅是灰色羽品种,全身羽毛以灰褐色为基调,颈背部羽色较深,接近黑色,胸部羽色渐浅,呈银灰色,腹部羽毛乳白色。实际上,朗德鹅的羽毛颜色尚未完全一致,还有少量白色和灰色的个体,并且在法国通过杂交已经获得白色朗德鹅。朗德鹅的体型与中国鹅不同,具有从灰雁驯养的欧洲鹅特征,体型硕大,背宽胸深,腹部下垂,头部肉瘤不明显,喙尖而短,颈上部有咽袋,颈粗短,颈羽稍有卷曲。当站立或行走时,体躯与地面几乎呈平行状态。成年朗德鹅外貌特征见图3-19。

图3-19 朗德鹅(左边母鹅,右边公鹅)

(3)生产性能

1)生长速度与产肉性能 成年公鹅体重达7~8千克,母鹅为6~7千克,仔鹅生长迅速,8周龄活重即可达4.5千克左右,肉用仔鹅经填肥后,活重可达10~11千克。

2)产肝性能 朗德鹅最突出的特点是肝用性能好,在适当的填饲条件下肥肝重量可达700~800克,高的可达1 500克以上,料肝比为23.8:1。山东昌邑引种后,经1 188只鹅填饲测定,平均肥肝重895克,料肝比24:1,填饲期体增重率62%~70%。但肥肝的质地欠佳,容易破碎。

3)产羽绒性能 朗德鹅对人工拔毛耐受性强,羽绒产量在每年拔毛2次的情况下,可达350~450克,灰色羽绒价格比白色羽绒价格低20%~30%。

4)繁殖性能 朗德鹅性成熟期180天,一般210天开产。母鹅年产蛋量35~40枚,蛋重180~200克。朗德鹅的公鹅配种能力差,精液品质欠佳,因而种蛋的受精率低,一般只有60%~65%,受精蛋孵化率为80%左右,育雏成活率为90%,平均每羽母鹅可提供商品仔鹅16~20羽。公、母鹅配比1:3,母鹅的就巢性较弱。

（4）品种利用　目前许多国家引入朗德鹅,有的直接利用其肥肝性能,有的则用其做杂交父本,提高后代的生长速度和产肥肝性能。我国也多次引入朗德鹅,其在我国的适应性和生产性能保持等方面均表现得较为理想。

2. 莱茵鹅

（1）产区与分布　莱茵鹅原产于德国的莱茵河流域,经法国克里莫公司选育,成为世界著名肉毛兼用型品种。

（2）外貌特征　莱茵鹅体型中等。莱茵鹅的特征是初生雏鹅背面羽毛为灰褐色,从2周龄开始逐渐转为白色,至6周龄时已为全身白羽。体高31.5厘米,体长37.5厘米,胸围66.0厘米。初生雏绒毛为黄褐色,随着生长周龄增加而逐渐变白,至6周龄时变为白色羽毛。喙、胫、蹼均为橘黄色。头上无肉瘤,颌下无皮褶,颈粗短而直。莱茵鹅成年外貌特征见图3-20。

图3-20　莱茵鹅(左边母鹅,右边公鹅)

（3）生产性能

1)生长速度与产肉性能　仔鹅8周龄体重可达4.0~4.5千克,肉料比为1:(2.5~3.0),屠宰率为76.15%,活重为5.45千克,胴体重为4.15千克,半净膛率为85.28%。成年公鹅体重5~6千克,母鹅4.5~5千克。

2)繁殖性能　母鹅开产日龄在210~240天,生产周期与季节特征和气候条件有关,正常产蛋期在1~6月末,年产蛋50~60枚,平均蛋重在150~190克。莱茵鹅公、母配比为1:(3~4),种鹅利用期限为4年。莱茵鹅能在陆上配种,也能在水中配种,种蛋受精率为75%,受精蛋孵化率为80%~85%。雏鹅成活率高,达99.2%。

3)产羽绒性能　莱茵鹅羽绒产量高,3~4月龄仔鹅平均每只产羽绒260克,其中含绒率20%;8~9月龄鹅平均每只产羽绒280~320克,其中含绒率为 30%。

(4)品种利用　莱茵鹅适应性强,食谱广,耐粗饲,成熟期较早,能适应大群舍饲。引入我国后作为父本与国内鹅种杂交生产肉用杂种仔鹅,杂种仔鹅的 8 周龄体重可达 3～3.5 千克,是理想的肉用杂交父本。莱茵鹅肉鲜嫩,营养丰富,口味独特,是深受人们喜爱的食品。莱茵鹅羽毛的含绒量高,是制作高档衣被的良好原料。

3. 奥拉斯鹅

(1)产区与分布　奥拉斯鹅又名意大利鹅,意大利鹅原产意大利北部地区,在欧洲各国分布较广。该鹅在改良育成过程中,为提高繁殖性能,曾引入中国鹅血统。

(2)外貌特征　奥拉斯鹅体型中等,全身羽毛洁白,头上无肉瘤,颌下无皮褶,颈粗短。喙、胫、蹼均为橘黄色。成年外貌特征见图 3－21。

图 3－21　奥拉斯鹅母鹅

(3)生产性能

1)生长速度与产肉性能　奥拉斯鹅生长迅速,8 周龄仔鹅活重可达 4.5～5 千克,料肉比(2.8～3):1。成年公鹅体重 6～7 千克,母鹅 5～6 千克。

2)繁殖性能　奥拉斯鹅繁殖力强,母鹅年产蛋量较高,可达 55～60 枚。公、母鹅配比为 1:(3～5),种蛋受精率为 85%,孵化率为 60%～65%,母鹅的繁殖盛期可保持 6 年。

3)产肥肝性能　匈牙利等国常用朗德鹅的公鹅与意大利母鹅杂交,用杂交鹅生产肥肝比较理想,经填肥后活重可达 7～8 千克,肥肝重可达 700 克左右。

（4）品种利用　奥拉斯鹅全身羽毛白色,具有生长快、肌肉发达、繁殖率高等优点,适于生产肉用仔鹅。与其他鹅杂交也可以进行肥肝生产。

4. 罗曼鹅

（1）产地与分布　罗曼鹅是欧洲的古老品种,原产于意大利。丹麦、美国和我国台湾地区对白色罗曼鹅进行了较系统的选育,主要提高其体重和整齐度,改善其产蛋性能。英国则选形体较小而羽毛纯白美观的个体留种。罗曼鹅是我国台湾地区主要的肉鹅生产品种,饲养量占台湾全省的90%以上。近年来,在福建、广东、安徽等地有台商引进繁育。

（2）体形外貌　罗曼鹅外表很像埃姆登鹅,形体比埃姆登鹅小一半,属于中型鹅种。羽毛有灰、白、花三种。罗曼鹅体形明显的特点是"圆",即颈短、背短,体躯短。头部无额瘤,但头顶有球形的"顶心毛"。眼睛蓝色,喙、颈、蹼均为橘红色。成年罗曼鹅外貌特征见图3-22。

图3-22　罗曼鹅

（3）生产性能

1）生长速度与肉用性能　罗曼鹅成年体重公鹅6~7千克,母鹅4.5~5.5千克。台湾省专门选育的品系,仔鹅8周龄也可达4.0千克。

2）繁殖性能　公、母鹅性比为1:（2~4）,母鹅年产蛋40枚左右,受精率82%,孵化率80%。

（4）品种利用　罗曼鹅中的白羽变种,也称白罗曼鹅,肉用性能好,羽绒价值高,可以用于肉鹅和羽绒生产,也可用作杂交配套的父本改善其他品种的肉用性能和羽绒性能。

（三）小型鹅种

国外的小型鹅种个体小,产蛋少,主要用作观赏品种,常见的有原产于非洲的埃及鹅和原产于北美洲的加拿大鹅。

1. 埃及鹅

埃及鹅产于埃及,属于非洲类鹅品种,体型很小,成年公鹅体重3.8千克,母鹅3.0千克。母鹅产蛋很少,平均年产蛋6~8枚,蛋重145.8克。大多数鹅为灰色羽和黑色羽,并点缀一些白色、微红褐色和淡黄色羽毛,埃及鹅属于观赏用品种。成年鹅外貌特征见图3-23。

图3-23 埃及鹅

2. 加拿大鹅

加拿大鹅产于加拿大,是北美洲常见的野鹅,被列为保护动物品种,不准外运,只有观赏价值。加拿大鹅体型较小,成年公鹅平均体重4.5千克,母鹅3.8千克,年产蛋4~8枚,平均蛋重145克。配种习性"一夫一妻"制,该鹅种晚熟,与家鹅杂交所产的杂种鹅不育。成年鹅外貌特征见图3-24。

图3-24 加拿大鹅

第三节 鹅种的选育与引种

一、生产中常用的种鹅群选育技术

我国鹅种质资源丰富,分布区域广泛,不同品种各有其优良的生产性能。但长期以来,各地方品种闭锁繁育,没有形成科学的选育制度和培育方法,甚至对一些从国外引进的优良鹅种也主要是进行杂交使用,并没有对引进种群进行选育保持,因此生产中没有将资源优势转变为生产优势,尤其是片面追求某一方面的利益,而忽视对优良品种综合、合理的开发利用和选育提高,以使

某些品种的一些性状出现了下降趋势。针对鹅的繁殖特点和现阶段鹅的生产水平,在养鹅生产过程中,有目的、有计划地开展鹅的育种工作,培育高产种鹅群,提高鹅群的生产力水平是解决现代养鹅业种质优化的必由之路,现代养鹅业常用的主要选育方法有本品种繁育和杂交繁育两种。

(一)本品种繁育

本品种繁育是指在品种内部通过选种、选配、品系繁育、改善培育条件等措施,提高品种性能的一种繁育方法。同一品种的公母鹅配种繁殖后代,其目的是在同一品种中进行有计划、有目的地系统选育,选优去劣,把符合该品种特征、特性的后代留种,保持或提高本品种的生产性能。纯种繁育是保持优良血统和特性的一项重要措施,是进行杂交改良的基础。只有这样做才能保证现有的鹅种不退化,保持良好的生产性能,长久地利用良种。

1. 本品种选育方法

鹅的本品种选育,要针对品种特点,确定选育目标,然后开展选种、选配工作,进行品种的提纯复壮,与此同时,注意加强鹅群的饲养管理,以使其生产潜力充分发挥出来,提高鹅群整体的生产性能。我国的太湖鹅、豁眼鹅、浙东白鹅等进行本品种选育,取得了良好的效果。如豁眼鹅,系统选育前羽色较杂,体型大小不一,眼睑没有豁口的个体占有一定比例,产蛋性能差异较大。初期对其羽色、喙、胫颜色、眼睑豁口、体重、产蛋性能等几个指标作为选育的主要指标:要求羽色全白,喙、胫橘黄,两上眼睑豁口明显,入舍产蛋量 100 枚,蛋重 120 克,成年公鹅体重 4 ~ 4.5 千克,母鹅 3 ~ 3.5 千克。经过几个世代的系统选育,体形外貌基本一致,特征特性相当明显,产蛋性能显著提高,遗传性能趋于稳定,按入舍母鹅产蛋量计算,4 世代的年产蛋量达 118.2 枚,比 0 世代的 83.6 枚增加了 34.6 枚,最高的个体产蛋量达 186 枚,比 0 世代增加了 102.4 枚。

目前我国鹅本品种选育的目标主要是保种和提高产蛋量、蛋重。当今世界禽种资源日益减少,在水禽方面除东欧国家外,大多数欧洲国家的遗传资源已耗尽,失去了育种的原始材料。相比之下,我国鹅种资源丰富,载入全国家禽品种志的约有 10 个,还有不少被列入了地方品种志,这是非常幸运的事情。但是一些个体大,生长速度快,羽绒品质好的优良鹅品种,如皖西白鹅、溆浦鹅,以及产蛋多的四川白鹅等,由于缺乏有计划的系统选育,品种的优势没有充分的显现出来,尤其是在整个养鹅业中的覆盖率比例较低。例如皖西白鹅具有世界第一的产羽绒性能,但是产区长期沿用自然孵化的繁殖方式,把没有

抱性的"常蛋鹅"作为淘汰对象,而把产一窝蛋,抱一窝的寡产鹅作为种用,长此下去,这些鹅种的繁殖性能几乎停留在原始水平上,分布范围也由于繁殖率低而受到严重影响,同时苗鹅的生产成本高,在市场上推广受到限制。所有这些鹅品种,除了具有很好的适应性外,它们的生产性能也各有千秋,对各地的养鹅业都做出了重要贡献。但我们如果一直不把保种和选育工作放在重要位置,任其自生自灭,或者只是一味地追求杂交效益,那么在不久的将来,供我们使用的基因库会越来越窄,一些好的遗传特性就会丢失。所以我国鹅保种任务艰巨,最好在品种形成的当地建立保种场,在保种的基础上,开发市场,回收资金,把选育提高工作做好。

在本品种选育过程中,有专家提出了网式育种技术,即在品种内建立若干个种内群(或称品群),各品群在一定时期内进行群内繁育以保持性状和性能的稳定,但是为了不断提高品种的性能,避免品群内的近交问题,定期需要进行品群间的血缘混合。品群间的异质性是进行网式育种的前提基础,各品群除了具有本品种共有的特征外,各品群还应各具特色。网式育种的繁育模式如图 3-25 所示:

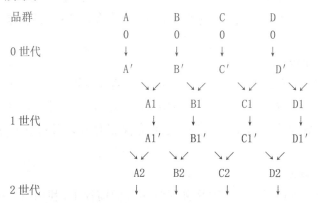

图 3-25　网式育种示意图

2. 进行鹅本品种选育时应注意的问题

第一,运用本品种选育方法时,应着重注意选择品质优秀的种公鹅,一般对种公鹅的选择除了具有本品种的特征外,还要求体型大,体质好,各部位生长发育协调稳健,羽毛有光泽,腿粗有力,喙、胫、蹼颜色鲜明。选留通过翻肛和精液品质检查,阴茎发育良好、性欲旺盛、精液品质优良的公鹅作为种用,严格淘汰阴茎发育不良和有病的公鹅。

第二，运用本品种选育方法时，应尽量避免近交。对于规模小的种鹅场或商品性鹅场，由于群体数量小，有时难于严格淘汰，容易引起近交。长期采用近交，则会引起近交衰退现象，表现为后代的生活力和生产性能下降，体质变弱，死亡增多，繁殖力降低，增重慢，体型变小等现象，所以要想办法把近交控制在一定范围内。在培育新品种的横交固定阶段或培育品系时可以适当采用近交，其他阶段应尽量避免。为防止本品种选育时的近交带来的缺点，可采取以下措施：①在本品种选育过程中，严格淘汰不符合理想型要求的、生产力低、体质衰弱、繁殖力差和表现出衰退现象的个体。②加强种鹅的饲养管理，满足幼鹅群及其繁育后代的营养要求。近交产生的个体，其种用价值可能是高的，遗传性能也较稳定，对饲养管理条件要求较高，如能满足它们的需求，则可暂时不表现或少表现近交带来的不良影响，否则遗传和环境双重不良影响可导致更严重的衰退。③适当进行血缘更新，可以防止亲缘交配不良影响的积累。育种场从外地引入同品种、同类型和同质性而又无亲缘关系的种鹅进行繁育。对于商品鹅场的一般繁殖群，为保证其具有较高的生产性能，定期进行血缘更新尤为重要。民间所说的"三年一换种"，"异地选公鹅，本地选母鹅"都是强调要血缘更新。④在系统开展选育工作中，适当多选留种公鹅，选配时不至于被迫近交。

（二）杂交繁育

鹅的杂交繁育是指用两个或两个以上鹅品种进行品种间交配，组合后代的遗传结构，创造新的类型，或直接利用新类型进行生产或利用新类型培育新品种或新品系，根据杂交目的的不同可以把杂交繁育分为引入杂交、育成杂交和经济杂交。

1. 引入杂交

引入杂交指在保留原有鹅品种基本品质的前提下，利用引入品种改良原有品种某些缺点的一种有限杂交方法。具体操作手段是利用引入的种公鹅与原有母鹅杂交一次，再在杂交子代中选出理想的公鹅与原有母鹅回交 1 次或 2 次，使外源血统含量低于 25%，把符合要求的回交种鹅自群繁育扩群生产，这样既保持了原有品种的优良特性又将不理想的性状改良提高了。如以四川白鹅为基础选育的天府肉鹅，就是在四川白鹅群体中选择体格大、产蛋多的母鹅组群，然后把引入的肉鹅品种朗德鹅做父本杂交，杂交代公鹅与母本回交，在保留了四川白鹅产蛋性能的基础上改良了体型，又经过闭锁横交，品系培育，育成了稳定遗传的天府肉鹅父系、母系，最终制种、扩繁推广。

2. 育成杂交

以培育新品种、新品系,改良品种、品系为目的的杂交,称为育成杂交。有很多优良鹅品种在形成过程中都用到了育成杂交。现代养鹅生产中,为了改进品种的繁殖性能、产肉性能、肥肝性能、羽绒性能等,也常常用到育成杂交。如扬州鹅的育成过程就属于育成杂交,扬州大学畜牧兽医学院和扬州市农业局联合用生长快、产蛋多、无就巢性的四川白鹅与肉质好、产蛋多、无就巢性的太湖鹅以及皖西白鹅进行杂交试验、配合力的测定,选择比较优良的组合进行反交、回交,再筛选出最佳组合,进行世代选育,经过6个世代的选育和多方面的育种试验测定,育成了新的地方优良鹅种扬州鹅。

3. 经济杂交

经济杂交也称杂种优势利用,杂交的目的是获得高产、优质、低成本的商品鹅。采用不同鹅品种或不同品系间进行杂交,可生产出比原有品种、品系更能适应当地环境条件和高产的杂种鹅,极大地提高养鹅业的经济效益。

（1）经济杂交的主要方式

1）二元经济杂交　两个鹅品种或品系间的杂交。一般是引入品种鹅做父本,用本地品种鹅做母本,杂交1代不留种,通过育肥全部用于商品生产。二元杂交的杂种后代可吸收父本体躯大、早期生长速度快、胴体品质好和母本适应性强的优点,方法简单易行,应用广泛,但母系杂种优势没有得到充分利用,并且需要源源不断地提供杂交用父母代种鹅。二元杂交模式如图 3 – 26。

图 3 – 26　二元杂交模式图

2）三元经济杂交　指参与杂交的有 3 个品种或品系,以本地鹅做母本,选择肉用性能好的品种鹅做第一父本,进行第一步杂交,生产体格大、繁殖力强的 F_1 代母鹅作为肉仔鹅生产的母本,F_1 公鹅则直接育肥。再选择体格大、早期生长快另一品种鹅作为第二父本(终端父本),与 F_1 代母鹅进行第二轮杂交,所产 F_2 代杂交鹅全部商品用。三元杂交效果一般优于二元杂交,既可以利用子代的杂种优势,又可利用母本繁殖优势,但繁育体系相对较为复杂。

三元杂交模式见图 3-27。

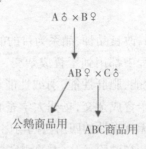

图3-27　三元杂交模式图

3)双杂交　4个品种或品系先两两杂交,杂交代公母鹅再相互进行杂交,后代商品用。双杂交的优点是杂种优势明显,杂种鹅具有生长速度快、饲料报酬高等优点,但繁育体系更为复杂,投资较大。如我国引入的莱茵鹅,在法国的克里莫育种公司,就是以四系配套模式进行生产的,我们引进的祖代鹅就是A、B、C、D四系的单性别个体。双杂交模式见图 3-28。

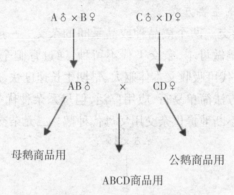

图3-28　双杂交模式图

(2)杂交亲本选择　经济杂交目前应用较为广泛,开展的研究工作也较多。据研究表明中国鹅内部遗传变异程度较小,在鹅的商用杂交配套组合中,我国鹅种繁殖性能高,是培育母系种鹅的理想素材。父系的培育可以选择欧洲鹅种为主要血缘。欧洲鹅种体型大、早期生长发育快、与我国鹅种遗传差异大,能够获得较好的杂种优势。在商用配套系选育的素材确定中,父本品系选用欧洲鹅种,母本品系以我国鹅种为主是正确的选择。

1)杂交母本的选择　在鹅杂交生产中,应选择在本地区数量多、适应性好的品种或品系做母本,尤其重点强调母鹅的繁殖性能,鹅本身产蛋性能较鸡鸭低,鹅的繁殖力是限制养鹅业快速发展的瓶颈,因此选择产蛋量较高的母鹅做杂交母本可以在很大程度上提高良种鹅的扩繁速度和商品鹅群的市场供应能力,如在生产中我们往往选择豁眼鹅、四川白鹅、籽鹅、扬州鹅、太湖鹅等产蛋量高的鹅种做杂交母本,能够有效地降低苗鹅的生产成本。

2)杂交父本的选择　一般选择生长速度快、饲料报酬高、产品品质好的品种或品系作为杂交父本。在商品代的生产性能上父本的影响更大,所以根据杂交代的使用方向应选择与后代生产力要求一致的品种、品系做杂交父本。如进行肉仔鹅生产则应选择狮头鹅、莱茵鹅、朗德鹅等做父本;而要进行肥肝生产则以朗德鹅、狮头鹅、溆浦鹅等做父本;以羽绒生产为主则可以选择皖西白鹅、霍尔多巴吉鹅为主较好。上述这些品种都是经过产区或育种公司长期选育的鹅种,遗传性能稳定,可将优良特性稳定地遗传给杂种后代。若进行三元杂交,第一父本不仅要生长快,还要繁殖率高,选择第二父本时则主要考虑生长快、生产力强的品种。

(3)肉用仔鹅的杂交组合例证

杨茂成等(1993)报道,用太湖鹅、四川白鹅、豁眼鹅、皖西白鹅4个品种两两分别进行正反杂交,结果表明杂交后代60日龄、70日龄活重只有以豁眼鹅为母本的3个杂交组合表现出杂种优势,其余组合的杂交效应均小于4个品种的平均纯繁效应。

李洪祥等(1996)报道,以豁眼鹅为母本,分别与皖西白鹅、莱茵鹅、朗德鹅进行杂交,发现用莱茵鹅和豁眼鹅组合来生产肉仔鹅,杂种优势最明显。

段宝法等(1993)报道,以外来品种莱茵鹅、朗德鹅为父本与四川白鹅进行杂交,可提高后代的生长速度,莱四杂交鹅在放牧加补饲条件下,10周龄体重,莱×川为3 980克;朗川杂交鹅80日龄时体重较四川白鹅高31%。

四川白鹅公鹅和凉山钢鹅母鹅杂交后代川凉鹅在同样饲养管理条件下,产蛋量比四川白鹅高4.44%,比凉山钢鹅高62.07%。

合浦鹅×四川白鹅,合×川F_1代99.75%为灰羽,10周龄体重4.1千克,生长速度的杂种优势率为3.14%,对四川白鹅生长速度的杂交改进率为19%。

莱茵鹅、豁眼鹅进行杂交,生产的改良雏鹅,其生长速度和抗病力明显优于本地雏鹅,改良雏鹅两个月即可出栏,体重可达3.6~4.0千克,3月龄平均体重达5.0千克以上。

四川白鹅×太湖鹅,10周龄时,川太组合2 850.3克,太湖鹅纯繁2 543.33克。

(4)肥肝用鹅杂交组合例证　在肥肝性能上,欧洲鹅具有明显的优势,我国狮头鹅也具有好的产肝性能,用它们做父本与本地品种杂交,即可改良肥肝性能。

孙纯恒(1986)报道,用狮头鹅与五龙鹅杂交,后代经填饲比母本五龙鹅平均每只多产肝141.1克,提高了42.5%。

耿拓宇等(1994)报道,以隆昌鹅为母本,分别与朗德鹅、莱茵鹅杂交,结果表明朗隆鹅具有良好的产肝性能,填饲后平均肝重达408克,高于隆昌鹅158克的水平。另外耿拓宇等(1993)发现,用太湖鹅做母本生产肥肝,效果较差。

(5)经济杂交利用中应注意的问题　经济杂交由于其良好的经济效益往往在生产中被广泛使用,但一定要明确两个理念:第一,不是所有的杂交组合都有优势,要选用已经经过试验且效果确实的杂交组合,同时要注意利用正确的杂交方式,有时同样的两个品种或品系可能会由于正反交不同杂交效果相差甚远。第二,参与杂交的亲本越纯,杂种优势越明显,因此生产中一定要明确没有纯种就没有杂种优势可言,必须做好杂交亲本的纯种繁育工作后或选择纯种、纯系开展杂交才有望获得杂种优势。除此之外在利用杂种优势时还应注意以下问题:

1)羽色　鹅的灰羽对白羽为显性,即灰鹅与白鹅杂交,后代的羽色为灰羽,如果考虑羽绒的经济用途则注意选择合适羽色的父母本杂交。

2)额瘤　额瘤这一性状是品种特征,额瘤的遗传是不完全显性,即大额瘤品种鹅与无额瘤品种鹅杂交,后代有较小的额瘤,市场上如果对这一性状有要求则要慎重考虑配套模式。

3)杂交组合的父母本不能随意颠换　如四川白鹅(母)×皖西白鹅(公),这个组合的优势在于四川白鹅繁殖力高,能够繁殖的苗鹅数量多,后代的生长速度快,羽绒好,父母本角色反过来则会很难做,很可能出现杂种劣势。

4)杂交代不留种　切忌用不明血统的鹅混交乱配,尤其是杂交代不能反复留种,除非是育种环节中的正反反复杂交或多元杂交的母本。

5)参考已有的杂交方式进行杂交　如果没有被选父母本杂交效果的相关报道,则应小范围配套试验,待探索到最优的杂交组合后,再大范围推广。

二、生产中常用的种鹅个体选育技术

种鹅的个体选育技术主要包括种鹅的选择和种鹅的选配两个方面。种鹅的好坏是养鹅业成败的关键因素,对种鹅进行选择就称为选种。选择种鹅主要的目的是提高后代的数量和质量,具体地说就是选择理想的公母鹅留种,淘汰较差的个体,使群体中优秀个体具有繁殖后代的机会,以提高后代群体的遗传素质和生产性能。做好选种工作之后,还要做好种鹅的选配工作,确保优秀的种鹅生产出优秀的后代,为种鹅群的持续发展、提高生产性能奠定基础。

(一)种鹅的选择

生产中种鹅的选择方法主要有根据体形外貌和生理特点选择法,根据生产性能记录资料选择法、根据雏鹅的出雏季节选择法、根据公鹅生殖系统发育和精液品质选择法等几种方法,这些选种方法中群体选择和个体选择交叉进行。

1. 根据鹅的体形外貌和生理特征进行选择

不同阶段鹅的体形外貌和生理特征可以反映种鹅的生长发育和健康状况等,因此可以作为选种的参考依据。从种蛋开始,到雏鹅、育成鹅、产蛋鹅,每一个阶段都要按该品种的固有特征,确定选择标准进行选择。这种选择方法简单易行,尤其适合生产商品鹅的种鹅群的选择。

中国鹅种中的小型鹅种形体较小,全身紧凑,额上有肉瘤,颈细长呈弓形,头颈高昂,胸部丰满,体态优美,体质健壮,适应性强,羽毛紧密,毛色纯正。白羽鹅的喙、额瘤、跖、蹼为橘黄色,灰羽鹅喙、额瘤为黑褐色,跖、蹼为灰黄色。大型鹅种体躯硕大,颈部粗短,跖、蹼粗壮,长势快,成熟晚,羽毛相对较松,以灰色为主。中型鹅种介于大、小型之间,因品种不同,差异较大。此外,有的鹅品种有其特殊的外貌特征,如豁眼鹅头较小,眼呈三角形,上眼睑边缘后上方有灰色豁口;狮头鹅头顶、颊和喙下均有大的肉瘤;溆浦鹅额顶有一撮毛,称"缨毛"。还有的品种喉部有咽袋,有的腹部有蛋窝等。因此,在选种中应了解该品种的外貌特性,不应有的外貌、羽色必须淘汰,以保持种质的纯净度和维持生产潜力。

近年来我国先后引进一些国外鹅种,参与我国肉鹅的改良工作,在选种的过程中同样要注意纯种繁育后应该按照该品种的外貌特征选留种鹅,杂交鹅如果后期不进行杂交配套尽量不留用,因为国外鹅种的繁殖性能相对于我国鹅种来说更低,留作种用会提高苗鹅的生产成本,影响经济效益。

2. 根据记录资料进行选择

体形外貌和一些生产性能有相关性,但有的生产性状如产蛋性能等凭外

貌体形判断就有很大难度,影响种鹅选择的精确性。因此种鹅场尤其是供种鹅场更应该做好鹅主要经济性状的成绩记录,应用记录资料的统计分析结果采取适当的选种方法,能够获得更好的选育效果。下面列出种鹅场常用的生产性能指标及选择标准:

(1)种鹅的常用产蛋性能指标及选择标准

1)开产日龄 做个体记录的种鹅,以产第一个蛋的平均日龄计算;做群体记录的种鹅,按照该鹅群日产蛋率达5%时的日龄计算开产日龄。

一般来说,大型鹅种的开产日龄晚,小型鹅种的开产日龄相对较早。生产中对于开产日龄这一性状的选择标准主要是该个体鹅的开产日龄要与该所属品种的开产日龄相吻合,选留适时开产的母鹅,淘汰开产过早、过晚的个体。

2)产蛋量 指母鹅在统计期内的产蛋个数。对于小型品种鹅来说,用500日龄的产蛋总数表示产蛋量,中型、大型品种鹅用每年产蛋的总数表示产蛋量。

按入舍母鹅数统计:

$$入舍母鹅产蛋量 = \frac{统计期内总产蛋量}{入舍母鹅数}$$

按母鹅饲养只日数统计:

$$母鹅饲养只日数产蛋量(枚) = \frac{统计期内总产蛋量}{实际饲养母鹅数}$$

$$= \frac{统计期内总产蛋量}{\frac{统计期内累加饲养只日数}{统计期日数}}$$

不同鹅品种产蛋性能不同,高产品种年产蛋量达80～90枚,低产品种则只能产20～30枚;另外年龄与鹅的产蛋性能也有很大关系,一般母鹅第一个产蛋年产蛋量低,第二、第三产蛋年产蛋量高,第四、第五产蛋年产蛋量逐年下降;有些鹅种就巢性强,产一期蛋就巢一次,一年中产蛋、就巢交叉进行。现代鹅业生产中,种鹅的产蛋量至关重要,因此尽量选择种群内产蛋量高的个体留种,同时注意鹅群的年龄结构的合理性,确保盛产期的种鹅在鹅群中占有较高比例,降低老龄鹅的数量。

3)蛋重 对鹅而言衡量蛋重主要指平均蛋重,从300日龄开始计算,以克为单位。个体记录时需要连续称取3枚以上的蛋求平均值;群体记录时,则连续称取3天总产蛋重求平均值。大型鹅场按日产蛋量的5%称测蛋重,求平均值。

品种不同,蛋重差异很大,一般体型大的鹅种,蛋重大,如:狮头鹅的平均蛋重为 176 克,而四川白鹅平均蛋重为 149 克。因此对于蛋重选择主要是符合品种标准,不过大、过小,适宜孵化即可。再者随着母鹅年龄的差异,蛋重变化呈一定的规律性,一般初产蛋重小,以后逐渐增加,第二个生物年蛋重最大,以后又逐渐变小。饲养条件也会影响蛋重,鹅在产蛋期适当放牧,辅助补喂精料,使营养充分全价,则蛋重会有所提高,如产蛋期营养供应不足则会引起蛋重下降,影响到雏鹅的出壳体重。

4)蛋形指数 用游标卡尺测量蛋的纵径与最大横径(以毫米为单位,精确度为 0.5 毫米),纵径与横径之比为蛋形指数。

$$蛋形指数 = \frac{蛋的纵径}{蛋的最大横径}$$

蛋形指数属于较为稳定的性状,其遗传力为 0.25 ~ 0.50。由于生理和病理原因可能产生畸形蛋。鹅的最佳蛋形指数为 1.36 ~ 1.50,在最佳蛋形指数范围内的种蛋孵化率高,健雏率高,所以在选择种蛋时,选择卵圆形的蛋,过长、过圆,腰鼓、两头尖的蛋不宜用作种蛋进行孵化。

5)蛋壳强度和蛋壳厚度 蛋壳强度用蛋壳强度测定仪测定,单位为千克/厘米^2。蛋壳厚度用蛋壳厚度测定仪测定,分别测量蛋壳的钝端、中端、锐端三个部位的厚度(以毫米为单位),求其平均值。测量时应注意剔除内壳膜。

蛋壳强度和蛋壳厚度无论在商品蛋还是在种用蛋方面都非常重要。就商品蛋来说,蛋壳强度、厚度大,运输过程中不易破损;就种用蛋来说,蛋壳厚薄适度或稍厚的蛋孵化率高,但蛋壳过厚的钢皮蛋、蛋壳过薄或软壳蛋都不宜孵化。饲料中如果缺钙、维生素 D 及锰会产生薄壳蛋和软壳蛋,某些疾病也可导致产薄壳蛋、软壳蛋和畸形蛋。

6)血斑蛋率、肉斑蛋率 统计含血斑和肉斑的蛋在总量数中的百分比。正常情况下,蛋内应无血斑和肉斑,种蛋血斑和肉斑容许率在 2% 以下,超过 2% 则予以淘汰。在饲养管理不善,应激多的条件下,血斑、肉斑率会升高。

对种鹅产蛋性能的选择依据上述指标的测定与记录,生产中对于产蛋性能记录主要分为两种,一种是产蛋期日报表,另一种是产蛋期汇总表。饲养管理人员每天依据生产情况据实记录产蛋期日报表,日报表是第一手资料,必须记录完整、正确。鹅场技术员负责把日报表整理成产蛋期汇总表,便于对整个鹅群的产蛋性能进行评价分析。表格的形式见表 3 – 15 和表 3 – 16。

表 3 – 15　种鹅产蛋期生产日记录表

栋号：　　　　　品种：　　　　　入舍种鹅数：　　　　　饲养员：

日期	日龄	前一日存栏（羽）	死淘（羽）	本日存栏（羽）	喂料量（千克）	产蛋量（千克）	日产蛋率（%）	合格种蛋数	备注

表 3 – 16　种鹅群产蛋性能汇总表

品种：　　　　　统计期限：　年　月　日至　　年　月　日　　　技术员：

栋号	期初入舍鹅数	期末存栏鹅数	开产日龄	总产蛋数	平均产蛋量	合格种蛋数	种蛋合格率（%）	蛋重（克）	蛋形指数	总耗料量	料蛋比

（2）鹅的产肉性能测定指标及选择标准

1）宰前体重　鹅宰前禁食 6 小时后称活重，以克为单位记录。

2）屠宰率　屠体重与宰前体重的比值。屠体重指放血，去除羽毛（湿拔法需沥干）、脚角质层、趾壳和喙壳后的重量。

$$屠宰率（\%）= \frac{屠体重}{宰前体重} \times 100$$

3）半净膛重　屠体去除气管、食管、嗉囊、肠、脾、胰、胆和生殖器官、肌胃内容物以及角质膜后的重量。

4）半净膛率

$$半净膛率（\%）= \frac{半净膛重}{宰前体重} \times 100$$

5）全净膛重　半净膛重减去心、肝、腺胃、肌胃、肺和腹脂的重量。

6）全净膛率

$$全净膛率(\%) = \frac{全净膛重}{宰前体重} \times 100$$

7）屠体分割后常用指标

翅膀率：将翅膀向外侧拉开，在肩关节处切下；称重，得到两侧翅膀重。

$$翅膀率(\%) = \frac{两侧翅膀重}{全净膛重} \times 100$$

腿比率：将腿向外侧拉开使之与体躯垂直，用刀沿着腿内侧与体躯连接处中线向后，绕过坐骨端避开尾脂腺部，沿腰荐中线向前直至最后胸椎处，将皮肤切开，用力把腿部向外掰开，切离髋关节和部分肌腱，即可连皮撕下整个腿部；称重，得到两侧腿重。

$$腿比率(\%) = \frac{两侧腿重}{全净膛重} \times 100$$

腿肌率：腿肌指去腿骨、皮肤、皮下脂肪后的全部腿肌。

$$腿肌率(\%) = \frac{两侧腿净肌肉重}{全净膛重} \times 100$$

胸肌率：沿着胸骨脊切开皮肤并向背部剥离，用刀切离附着于胸骨脊侧面的肌肉和肩胛部肌腱，即可将整块去皮的胸肌剥离；称重，得到两侧胸肌重。

$$胸肌率(\%) = \frac{两侧胸肌重}{全净膛重} \times 100$$

腹脂率：腹脂指腹部脂肪和肌胃周围的脂肪。

$$腹脂率(\%) = \frac{腹脂重}{全净膛重 + 腹脂重} \times 100$$

骨肉比：将全净膛鹅煮熟后去肉、皮、肌腱等，称骨骼重量。

$$骨肉比 = (\%) = \frac{骨骼重}{全净膛重 - 骨骼重}$$

鹅的肉用性能相关指标均属于高遗传力性状，因此在种鹅选择时对于活体难于度量的性状一般可以采用同胞测定法或性状相关法进行选择，也可以参考系谱资料预期雏鹅和后备种鹅的肉用潜力。

在生产中每测定一批肉鹅的产肉性能就要翔实记录，尤其是对不同品种、不同年龄、不同性别的上市肉鹅的性能测定均要留下第一手记录资料，以备选种和指导生产时使用。记录表形式见表3－17。

表3-17　肉鹅产肉性能测定记录表

肉鹅来源场：　　　　　屠宰品种：　　　　　屠宰日期：　　　　　测定记录人：

编号	年龄	性别	宰前体重	半净膛重(率)	全净膛重(率)	屠体分割					
						翅膀率	腿比率	腿肌率	胸肌率	腹脂率	肉骨比

3. 根据种鹅年龄、孵化季节进行选择

种鹅年龄不同生产的鹅苗质量不同，一般种鹅第二个产蛋年所产种蛋孵化的鹅苗质量最好。不同的孵化季节孵出的雏鹅其生长发育和生产性能有差异，因鹅有休产期，种鹅的选留季节影响其繁殖性能。一般种鹅选择以早春孵化的雏鹅，即2～3月(北方地区可在3～4月)出壳的雏鹅为好，此时天气逐渐转暖，日照时间渐长，青绿饲料供应充足，雏鹅的生长条件好，能确保选择种鹅的体质健壮和生产性能的充分表现。如3月孵化，4月出雏，5月育雏，则当年的9～10月就可以开产。

4. 根据公鹅的生殖器官发育和精液品质选留公鹅

对于后备公鹅的选择还需要进一步检查生殖器官的发育情况，打开公鹅泄殖腔可见发育正常的阴茎呈螺旋状，较大，刺激后充血明显；发育不良的公鹅阴茎较细小，刺激后充血不明显。淘汰阴茎发育不全或发育不良的公鹅。阴茎发育好的公鹅个体间仍然存在精液数量和精液品质的差异，因此在选留公鹅时，开始要多留一些后备公鹅，然后再根据配种能力定群选留，同时要注意观察公鹅的配种情况，及时将择偶性强的公鹅进行调群。对于育种核心群的种公鹅最好能做到逐只检查精液品质，确保公鹅的配种能力。

5. 各阶段种鹅的选择时间及选择标准

(1)雏鹅的选择时间及选择标准　雏鹅出壳12小时以内，结合称量出壳重和编号同时进行选种，选留绒羽、喙、胫、蹼的颜色、体形、初生重等都符合该品种特征和要求的个体，淘汰不符合品种要求的杂色鹅雏、弱雏，弱雏包括干脚、钉脐、眼睛无神、行动不稳、肛门糊有粪便、畸形的鹅雏。选留血统记录清楚、来自高产种群、适时出壳的雏鹅，要求种雏活泼健壮、绒毛干爽松软、脐部愈合良好、反应灵敏。

必要时在育雏期结束后 30 日龄左右,再进行一次选择,即选择大雏鹅,选择的标准主要是品种特征、生长发育速度和体形外貌。选留脱温体重高于群体平均体重、生长发育快、体型结构和羽毛发育良好、品种外形特征明显的个体,淘汰脱温体重小、生长缓慢、羽毛着生不均、体型结构不良的个体。

(2)后备种鹅的选择时间及选择标准 一般 60~70 日龄(生长慢的在 80~90 日龄)育成期结束时选留符合品种要求的个体作为后备种鹅,其余的转入育肥群育肥作为商品鹅。这时的鹅生长发育已表现明显,体质外形大体清楚,生产性能中的生长速度和肉用性能已可测定,能进行初步的个体综合鉴定,在选择中还能酌情进行旁系测定。

这一阶段的鹅羽毛已经丰满,主翼羽在背部交翅,在大群选留的基础上结合个体称重选留公母鹅。整体选择要求是品种特征典型,体质结实,生长发育快,羽毛发育好的个体留作种用。公鹅的基本要求是体型大、体质结实,各部结构发育均匀,肥度适中,头大适中,两眼有神,喙正常无畸形,颈粗而稍长(作为生产肥肝用的品种颈应粗而短),胸深而宽,背宽长,腹部平整,脚粗壮有力、长短适中、间距宽,行动敏捷,叫声洪亮。公鹅选留数量应比配种要求公母比例多 20%~30%。母鹅要求体重大,头部清秀,眼睛有神,颈细长,体长而圆,前躯浅窄,后躯宽深,臀部宽广。

(3)成年种鹅选择时间及选择标准 后备种鹅进入性成熟期后对其进行全面的综合性鉴定,最终定群。此时要严格淘汰那些体形不正常,体质弱,健康状况差,羽毛不纯(白羽鹅应没有杂毛或少量杂毛)、肉瘤、喙、胫、蹼颜色不符合品种要求的个体。特别是种公鹅除体重、外貌特征符合要求外,还要求性器官发育正常,性欲旺盛,精液品质优良,严格淘汰阴茎发育不良、阳痿或有病的后备公鹅。

(4)经产种鹅选择时间及选择标准 经产种鹅指的是已经完成整个产蛋期,具有生产记录的种鹅。此时种鹅的繁殖性能、体形外貌、成年体重等性状已定型和完整,并能得到其后代的生长速度、发育情况等性能,因此可以根据母鹅的开产日龄、产蛋性能、蛋重、受精率和就巢情况选留种鹅,进行系谱标记孵化有个体记录的种鹅,还可以根据其后代的生产性能、成活率、生长速度、毛色遗传等情况进行鉴定选留。

此时对种母鹅的要求是生产力好,颈短身圆,眼亮有神,性情温驯,觅食力强,身体健壮,羽毛紧密,前躯较浅,后躯较宽,臀部圆阔,腹大略下垂,脚短而匀称,尾短上翘,品种特征明显,体重符合品种要求,产蛋率高,种蛋重和外形一致,受精率和孵化率高。种公鹅要求遗传性能稳定,生长发育好,鸣声洪亮,体大脚粗,肉瘤光滑凸显,羽毛紧凑,采食力强,性欲旺盛,配种力强,精液品质好,雄性特征显著,体重和外貌符合品种要求。一般公、母鹅数量比为 1:(4 ~ 8),人工授精时 1:(10 ~ 15)[高的 1:(20 ~ 30)]公母鹅合群饲养,自由交配。

对经产种鹅每年可进行一次复选,根据其生产性能表现,结合系谱鉴定、后裔测定成绩进行全面的综合测定,不断淘汰不合格种鹅。

(二)种鹅的选配

在选种的基础上,有目的、有计划地选择优秀公母鹅进行交配,有意识地组合后代的遗传基础、获得体质外貌理想和生产性能优良的后代就称为选配。选配是选种工作的继续,决定着整个鹅群以后的改进和发展方向,选配是双向的,既要为母鹅选取最合适的与配公鹅,也要为公鹅选取最合适的与配母鹅。

1. 种鹅选配的方法

种鹅选配通常采用同质选配和异质选配两种方法。

(1)同质选配 又称选同交配,是指具有相同生产性能特点或同属高产个体的优秀公母鹅的交配。同质选配能巩固和加强后代优良性状的表现,可以增加后代个体基因型的纯合型。纯种鹅群在维持和提高某性状时采用的就是同质交配,目的是使该鹅种的优良性状能够维持和发展,但同质选配容易因群体闭锁、近交导致鹅群生活力下降,也可引起不良性状的积累。所以同质选配一般只用于理想型个体之间的选配。

(2)异质选配 又称选异交配,是指具有不同生产性能或优秀性状的公母鹅的交配。异质选配能丰富后代的变异,增加后代杂合基因型的比例,提高后代的生活能力。异质选配可以是双亲各自的优良性状在后代身上结合起来,也可以是一方的优势性状改良另一方的劣势性状。如鹅的品种、品系间杂交多属于异质选配,如用大型肉用鹅种的公鹅和中型产蛋性能优良的母鹅交配,生产的仔鹅生长速度快,肉用性能好,如果后代母鹅留种做二元母本,则产蛋性能优于大型肉用鹅种的产蛋性能。

同质选配和异质选配在生产中也不是完全分开的,在鹅群的整个繁育过程中,某阶段采用同质选配,但并不是与配双方所有的性状都要一致,而是重点选育的性状一致,其他性状可以是异质的。另一阶段采用异质选配,也并不意味着所有的性状都不同,只要所选主要性状是异质的,次要性状可以是同质的。因此在种鹅繁育实践中,两种选配方法应根据实际情况灵活使用。

2. 种鹅的配种年龄和配种比例

（1）配种年龄　种鹅配种年龄的确定依据该鹅种的性成熟的早晚,只有适时配种才能发挥种鹅的最佳效益。公鹅配种年龄过早,不仅影响自身的生长发育,而且种蛋受精率低;母鹅配种年龄过早种蛋合格率低雏鹅品质差。中国鹅种性成熟较早,公鹅一般在5~6月龄、母鹅在7~8月龄达到性成熟。鹅的适龄配种期,公鹅一般控制在12月龄、母鹅8月龄左右可以获得良好效果。特别早熟的小型品种,公母鹅的配种年龄可以适当提前。

（2）配种比例　公母鹅配种比例适当与否直接影响种蛋的受精率。配种的比例随着鹅的品种、年龄、配种方法、季节及饲养管理条件不同而有差别,一般小型品种鹅的公、母比例为1:（6~7）,中型品种1:（4~5）,大型品种1:（3~4）。鹅群中如果公鹅过多,则容易因咬斗发生伤亡,或因争配导致母鹅受伤或淹死。公鹅数量过少,配种任务繁重则影响种蛋的受精率。因此在生产实践中,公母鹅比例要根据种蛋受精率的高低进行调整,水源条件好,春、夏、秋初可以多配;水源条件差,秋、冬季则适当少配;青年公鹅和老年公鹅适当少配;在饲养管理良好的条件下,种鹅性欲旺盛可以适当提高配种比例。

3. 配种时间和地点

在一天中,早晨和傍晚是种鹅交配的高峰期。据测定,鹅的早晨交配次数占全天的39.8%,下午占37.4%,早晚合计达77.2%。健康种公鹅上午能配种3~5次。因此在种鹅群的繁殖季节。要充分利用早晨开棚放水和傍晚收牧放水的有利时机,使母鹅获得配种机会,提高种蛋受精率。公母鹅在水面和陆地均可进行自然交配,但公母鹅喜欢在水面嬉戏、求偶,并容易交配成功,因此,种鹅舍应设水面活动场,每天至少给种鹅放水配种4次。没有水面的鹅场公母鹅在陆地上交配,公鹅交配后往往由于阴茎不能立即回缩而被异物污染,造成阴茎受损,严重的可能导致坏死而丧失生殖能力,因此公鹅配种完毕后及时观察公鹅阴茎是否正常回缩,如果污染了及时用清水清洁并辅助送回泄殖腔,以保持其种用价值。

4. 种鹅利用年限和鹅群结构

母鹅的产蛋量在开产后的前三年逐年提高。到第四年开始下降。通常,第二年的母鹅比第一年的多产蛋15%~25%,第三年的比第一年的多产蛋30%~45%,所以种母鹅可以利用3~4年。为了保证鹅群的高产、稳产,在选留种鹅时要保持适当的年龄结构。一般鹅群中1岁龄的母鹅占30%,2岁龄的母鹅占35%,3岁龄的母鹅占25%,4岁龄的母鹅占10%。在新老鹅混合组群时,要按公母鹅的比例同时放入公鹅,以免发生打斗影响交配,降低受精率。公鹅一般也利用3年,个别优秀的个体可利用4~6年。有些小型早熟鹅种,如我国的太湖鹅,产蛋量以第一个产蛋年为最高,当地习惯采用"年年清"的办法。公母鹅只利用1年,一到产蛋季节接近尾声,少数母鹅开始换羽时,就全部淘汰,全群更换种鹅。以太湖鹅为育种素材育成的扬州鹅采用的换种方式也是年年清。

5. 种鹅的配种方法

生产中种鹅的配种方法因使用方向、生产性能、管理水平不同而不同,常用的配种方法有自然配种法、人工辅助配种法、人工授精配种法,这几种配种方法的具体实施将在种鹅的饲养管理章节中介绍,在此不重复叙述。

三、种鹅的引种技术

(一)鹅的引种原则

1. 根据生产目的引进合适的鹅品种

在引入良种鹅之前,要明确本养殖场的主要生产方向,全面了解拟引进品种鹅的生产性能,以确保引入鹅种与生产方向一致。如有的地区一直是肉用仔鹅的主产区和消费区,本地也有相当数量的地方鹅种,只是生产水平相对较低,这时引入的鹅种应该以肉用性能为主,同时兼顾其他方面的生产性能。可以通过厂家的生产记录、近期测定站公布的测定结果以及有关专家或权威机构的认可程度了解该鹅种的生产性能,包括生长发育、生活力和繁殖力、产肉性能、饲料消耗、适应性等进行全面了解。同时要根据相应级别(品种场、育种场、原种场、商品生产场)选择良种。如有的地区引进纯系原种,其主要目的是为了改良地方品种,培育新品种、品系或利用杂交优势进行商品鹅生产;而有的鹅场直接引进育种公司的配套商品系生产鹅产品;也有的场家引进祖代或父母代种鹅繁殖制种。

确保引进生产性能高而稳定的鹅种。根据不同的生产目的,有选择性地引入生产性高而稳定的品种,对各品种的生产特性进行正确比较。如从肉鹅生产角度出发,既要考虑其生长速度,提高出栏日龄和体重,尽可能高地增加肉鹅生产效益,又要考虑其产蛋量,降低雏鹅的单位生产成本,有的情况下,还应考虑肉质,同时要求各种性状能保持稳定和统一。

总之,花了大量的财力、物力引入的良种要物尽其用,各级单位要充分考虑到引入品种的经济、社会和生态效益,做好原种保存、制种繁殖和选育提高的育种计划。

2. 选择市场需求的品种

根据市场调研结果,引入能满足市场需要的鹅种。鹅的主产品是肉仔鹅、肥肝、羽绒、鹅绒裘皮等。我国南方省区如四川、江苏、广东以及港、澳、台和东南亚地区一直是养殖和消费鹅肉的主要地区,盐水鹅、糟鹅、烤鹅等都是当地的名吃,随着人们对绿色食品的认识和需求,鹅肉将在禽肉市场上占有更大的份额,因此可以引进肉用性能高的良种鹅提高当地品种的生产力水平,以满足越来越大的市场需求。狮头鹅、溆浦鹅、莱茵鹅、埃姆登鹅等均具有较高的产肉性能,四川白鹅、豁眼鹅繁殖性能好可以作为繁殖扩群用母本;北方地区和南方一些地区人们喜食鹅蛋,豁眼鹅是世界上产蛋最多的品种,年产蛋可达14千克,饲养较好的高产个体可达20千克。可根据生产需要、自然生态环境选择合适的品种引进;肥肝的营养丰富、味道鲜美,一直是西方餐桌上的珍贵佳肴,我国鹅种的产肝性能不高,狮头鹅、溆浦鹅具有肥肝用潜力,一般引进朗德鹅与地方鹅种杂交,用杂种鹅生产肥肝。我国自20世纪80年代初进行肥肝的研究和生产,已取得了较好的成果,江苏和山东两省被确定为肥肝生产基地,已批量出口日本、法国等国家。世界羽绒市场一直很活跃,我国是世界羽绒生产与出口大国,鹅绒、鹅绒裘皮的产量与质量的提高必将带来巨大的经济效益,皖西白鹅、豁眼鹅、四川白鹅等均可以作为羽绒生产的备选品种,近年来我国陆续引进霍尔多巴吉鹅专门生产鹅的羽绒,目前尚无此鹅种与地方鹅杂交生产鹅羽绒效果的报道。

3. 根据养殖实力选择鹅种

从事养鹅业的养鹅场(户)应根据养殖技术实力、设备、销售渠道等条件选择合适的种鹅,如目前洁白的鹅羽绒价高俏销,收购活鹅加工的企业一般只收白羽毛的鹅,因此,发展养鹅生产应注重这一点选择相应的品种,开展杂交时注意不用灰羽鹅和白羽鹅杂交,以免影响商品代的羽绒颜色。此外,鹅肥肝虽然价格不菲,但生产技术要求较高,只有大型公司才有能力对这一产品进行开发,农户的小规模生产不宜进行。当前,农户养鹅宜与公司挂钩进行鲜鹅蛋及活鹅生产,产品回收、技术服务有保障。再者,刚刚步入养鹅业的养殖场户,最好先从商品鹅生产入手,因为种鹅生产投入高、技术要求高,相对来说风险大,待到养殖经验丰富、资金积累成熟时再从事种鹅养殖、孵化甚至深加工环节。

4. 引鹅种时避免陷入"炒种"

社会上有些人专门从事"炒种",从中谋取暴利,作为正常生产的养鹅户引种时避免陷入"炒种"旋涡。比如目前社会上对所谓的"大雁鹅"炒种很热，"大雁鹅"实质上就是引自法国的朗德鹅，由于该鹅属欧洲鹅种，由灰雁驯化而来，其头顶无肉瘤，头颈粗短，喙尖而短，羽色多为灰色，形似大雁，不同于人们看惯了的中国鹅种(由鸿雁驯化而来，颈细长，有头瘤)，炒种者利用该特点和人们在生产与消费上嗜好追求名、特、优的心理大加宣传，使该产品的价格背离了价值，这是一种很不正常的现象。再者，如2007年河南省很多养殖户引进了所谓的"三点花"鹅(头、翅膀、尾羽处不定位的出现杂色羽，被称为三点花)，由于该鹅生长速度快，外形整齐，养殖者非常喜欢，殊不知此鹅为杂交鹅，做商品肉鹅生产没有问题，可是养殖户不明血缘大部分留作种用，最终损失惨重。诸多炒种案例都是由于炒种者的宣传与市场运作，使不知内情的养殖户迅速跟进养殖，经过一段时间后，引进的品种要么退化被淘汰殆尽，要么转向无目的的混交乱配，使得原有的地方良种杂化，无系统的选育操作进而导致地方良种退化。对养殖户来说由于没有获得可喜的经济效益伤了养殖热情，而对一些地方良种或培育良种来说如果没有采取有力措施加以保护，将由于杂化、退化而走向濒危，造成不可挽回的损失。

实际生产中上除了炒种者获取了高额利润外，作为商品生产者很少盈利。并且往往炒种呈"一过性"，该品种在某地区迅速蔓延到养殖户，不管生产用途、生产性能、气候特点、养殖技术、产品销路等是否适宜，结果造成很大危害，因此盲目跟进的引种，一般养殖户就陷进了炒种的旋涡。

(二)鹅的引种方法

生产中最常用的引种方式有两种，一是直接引进种雏鹅，二是引进种蛋。特殊情况下会引进其他阶段的种鹅，但一般数量不会太大。

1. 种雏鹅引进方法

引种时应引进血统确实、体质健康、发育正常、无遗传疾病的幼雏，因为这样的个体可塑性强，容易适应环境，为确保引种质量和引种成功，需要做到以下几点：

(1)到规模化鹅育种场引进种雏鹅

1)规模化育种场所生产的雏鹅质量有保证　①规模化种鹅场雏鹅品种优良、一致，不会混杂血缘不清的土杂鹅。而小孵场出售的雏鹅种蛋来源混杂，参差不齐。②规模化种鹅场雏鹅批量出壳，成活率高。小孵场的雏鹅由于批量小，周转慢，群内可能有的已经出壳2天、有的刚出壳不久，造成管理困难。出壳后的雏鹅如果不能及时得到饮水和饲料则对其抵抗力会造成消极影响,这也是目前一些养鹅户引种后雏鹅成活率低的重要原因。③规模化种鹅场种鹅严格免疫,母源抗体水平高,可以保证种雏鹅的成活率。而小孵坊一般是收集当地的种蛋孵化,不清楚种鹅是否进行过免疫接种,引进种雏鹅后选择疫苗种类或接种程序不好确定,会造成很大损失。

2)规模化育种场售后服务有保证　规模化种鹅场技术力量相对较强,在饲养、管理、防疫等方面能够及时地给养鹅户提供帮助或指导,能够及时地协调解决生产中常见的问题,一旦出现雏鹅质量问题,能够根据合同协商索赔问题。表3-18列出了我国通过国家验收的鹅资源保种场名录,供参考。

表3-18　国家级种鹅资源保种场名录

编号	名称	建设单位
C2111001	国家级豁眼鹅保种场	辽宁省豁眼鹅原种场
C3411002	国家级皖西白鹅保种场	安徽省皖西白鹅原种场
C3611003	国家级兴国灰鹅保种场	江西省兴国灰鹅原种场
C4311004	国家级酃县白鹅保种场	湖南省株洲神风牧业酃县白鹅资源场
C4411005	国家级狮头鹅保种场	广东省汕头市白沙禽畜原种研究所
C4411006	国家级乌鬃鹅保种场	广东省清远市乌鬃鹅良种场
C5111007	国家级四川白鹅保种场	四川省南溪县四川白鹅育种场
C3211008	国家级太湖鹅保种场	苏州市乡韵太湖鹅有限公司
C4111009	国家级皖西白鹅保种场	固始县恒歌鹅业有限公司

（2）做好引种准备　引种前要根据引入地饲养条件和引入品种生产要求做好充分准备:

1)准备圈舍和饲养设备　育雏圈舍做好升温、通风、光照、围栏、饮水、卫生维护等基础设施的准备,并把这些设备调试到工作状态试运行,确保运转正常。饲养设备做好清洗、消毒,同时备足雏鹅用饲料和常用药物。如果两地气候差异较大,则要充分做好防寒保暖工作,减小环境应激,使引入品种能逐渐适应气候的变化。

2)培训饲养和技术人员　饲养人员能够做到饲喂技术熟练、操作规范,以确保种雏鹅的成功饲养;技术人员能够做到熟悉不同生理阶段种鹅饲养技术,具备对常见问题的观察、分析和解决能力,能够做到指导和管理饲养人员,对鹅群的突发事件能够及时采取相应措施。

（3）做到引种程序规范，技术资料齐全

1）签订正规引种合同　引种时一定要与供种场家签订引种合同，内容应注明品种、性别、数量、生产性能指标、售后服务项目及责任、违约索赔事宜等。

2）索要相关技术资料　不同鹅种、不同生理阶段生产性能、营养需求、饲养管理技术手段都会有差异，因此引种时向供种方索要相关生产技术材料有利于生产中参考。

3）了解种鹅及雏鹅出壳时免疫情况　不同场家种鹅、雏鹅出壳时免疫程序和免疫种类有可能有差异，因此必须了解供种场家已经对种鹅和雏鹅做过何种免疫，避免引进种雏鹅后重复免疫或者漏免造成不必要的损失。

（4）保证引进种群健康，配比合理

1）选择健康雏鹅　①通过观察雏鹅的外形，选择个体大、绒毛粗长、干燥有光泽的健雏；个体小、绒毛太细、太稀、潮湿乃至相互黏着、没有光泽的，说明其发育不佳、体质不强，不宜选用。同时，通过观察，要剔除瞎眼、歪头、跛腿等外形不正常的雏鹅。②用手抓鹅，感觉挣扎有力、有弹性、脊椎骨粗壮的是强雏；挣扎无力、体软弱、脊细的是弱雏。好的雏鹅应站立平稳，两眼有神，体重正常。在看和摸的过程中，还要剔除那些脐部收缩不全、用手摸似有硬块的所谓钉脐雏，肚子显得过大的大肚雏。③健壮的雏鹅行动活泼，叫声有力。当用手握住颈部将其提起时，它的双脚能迅速、有力地挣扎。如雏鹅仰翻在地，它自己能翻身站起。弱的雏鹅常缩头闭目，站立不稳，萎缩不动，鸣叫无力，翻身困难。另外，一筐雏鹅中，头能抬得较高的，也是活力较好的，可以选择。

2）雄雌性比合适　体型大小不同的鹅种雄雌配比不同，一般大型鹅种 1:（2~4），中型鹅种 1:（3~5），小型鹅种 1:（4~6），一般情况下，公雏鹅的数量比理论比例稍高些，以备后面生产环节中选择淘汰，因为种公鹅生殖系统发育不良的比例较其他家禽要高。

3）首次引入品种数量不宜过多　引入后要先进行 1~2 个生产周期的性能观察，确认引种效果良好时，再适当增加引种数量，扩大繁殖。

4）安全运输　①搞好引种运输安排选择合理的运输途径、运输工具和装载物品。选好雏鹅后，应立即运回。一般均宜安排在出雏后 24 小时内抵达目的地。运输工具最好是船运或汽车运，路远时也可搭乘火车。如运输距离较远，需 1 天以上的时间，最好在孵化的最后阶段运输种蛋，到目的地后雏鹅出壳。如果路途过于遥远如跨国引种，则有必要考虑空运。初生雏鹅目前多采用竹篾编成的篮筐装运，一只直径为 60 厘米、高 23 厘米的篮筐约可放雏鹅

50只。装运前,筐和垫料均要曝晒消毒。装运时,要谨防拥挤,注意保温,一般保持在25～30℃。②确保运输过程安全。天冷时,要加盖棉絮或被单,但必须留有通气孔。天热时,应在早晚运输,在4小时以内能到达的短途运输,在雏鹅胎毛干后即可装篮起运。运输途中,要经常检查雏鹅的动态,拨动疏散,防止打堆受热,使绒毛发潮(俗称出汗),这样的雏鹅较难养好。如发现有仰面朝天的鹅,要立即扶起,避免造成死亡。③运输过程中,要尽量减少震动。行车途中避免速度过快,避免急刹车造成雏鹅堆积或倾轧。同时避免日晒雨淋。

(5)严格检疫,做好隔离饲养　引种时必须符合国家法规规定的检疫要求,认真检疫,办齐一切检疫手续。严禁进入疫区引种。引入品种必须单独隔离饲养,一般种鹅引进隔离饲养观察2周,重大引种则需要隔离观察1个月,经观察确认无病后方可入场。有条件的鹅场可对引入品种及时进行重要疫病的检测,发现问题,及时处理,减少引种损失。

2. 引进种蛋的方法

(1)种蛋的选择　种蛋的品质是影响孵化效果的内在因素,它不仅影响孵化率的高低,而且影响初生雏鹅的品质、生活力和生产性能的优劣。因此,在引进种蛋时要综合考虑各种因素,对种蛋进行最严格的选择。

1)种蛋的来源可靠　种蛋应来源于健康、高产的鹅群。种鹅群要有正确的饲养管理和恰当的配偶比例。最好选择2～3岁种鹅群所产种蛋用于孵化,其受精率应在80%以上。发生过传染病或患有慢性病的鹅群所产的蛋,不宜用作种蛋。种鹅群饲料营养丰富配比合理,同时加喂优质的青绿多汁饲料,以防止因营养缺乏而导致胚胎在孵化期中死亡,这样才能保证种蛋有较好的孵化率和孵出较多的优质雏鹅。因此要全面了解有关种鹅场的生产情况,权衡后做出选择。对于没有种禽生产许可证的鹅场生产的种蛋不予引进。

2)种蛋品质新鲜　要求种蛋愈新鲜愈好,随着存放时间延长,孵化率会逐渐降低。种蛋的保存时间,应视气候和保管条件而定,春秋季节不超过7天,夏季不超过5天,冬季不超过10天,最好及时入孵。目前商业性孵化场通常每周入孵两次,这样蛋龄不超过4天。

3)种蛋表面清洁　蛋壳表面应清洁干净,不应沾有饲料、粪便及泥土等污物。若沾染污物,不仅会堵塞蛋壳上的气孔,影响蛋的气体交换,而且易侵入细菌,引起种蛋腐败变质或造成死胎。脏蛋不应用于孵化。

4)蛋壳质地均匀　种蛋蛋壳的质地应细致均匀,不得有皱纹、裂痕,厚薄适中。选择种蛋时要将厚皮蛋、砂皮蛋、裂纹蛋、皱纹蛋等剔出。

5)种蛋内部品质良好　用灯光照视蛋内部品质,应选择蛋内的颜色较深、蛋黄转动缓慢的蛋。凡是贴壳蛋、散黄蛋、蛋黄流动性大、蛋内有气泡以及偏气室和气室游动的蛋,特别是气室在中间或小头的蛋,均不宜用于孵化。

6)种蛋符合品种要求　蛋重、蛋形要符合品种要求,一般大型鹅的种蛋重量为 160 ~ 200 克,中型鹅的种蛋为 140 ~ 160 克,小型鹅种蛋为 110 ~ 140 克;蛋形以椭圆形为好,蛋形指数一般为 1.36 ~ 1.46,过长、过圆、腰凸、橄榄形(两头尖)、扁形等畸形蛋均应予以剔除。

(2)种蛋运输方法　种蛋选择好后,尽快组织运输,确保安全、准时运达目的地。

1)防震包装　如果引进的种蛋数量大,应用专门的种蛋运输箱,把种蛋放进蛋托里。然后把蛋放进纸箱里一托一托叠起来,每箱放二排,每排 6 托,上面用一个空托盖顶,然后把纸箱盖上捆好即可装车运输。如果运输数量少,可用纸箱一层垫料一层种蛋装箱,可使用的垫料有刨花、稻草、碎纸等,垫料起到防震保护作用。也可将种蛋一个一个用纸包好装箱。

2)防冻　冬天最好不要到寒冷的北方引进种蛋,在寒冷季节运输种蛋要特别注意保温,可用棉絮盖住蛋箱。

3)防热　在炎热季节运输种蛋应越快越好,最长不要超过 7 天。如果白天运输途中需要停顿时,要把装种蛋的车子停放在阴凉处。种蛋运到时应及时把种蛋拿出放到蛋盘里,让其通风散热。

4)运输　种蛋经过防震包装后,可用飞机、火车、汽车、船等运输。距离近的,道路较平的地方也可单车托运,但一定要做好防震包装,不宜用手扶拖拉机运输。种蛋运到后应从蛋箱中取出,为了让其内部结构恢复原状,必须放在蛋盘中静置 12 ~ 24 小时后,才能入孵。

第四章　鹅安全生产中饲草、饲料标准化生产技术

　　鹅同其他禽类一样,具有体温高、代谢旺盛、呼吸频率与心跳快、生长发育快、易育肥、性成熟与体成熟早、单位体重产品率高的生理特点,而且鹅具有食草、耐粗饲的消化特点。所以在生产实践中我们要根据鹅的实际情况,制定科学合理的日粮配方,以提高生产水平,降低饲料成本,增加经济效益。

第一节　鹅的营养标准

一、不同用途不同生理阶段鹅的营养需求

（一）能量的需要

能量是鹅一切生理活动的物质基础,鹅的呼吸、循环、消化、吸收、排泄、体温控制、运动、生长发育和生产产品都需要能量,采食日粮的一个主要目的就是获取能量。值得注意的是,能量饲料过多,会在种鹅体沉积过多脂肪,不但浪费,而且还影响产蛋。如作为烤鹅或肥肝鹅生产,则应配置能量饲料为主的填饲日粮。

> 鹅对能量的需要量和日粮的能量水平以千卡或千焦代谢能表示,国家规定的标准计量单位是焦耳,但是我国的养鹅生产者更习惯于使用千卡。1千卡的定义为使1千克的水温度升高1℃(从14.5℃到15.5℃)所需要的热量。1千卡=4.184千焦,1兆焦=239千卡。代谢能为家禽饲料中广泛采用,用以表示可利用能量数量。

1. 日粮中能量来源

(1)碳水化合物　能量主要来源于日粮中的碳水化合物和脂肪,部分来源于体内的蛋白质分解所产生的能量。碳水化合物是自然界中来源最多、分布最广的一种营养物质,是植物性饲料的主要组成部分,是能量的主要来源。这些化合物有淀粉、单糖、双糖和纤维素。鹅的盲肠比较发达,可以消化利用部分纤维素。在饲料的碳水化合物中,多糖类淀粉是鹅和其他家禽最大量的可消化能源。

(2)脂肪　与碳水化合物相比,脂肪产生的能量要比碳水化合物多得多。脂肪的总能约为39.5千焦/克,而淀粉的总能约为17.4千焦/克,脂肪是淀粉的2.26倍。在家禽营养中脂肪通常指甘油的脂肪酸脂,或称甘油三酯。在室温下,脂为固态,油为液态。营养上唯一必需的脂肪酸是亚油酸。脂类的作用主要作为能量来源,另外作为脂溶性维生素的溶剂。油和脂的代谢能值在很大程度上取决于它们在消化道内的吸收率。在肉用鹅的日粮中添加1%~2%的油脂可满足其高能量的需求,同时也能够提高能量的利用率和抗热应激能力。在此特别要提到的是,脂肪中的几种不饱和脂肪酸是鹅体不能合成但在生命活动中又必不可少的,如亚油酸、亚麻酸。

(3)粗纤维　粗纤维对于鹅来说,也是能量的重要来源。鹅能在腺胃提

供的酸性环境(pH 为 3.04)及肠液提供的弱碱性(pH7.39～7.53)环境的化学作用下,与盲肠、大肠中的纤维素分解菌三者协同作用,使饲草纤维素得以消化分解。鹅能采食大量的粗纤维,可以起到填充作用,并可刺激胃肠的发育和蠕动,对维持鹅体健康具有重要作用,但添加量不能太多,太多将降低饲料利用率,特别是在育雏期和产蛋期,不能饲喂太多的粗纤维。

(4)蛋白质　在能量不足时,体能储备以以下次序消耗:糖原—脂肪储备—蛋白组织。饲喂蛋白质的主要目的不是将蛋白质转化成碳水化合物的衍生物或脂肪酸或为维持血糖提供必需的葡萄糖。饲喂过量蛋白并将它作为能源是很浪费的做法。因为蛋白质比碳水化合物和脂肪贵,而且在由氨基酸合成葡萄糖时浪费代谢能,同时还会加重肝、肾的负担,从而会带来一系列代谢疾病。

2. 影响鹅能量需要的因素

鹅对能量的需要受品种、性别、生长阶段等因素的影响,一般肉用鹅比同体重蛋用鹅的基础代谢产热高,用于维持需要的能量也多;公鹅的维持能量需要比母鹅高,产蛋母鹅的能量需要也高于非产蛋母鹅的能量需要;不同生长阶段鹅对能量的需要也不同,对于蛋用型鹅,其能量需要一般前期高于后期,后备期和种用鹅的能量需要低于生长前期;对于肉用型鹅,其能量一般都维持在较高水平。另外,鹅对能量的需要还受饲养水平、饲养方式以及环境温度的影响。在自由采食时,鹅有调节采食量以满足能量需要的本能。日粮能量水平低时采食量较多,反之则少。由于日粮能量水平不同,鹅采食量会随之变化,这就会影响蛋白质和其他营养物质的摄取量。所以在配合日粮时应确定能量与蛋白质或氨基酸的比例,当能量水平发生变化时,蛋白质水平应按照这一比例做相应调整,避免鹅摄入的蛋白质过多或不足,因此必须考虑到能量与蛋白质或氨基酸的比例,即能量蛋白质比。对于温度的变化,鹅有通过调节采食量的多少来满足自身能量需要的能力,不需要额外增加能量。但这种调节能力有一定限度,超过了这一限度,就会影响鹅对能量的需要。环境温度对能量需要影响很大,出生雏鹅在 32℃环境条件下,产生的热量最低,在气温为 23.9℃环境下产热比在 32℃时多 1 倍。成年鹅最低的基础代谢产热量在 18.3～23.9℃,如果环境温度低于 12.8℃,则大量的饲料消耗用于维持体温。另外在冷应激时,消耗的维持能量多;而在热应激时,鹅的采食量往往减少,最终会影响生长和产蛋率,可以通过在日粮中添加油脂、维生素 C、氨基酸等方式来降低鹅的应激反应。

(二)蛋白质的需要

蛋白质在鹅营养中占有特殊重要的地位,是碳水化合物和脂肪所不能代替的,必须由饲料提供。蛋白质是构成鹅体内神经、肌肉、皮肤、血液、结缔组织、内脏器官以及羽毛、爪、喙等的基本组成成分,也是形成鹅肉、蛋的主要组成成分,还是形成机体活性物质(酶、激素)和组织更新、修补的主要原料。在机体营养不足时,蛋白质也可以分解供能,维持机体的代谢活动。

1. 蛋白质的构成

蛋白质是由 20 多种氨基酸组成的。氨基酸分为必需氨基酸和非必需氨基酸。必需氨基酸是动物本身不能合成或合成的数量不能满足动物需要,必需由日粮中供给的氨基酸。非必需氨基酸是动物本身可以由其他氨基酸转化而来,不必完全由饲料中供给的氨基酸。

(1)必需氨基酸　家禽的必需氨基酸有蛋氨酸、赖氨酸、异亮氨酸、色氨酸、苏氨酸、苯丙氨酸、缬氨酸和亮氨酸等 8 种氨基酸。

(2)非必需氨基酸　家禽的非必需氨基酸包括组氨酸、丙氨酸、谷氨酸、天门冬氨酸、胱氨酸、脯氨酸、羟脯氨酸、酪氨酸、半胱氨酸等。

各种氨基酸的功能和缺乏症见表 4 - 1。

表 4 - 1　各种氨基酸功能和缺乏症

氨基酸	功能	缺乏症
赖氨酸	参与合成脑神经细胞和生殖细胞	生长停滞,红细胞色素下降,氮平衡失调,肌肉萎缩、消瘦,骨钙化失常
蛋氨酸	参与甲基转移	发育不良,肌肉萎缩,肝脏、心脏机能受破坏
色氨酸	参与血浆蛋白质的更新,增进维生素 B_2(核黄素)的作用	受精率下降,胚胎发育不正常或早期死亡
亮氨酸	合成体蛋白与血浆蛋白合成	引起氮的负平衡,体重减轻
异亮氨酸	参与体蛋白合成	不能利用外源氮,雏鹅发生死亡
苯丙氨酸	合成甲状腺素和肾上腺素	甲状腺和肾上腺受破坏,雏鹅体重下降
组氨酸	参与机体能量代谢	生长停止
缬氨酸	保持神经系统正常作用	生长停止,运动失调
苏氨酸	参与体蛋白合成	雏鹅体重下降

2. 蛋白质营养需要的特点

（1）蛋白质和氨基酸的需要量与鹅的生长有关　蛋白质是鹅的生命基础,是其他任何养分不能代替的重要营养物质,对维持鹅的正常生理机能、生命活动、生产、健康均具有重要的价值。饲料中的蛋白质被鹅食用后,在胃和肠道中消化酶分解成氨基酸而被鹅体吸收和利用,因此,鹅对蛋白质的需要,实质上就是对氨基酸的需要。雏鹅蛋白质和氨基酸缺乏时,鹅会消耗机体组织中的蛋白质以暂时维持生命活动的需要,主要表现生长发育缓慢,羽毛生长受阻,松乱而无光泽,且易脱落,消瘦甚至衰竭、水肿。食欲下降,畏寒,打堆,精神不振,活力差,体重达不到预期指标,并常出现大批雏鹅因衰弱或感染其他疾病而死亡。肉用鹅及后备鹅,由于蛋白质和氨基酸缺乏,造成生长迟滞、羽毛松乱、消瘦、贫血、饲料报酬率低。粪便中几乎见不到白色尿酸盐。抗病力显著降低,体质虚弱,部分病鹅表现脚软站立困难,常继发多种其他疾病,甚至造成死亡。成年鹅蛋白质、氨基酸缺乏,表现为开产期延迟,产蛋率下降,甚至完全停产。蛋的重量减轻,品质变差,孵化率低。鹅体重减轻,出现渐进性消瘦。卵巢、睾丸逐渐萎缩,产生的卵子和精子活力差,受精率偏低。倘若蛋白质过量,也会引起消化障碍,影响机体的消化功能。还会导致蛋白质的浪费,增加饲料成本。

（2）氨基酸需求的平衡　各种氨基酸之间存在互作和拮抗,第一限制性氨基酸不足会引起其他氨基酸的分解代谢。添加合成氨基酸而使第一、第二限制性氨基酸差异扩大时,任何一种必需氨基酸的缺乏都会加剧,并进一步影响鹅的生长。日粮中过高的赖氨酸会影响精氨酸和胱氨酸吸收,要求赖氨酸和精氨酸含量的比值不超过 1:1.2。氨基酸拮抗也会加重第一限制性氨基酸的缺乏。过高的亮氨酸会严重抑制鹅的采食和生长,必须添加异亮氨酸和缬氨酸进行缓解。

（3）当一种氨基酸与其他氨基酸的比值特别高时可能出现氨基酸中毒　过高的蛋氨酸(如4%)会产生中毒。过量苏氨酸、苯丙氨酸、色氨酸和组氨酸具有抑制鹅生长的毒性。

3. 提高蛋白质营养价值的措施

鹅对蛋白质、氨基酸的需要量受饲养水平(氨基酸摄取量与采食量)、生产力水平(生长速度和产蛋强度)、遗传性(不同品种和品系)、饲料因素(日粮氨基酸是否平衡)等多种因素影响。在养鹅实际生产中,可以通过添加蛋氨酸、赖氨酸等限制性氨基酸,消除饲料中抗营养因子的影响,使用添加剂等措施提高饲粮中蛋白质的营养价值。

（三）矿物质的需要

矿物质不仅是构成鹅骨骼、羽毛等体组织的主要组成成分，而且对调节鹅体内渗透压，维持酸、碱平衡和神经肌肉正常兴奋性，都具有重要作用。同时，一些矿物元素还参与体内血红蛋白、甲状腺素等重要活性物质的形成，对维持机体正常代谢发挥着重要功能。另外，矿物质也是蛋壳等产品的重要原料。如果这些必需元素缺乏或不足，将导致鹅物质代谢的严重障碍，降低生产力，甚至导致死亡。如果这些矿物元素过多则会引起机体代谢紊乱，严重时也会引起中毒和死亡。因此，日粮中提供的矿物元素含量必须符合鹅营养需要。

1. 矿物质的营养作用

鹅体内含量高于 0.01% 的元素称为常量元素，包括钙、磷、钠、钾、镁和硫等。其中，钙和磷是鹅需要量最多的两种矿物质元素，占体内矿物质总量的 65% ～ 70%。鹅体内含量低于 0.01% 的称为微量元素，包括铁、铜、钴、锌、碘、硒、氟等。矿物质是鹅体组织和细胞，特别是骨骼的组成成分。鹅体内矿物质的主要功能有：骨骼的形成所必需；以各种化合物的组成成分形式参与特殊的功能；酶的辅助因子；维持渗透压平衡等。各种矿物质元素的功能和缺乏症见表 4-2。

表 4-2　矿物质元素营养作用和缺乏症

矿物质种类	营养作用	缺乏症
钙、磷	骨骼和蛋壳的主要成分，维持神经和肌肉的功能、生物能的传递和调节酸碱平衡	骨骼发育不良，蛋壳质量下降，产蛋量和孵化率下降。佝偻病，软骨病
钠、氯和钾	维持渗透压、酸碱平衡和水的代谢	缺钠和氯导致采食下降，生长停滞，能量和蛋白质利用率降低。缺钾雏鹅生长受阻，行走不稳
镁	骨骼成分，多种酶的活化剂，还参与糖和蛋白质的代谢	营养不良
铁	是形成血红素和肌红蛋白的主要元素。运送氧和参与氧化作用	贫血，有色羽褪色
铜	与造血、神经系统和骨骼的正常发育有关，是多种酶的组成成分	贫血，生长受阻，骨畸形，毛色变淡，产蛋下降

矿物质种类	营养作用	缺乏症
钴	是维生素 B_{12} 的组成成分	虚弱,消瘦,食欲减退,体重降低,贫血
锰	是多种酶的辅因子,是丙酮酸羧化酶的组成部分	雏鹅骨短粗症,或滑腱症,脂肪肝
锌	是多种酶和激素的成分,对家禽的繁殖和新陈代谢有重要作用	发生皮肤和角膜病变,同时表现食欲不振,采食量下降,胚胎畸形,胫骨粗短
碘	是甲状腺素的重要成分	生长受阻,繁殖力下降
硒	是谷胱甘肽的组成成分	雏鹅表现渗出性素质,白肌病和胰脏变性
钼	是黄嘌呤氧化酶的必需成分	抑制生长,红细胞溶血严重,死亡率高,羽毛呈结节状

2. 钙、磷

钙、磷的需要与鹅的发育有关,雏鹅钙、磷不足造成佝偻病,成年鹅需要钙、磷较多,钙、磷不足时产生胫骨和软骨发育不良,腿部弯曲、龙骨弯曲。生长鹅一般要求钙与可利用磷的比例为2:1。

3. 钠、钾、氯

钠、钾、氯均是电解质,主要功能是维持体内的酸碱平衡、渗透压平衡、参与水代谢。钠、钾、氯的需要量与正常电解质平衡有关,即饲料中总的阴阳离子平衡。

4. 微量矿物质元素

饲料原料中虽然含有一定量的微量矿物质元素,但仅靠饲料原料供给微量矿物质元素是不够的,必须额外添加。但是过量添加会引起中毒,甚至死亡。鹅对矿物质的需要量与生长速度和饲养条件有关。

(四)维生素的需要

维生素是鹅的正常生理活动和生长、繁殖、生产以及维持健康所必需的营养物质,用量很少,但作用很大,在体内起着调节和控制新陈代谢的作用。在饲料中缺乏时会引起相应的维生素缺乏症,发生代谢紊乱,影响正常生长发育、受精、产蛋和种蛋的孵化,严重时甚至引起鹅的死亡。

维生素可以大致分为两类:脂溶性维生素和水溶性维生素。

1. 脂溶性维生素

不溶解于水,只溶解于脂肪的维生素,包括维生素 A、维生素 D、维生素 E、维生素 K。

2. 水溶性维生素

即可以溶解于水的维生素。包括维生素 C 和 B 族维生素,B 族维生素包括维生素 B_1(硫胺素)、维生素 B_2(核黄素)、维生素 B_6、烟酸、叶酸、泛酸、生物素、胆碱、维生素 B_{12}。

各种维生素的生物学作用和功能见表 4 - 3。

表 4 - 3　维生素的生物学作用和功能

名称	生物学作用和功能	缺乏症
维生素 A	维持上皮细胞健康,增强对传染病的抵抗力,促进视质形成,维持正常视力,促进生长发育及骨的生长	夜盲症、皮肤干燥角化
维生素 D_3	调节钙磷代谢,增加钙磷吸收,促进骨骼正常的生长发育,提高蛋壳质量	佝偻病、骨软化症
维生素 E	维持正常的生殖机能,防止肌肉萎缩,具有抗氧化作用	白肌病、脑软化症
维生素 K	促进凝血酶原的形成,维持正常的凝血时间	皮下出血
维生素 B_1	调节碳水化合物的代谢,维持神经组织和心脏的正常功能,维持肠道的正常蠕动,维持消化道内脂肪的吸收以及酶的活性	食欲减退、多发性神经炎
维生素 B_2	促进生长,提高孵化率及产蛋率,是参与碳水化合物和蛋白质代谢中某些酶系统的组成成分	口角炎、眼睑炎、结膜炎、卷爪麻痹症
生物素	活化二氧化碳和脱羧作用的辅酶,防止皮炎、趾裂、生殖紊乱、脂肪肝、肾病综合征	皮炎、趾裂、生殖紊乱、脂肪肝、肾病综合征

名称	生物学作用和功能	缺乏症
烟酸	是参与碳水化合物、脂肪和蛋白质代谢过程中几种辅酶的组成成分,维护皮肤和神经的健康,促进消化系统功能	黑舌病,脚颈鳞片炎症
维生素 B_6	蛋白质代谢的辅酶,与红细胞形成有关	中枢神经紊乱
泛酸	是辅酶 A 的辅基,参与酰基的转化。防止皮肤及黏膜的病变及生殖系统的紊乱,提高产蛋率及降低胚胎死亡率	脚爪炎症,肝损伤,产蛋下降
维生素 B_{12}	几种酶系统的辅酶,促进胆碱和核酸合成。促进红细胞成熟,防止恶性贫血,促进幼畜生长	贫血,肌胃黏膜炎
叶酸	防止贫血、羽毛生长不良和繁殖率降低等症状的发生,降低胚胎死亡率	贫血
胆碱	磷脂成分,甲基的提供者。参与脂肪代谢,抗脂肪肝物质,在神经传导中起重要作用	脂肪肝
维生素 C	体内的强还原剂,对胶原合成有关的结缔组织、软骨和牙龈起重要作用;与激素合成有关。防止应激症状的发生及提高抗病力	啄癖

（五）水的需要

水是鹅体组成的重要成分,分布于多种组织、器官及体液中。在饲养中如水分不足,会影响饲料的消化吸收,阻碍分解产物的排出,导致血液浓稠,体温升高,生长和产蛋都会受到影响。一般缺水比缺料更难维持鹅的生命,当体内损失 1%～2% 水分时,会引起食欲减退,损失 10% 的水分会导致代谢紊乱,损失 20% 则发生死亡现象。高温缺水的后果比低温更严重,因此必须给鹅提供足够的清洁饮水。

鹅的需水量受环境温度、年龄、体重、采食量、饲料成分和饲养方式等因素的影响。一般温度越高,需水量越大;采食的干物质越多,需水量也越多;饲料中蛋白质、矿物质、粗纤维含量多,需水量会增加,而青绿多汁饲料含水量较多则饮水量减少。另外,生产性能不同,需水量也不一样,生长速度快、产蛋多的鹅需水量较多,反之则少。

二、鹅的饲养标准

（一）鹅饲养标准的含义

为了合理地饲养鹅，既要满足营养需要，充分发挥它们的生产性能，又要降低饲料消耗，获得最大的经济效益，必须对不同品种、不同用途、不同日龄的鹅各种营养物质需要量，科学地规定一个标准，这个标准就是饲养标准。鹅饲养标准是根据科学试验和生产实践经验的总结制定的，因此，具有普遍的指导意义。

鹅的饲养标准中主要包括能量、蛋白质、必需氨基酸、矿物质和维生素等指标。每项营养指标都有其特殊的营养作用，缺少、不足或超量均可能对鹅产生不良影响。能量的需要量以代谢能表示；蛋白质的需要量用粗蛋白质表示，同时标出必需氨基酸的需要量，以便配合日粮时使氨基酸达到平衡。配合日粮时，能量、蛋白质和矿物质的需要量一般按饲养标准中的规定给出。维生素的需要量是按最低需要量制定的，也就是防止鹅发生临床缺乏症所需维生素的最低量。鹅在发挥最佳生产性能和遗传潜力时的维生素需要量要远高于最低需要量，一般称为适宜需要量或最适需要量。各种维生素的适宜需要量不尽一致，应根据动物种类、生产水平、饲养方式、饲料组成、环境条件及生产实践经验给出相应数值。实际应用时，考虑到动物个体与饲料原料差异及加工贮存过程中的损失，维生素的添加量往往在适宜需要量的基础上再加上一个保险系数（安全系数），以确保鹅获得定额的维生素并在体内有足够贮存，这一添加量一般就叫供给量。

鹅饲养标准种类很多，大致可分为两类。一类是国家规定和颁布的饲养标准，称为国家标准。如我国的饲养标准和美国国家科学研究委员会（NRC）饲养标准等。另一类是大型育种公司根据各自培育的优良品种或品系的特点，制定的符合该品种或品系营养需要的饲养标准，称为专用标准。

（二）不同阶段和不同用途鹅的饲养标准

鹅饲养标准是发展养鹅生产、制订生产计划、组织饲料供给、设计饲粮配方、生产平衡饲料的技术指南和科学依据，可使饲养者心中有数，不盲目饲养。但由于多方面原因，目前国内还未制定出标准的鹅饲养标准，在生产实践中多借鉴外国的饲养标准和其他家禽的饲养标准作为参考。这里简单介绍美国NRC、澳大利亚、俄罗斯和法国等国家和地区不同生长阶段鹅的饲养标准（表4-4、表4-5、表4-6、表4-7），供实践中参考。王恬等人结合我国养鹅生产实际，总结近年来国内外养鹅生产成果，结合国外鹅饲养标准，制定出我国不

同阶段鹅的饲养标准建议值(表4-8),以及肉鹅和种鹅饲养标准(表4-9、表4-10)。

表4-4 仔鹅营养需要

营养成分	法国		俄罗斯	NRC(1994)	澳大利亚
	0~3周		0~3周	0~4周	0~4周
代谢能(兆焦/千克)	10.87	11.7	11.72	12.13	11.53
粗蛋白质(%)	15.8	17.0	20	20	22.0
赖氨酸(%)	0.89	0.95	1.0	1.0	1.06
蛋氨酸(%)	0.40	0.42	0.50	—	0.43
蛋+胱氨酸(%)	0.79	0.85	0.78	0.6	0.78
色氨酸(%)	0.17	0.18	0.22		0.21
苏氨酸(%)	0.58	0.62	0.61	—	0.73
钙(%)	0.75	0.80	1.2	0.65	0.8
有效磷(%)	0.42	0.45	0.3	0.3	0.4
钠(%)	0.14	0.15	0.8	—	1.8
氯(%)	0.13	0.14	—	—	2.4
粗纤维(%)	—	—	5	—	—

表4-5 生长鹅营养需要

营养成分	法国		俄罗斯	NRC(1994)	澳大利亚
	4~6周		4~8周	4周后	4~8周
代谢能(兆焦/千克)	11.29	12.12	11.72	12.13	12.45
粗蛋白质(%)	11.6	12.5	18	15	18.0
赖氨酸(%)	0.56	0.60	0.90	0.85	0.95
蛋氨酸(%)	0.29	0.31	0.45	—	0.40
蛋+胱氨酸(%)	0.56	0.60	0.70	0.50	0.66
色氨酸(%)	0.13	0.14	0.20		0.17
苏氨酸(%)	0.46	0.49	0.55		0.65
钙(%)	0.75	0.80	1.2	0.60	0.75
有效磷(%)	0.37	0.40	0.3	0.30	0.40
钠(%)	0.14	0.15	0.8	—	1.8
氯(%)	0.13	0.14	—	—	2.4
粗纤维(%)	—	—	6	—	—

表 4-6　后备鹅营养需要

营养成分	法国		苏联	NRC(1994)	澳大利亚
	7~12 周		9~26 周	4 周后	8 周后
代谢能(兆焦/千克)	11.29	12.12	10.88	12.13	12.45
粗蛋白质(%)	10.2	11.0	14	15	16.0
赖氨酸(%)	0.47	0.50	0.70	0.85	0.77
蛋氨酸(%)	0.25	0.27	0.35	—	0.31
蛋+胱氨酸(%)	0.48	0.52	0.55	0.50	0.57
色氨酸(%)	0.12	0.13	0.16	—	0.15
苏氨酸(%)	0.43	0.46	0.43	—	0.53
钙(%)	0.65	0.70	1.2	0.60	0.75
有效磷(%)	0.32	0.35	0.3	0.30	0.40
钠(%)	0.14	0.15	0.7	—	1.8
氯(%)	0.13	0.14	—	—	2.4
粗纤维(%)			10	—	—

表 4-7　种鹅营养需要

营养成分	法国		苏联	NRC(1994)	澳大利亚
代谢能(兆焦/千克)	9.2	10.45	10.46	12.13	12.45
粗蛋白质(%)	13.0	14.8	14	15	15.0
赖氨酸(%)	0.58	0.66	0.63	0.6	0.62
蛋氨酸(%)	0.23	0.26	0.30	—	0.28
蛋+胱氨酸(%)	0.42	0.47	0.55	0.50	0.52
色氨酸(%)	0.13	0.13	0.16	—	0.13
苏氨酸(%)	0.40	0.45	0.46	—	0.55
钙(%)	2.6	3.0	1.6	2.25	2.0
有效磷(%)	0.32	0.36	0.3	0.30	0.4
钠(%)	0.12	0.14	0.7	—	1.8
氯(%)	0.12	0.14	—	—	2.4
粗纤维(%)	—		10	—	—

表4-8 我国不同阶段鹅饲养标准建议值

营养成分	0~4周	4~6周	6~10周	后备	种鹅
代谢能(兆焦/千克)	11.0	11.7	10.72	10.88	11.45
粗蛋白质(%)	20	17	16	15	16~17
钙(%)	1.2	0.8	0.76	1.65	2.6
非植酸磷(%)	0.6	0.45	0.40	0.45	0.6
赖氨酸(%)	0.8	0.7	0.6	0.6	0.8
蛋氨酸(%)	0.75	0.6	0.55	0.55	0.6
食盐(%)	0.25	0.25	0.25	0.25	0.25

表4-9 肉鹅营养需要建议值

营养成分	育雏		生长育肥期	
	一	二	一	二
代谢能(兆焦/千克)	11.97	11.59	12.39	12.18
粗蛋白质(%)	22	17	19	15
赖氨酸(%)	1.06	1.0	0.90	0.73
蛋氨酸(%)	0.48	0.47	0.43	0.32
蛋+胱氨酸(%)	0.83	0.74	0.68	0.57
钙(%)	0.80	0.75	0.71	0.71
有效磷(%)	0.40	0.42	0.38	0.38
钠(%)	0.18	0.18	0.18	0.18

表4-10 种鹅营养需要建议值

营养成分	育雏		生长育肥期	
	一	二	一	二
代谢能(兆焦/千克)	9.87	10.92	11.13	11.97
粗蛋白质(%)	12	14	14	16
赖氨酸(%)	0.50	0.56	0.59	0.65
蛋氨酸(%)	0.23	0.25	0.32	0.34
蛋+胱氨酸(%)	0.43	0.47	0.54	0.60
钙(%)	0.80	0.90	1.90	2.10
有效磷(%)	0.32	0.35	0.35	0.38
钠(%)	0.18	0.18	0.18	0.18

(三)不同品种鹅饲养标准

不同品种、不同用途的鹅由于受到遗传、生理状态、生产水平和环境条件等诸多因素的影响,营养需要往往也存在较大差异,所以在生产实践中不能照搬国外和其他畜禽品种的饲养标准,更不能把饲养标准看作是一成不变的规定,而应当作为指南来参考,因地制宜,灵活加以应用。不结合当地条件和局限性盲目照搬标准中数据,往往会事与愿违,难以达到预期目的。因此在鹅饲养标准的使用过程中要结合当地养鹅环境、用途和品种等,综合考虑,最终达到营养和效益(包括经济、社会和生态等效益)相统一的目的。以下列举四川白鹅(表4-11)、浙东白鹅(表4-12)、辽宁昌图鹅(表4-13)等目前国内常用肉用鹅种的国家或地方饲养标准,以及朗德鹅(表4-14)和莱茵鹅(表4-15)等我国引入常用的国外鹅种的饲养标准,以供生产中参考。

表4-11 四川白鹅饲养标准

营养成分	0~4周龄	4周龄以上
代谢能(兆焦/千克)	12.1	11.3~11.7
粗蛋白质(%)	18.0~20.0	14.0~16.0
赖氨酸(%)	1.0	0.85
蛋+胱氨酸(%)	0.6	0.5
钙(%)	0.65	0.6
有效磷(%)	0.3	0.3
食盐(%)	0.3	0.3

表4-12 浙东白鹅饲养标准推荐值

项目	后备种鹅	种鹅	雏鹅	中鹅	育肥鹅
代谢能(兆焦/千克)	10.6~10.8	10.8	12.13	11.71	10.87
粗蛋白质(%)	14.0~16.0	16.0	22.0	18.0	14.0
钙(%)	1.6~2.2	2.2	1.2	1.4	1.6
有效磷(%)	0.8	0.8	0.6	0.7	0.8

表 4 - 13　辽宁昌图鹅饲养标准

营养成分	1～30 天	31～90 天	91～180 天	成鹅	种鹅
代谢能(兆焦/千克)	11.72	11.72	10.88	10.88	11.30
粗蛋白质(%)	20	18	14	14	16
蛋能比	71	64	54	54	59
粗纤维(%)	7	7	10	10	10
钙(%)	1.6	1.6	2.2	2.2	2.2
磷(%)	0.8	0.8	1.2	1.2	1.2
食盐(%)	0.35	0.35	0.35	0.35	0.4

表 4 - 14　朗德鹅育雏及自然育肥期营养需要

营养成分	0～28 日龄	29～90 日龄	91～120 日龄
粒度(毫米)	1.5	3.5～4.0	3.5～4.0
代谢能(兆焦/千克)	12.11～12.33	11.70～11.91	11.29～11.50
粗蛋白质(%)	19.5～22.0	17.0～19.0	14.0～16.0
蛋氨酸(%)	0.5	0.4	0.3
蛋+胱氨酸(%)	0.85	0.70	0.60
苏氨酸(%)	0.75	0.6	0.45
色氨酸(%)	0.23	0.16	0.16
粗纤维(%)	≤4.0	≤5.0	≤6.0
粗脂肪(%)	5.0	5.0	4.0
钙(%)	1.0～1.2	0.9～1.0	1.0～1.2
可利用磷(%)	0.35～0.45	0.45～0.50	0.35～0.45
维生素 A(国际单位)	15 000	15 000	15 000
维生素 D(国际单位)	3 000	3 000	3 000
维生素 E(国际单位)	20	20	20

119

表 4-15 莱茵鹅饲养标准

营养成分	开食料 (0~3周)	生长期料 (4~10周)	后备期料 (11~27周)	开产期料 (28~47周)	拔毛期料 (47周以上)
代谢能(兆焦/千克)	12.13~ 12.34	11.71~ 11.92	10.87~ 11.08	11.51~ 11.71	11.92~ 12.13
粗蛋白质(%)	19.5~22.0	17.0~19.0	15.5~17.0	16.5~18	12.0~12.5
蛋氨酸(%)	0.5	0.45	0.33	0.35	0.25
赖氨酸(%)	1.0	0.80	0.65	0.75	0.40
粗纤维(%)	4.0	4.0	6.0	4.0	5.0
钙(%)	1.0~1.2	0.9~1.0	1.3~1.5	3~3.2	1.4~1.6
磷(%)	0.15~0.50	0.45~0.50	0.45~0.50	0.45~0.50	0.45~0.50
维生素 A(国际单位)	15 000	15 000	15 000	15 000	15 000
维生素 D(国际单位)	3 000	3 000	3 000	3 000	3 000
维生素 E(国际单位)	20	20	20	20	20

第二节 鹅常用的精、粗饲料选用配制技术

一、鹅常用的精、粗饲料种类及营养特点

鹅是食草性水禽,觅食性强,耐粗饲,能充分利用青草。鹅的肌胃压力大,达到 265~280 毫米汞柱,比鸡(100~150 毫米汞柱)、鸭(180 毫米汞柱)大得多,能有效地裂解植物细胞壁,能很好地利用主要由戊聚糖组成的半纤维素。鹅饲料的代谢能与鸡鸭大致相同,但对粗纤维含量高的小麦麸、矮象草粉鹅有较高的日粮代谢能值,在测定饲料的干物质代谢率及粗纤维消化率实验中,鹅均显著高于鸡鸭,尤其对粗纤维含量高的饲料。从动物营养学角度,鹅的饲料中需要的粗纤维远远要高于鸡鸭饲料,反过来,鸡鸭饲料中的蛋白质要高于鹅饲料,如果用鸡鸭饲料喂鹅,可能造成营养过剩,粗纤维缺乏,既造成了成本浪费,又不利于鹅的生长。鹅饲料与鸡鸭饲料的能量蛋白比和钙磷比例都不同,粗蛋白质指标鹅会低 1%,鹅饲料必须考虑游离赖氨酸的添加。因而,养鹅生产中不能盲目使用鸡鸭饲料,而应该根据鹅的营养需要和消化特点科学饲养,

合理饲喂。

（一）饲料的分类方法

1. 国际饲料分类法

饲料分类方法很多，可以按饲料的来源、饲料的形态及饲料的营养价值等特性来分类。随着现代动物营养学在饲料工业及畜牧业的普及和应用，各国根据本国的生产实际、饲料工业与畜牧业发展的需要，将饲料的属性进行了分类，并规定了相应的标准定义。美国学者 L. E. Harris（1956）根据饲料的营养特性将饲料分为 8 大类，并对每类饲料冠以 6 位数的国际饲料编码（international feeds number，IFN），首位数代表饲料归属的类别，后 5 位数则按饲料的重要属性给定编码。编码分 3 节，表示为 △—△△—△△△。我们把这种分类法称为国际分类法。

2. 国际饲料 8 个种类名称、定义和 IFN 形式

（1）粗饲料　饲料干物质中粗纤维含量大于或等于 18%、以风干形式饲喂的饲料。它包括秸秆、干草、树叶、糟渣等，是一类来源广、产量大、价格低的饲料。IFN 形式：1—00—000。

（2）青绿饲料　天然含水量在 60% 以上的新鲜饲草。它包括天然牧草、人工栽培牧草、叶菜类、水生植物等。一般以放牧或刈割的形式饲喂。IFN 形式：2—00—000。

（3）青贮饲料　以新鲜的天然植物性饲料为原料，在厌氧的条件下，经过以乳酸菌为主的微生物发酵后调制的饲料。IFN 形式：3—00—000。

（4）能量饲料　饲料干物质中粗纤维含量小于 18%、同时干物质中蛋白质含量小于 20% 的饲料。它包括谷物籽实及加工副产品等。IFN 形式：4—00—000。

（5）蛋白质饲料　饲料干物质种粗纤维含量小于 18%、同时干物质中蛋白质含量大于或等于 20% 的饲料。它包括植物性和动物性蛋白质饲料等。IFN 形式：5—00—000。

（6）矿物质饲料　补充动物矿物质需要的饲料。它包括人工合成的、天然的、配合有载体的矿物质补充料。IFN 形式：6—00—000。

（7）维生素饲料　由工业合成或提纯的维生素制剂，但不包括富含维生素的天然青绿饲料在内。IFN 形式：7—00—000。

（8）饲料添加剂　为了保证或改善饲料品质，防止饲料质量下降，促进动物生长繁殖，保证动物健康而掺入饲料的少量或微量物质。但合成氨基酸、维

生素、以治病为目的的药物不包括在内。IFN 形式:8—00—000。

3. 中国饲料分类法

我国 20 世纪 80 年代在张子仪研究员主持下,依据国际饲料分类原则与我国传统分类体系相结合,根据中国饲料实际情况将其再分为 17 亚类,同时提出了中国饲料编码体系,对每类饲料冠以相应的中国饲料编码(Chinese feeds number,CFN),共 7 位数,首位为 IFN,第 2、第 3 位为 CFN 亚类编号,第 4 至第 7 位为顺序号。编码分 3 节,表示为 △—△△—△△△△。

4. 中国饲料 17 个亚类名称、定义和 CFN 形式

(1)青绿多汁类饲料 天然饲料水分含量为 40% ~45% 的栽培牧草、草地牧草、叶菜、鲜嫩的藤蔓、秸秆及未成熟的植株等。CFN 形式:2—01—0000。

(2)树叶类饲料 一种为刚才摘下的树叶,水分含量为 45% 以上;另一种为风干的树叶,干物质中粗纤维含量为 18% 或以上。CFN 形式:2—02—0000,1—02—0000。

(3)青贮饲料 包括由新鲜的天然植物性饲料、副料及添加剂调制的青贮;半干青贮;谷物湿贮(水分含量为 28 ~35%)。CFN 形式:3—03—0000,4—03—0000。

(4)块根、块茎、瓜果类饲料 天然水分含量大于或等于 45% 的块根、块茎、瓜果类。这类饲料中有一部分干燥后为能量饲料;另一部分脱水后干物质中粗纤维、粗蛋白质含量较低。CFN 形式:2—04—0000,4—04—0000。

(5)干草类饲料 饲料种水分含量在 15% 以下的脱水或风干牧草,及水分含量为 15% ~25% 的干草压块。根据其粗纤维、粗蛋白质含量又分为三种:干物质中粗纤维含量大于等于 18% 的饲料;干物质中粗纤维含量小于 18%,粗蛋白质含量也小于 18% 的饲料;干物质中粗纤维小于 18%,粗蛋白质含量大于等于 20% 的饲料。CFN 形式:1—05—0000,4—05—0000,5—05—0000。

(6)农副产品类饲料 农作物收获后的副产品。其中以干物质中粗纤维含量大于或等于 18% 的粗饲料为主。CFN 形式:1—06—0000。另有少量饲料干物质中粗纤维含量小于 18%,或干物质中粗纤维小于 18%,而粗蛋白质含量大于等于 20% 的饲料。CFN 形式:4—06—0000,5—06—0000。

(7)谷物类饲料 干物质中粗纤维含量低于 18%,同时粗蛋白质含量低于 20% 的一类饲料。CFN 形式:4—07—0000。

(8)糠麸类饲料 干物质中粗纤维含量小于 18%,蛋白质含量小于 20%

的各种粮食加工副产品;干物质中粗纤维含量大于18%的某些粮食加工后的低档副产品和在米糠中掺入稻壳粉的"统糠"。CFN形式:4—08—0000,1—08—0000。

（9）豆类饲料　豆类籽实干物质中粗蛋白质含量在20%以上,粗纤维含量在18%以下者,如大豆、黑豆;豆类籽实的干物质中粗蛋白质含量在20%以下者,如江苏的爬豆。CFN形式:5—09—0000,4—09—0000。

（10）饼粕饲料　大部分属于蛋白质饲料的饼粕;干物质中粗纤维含量大于或等于18%的饼粕类,如含壳量多的棉籽饼、向日葵饼等;一些低蛋白质、低纤维的饼粕类饲料,如米糠饼等。CFN形式:5—10—0000,1—10—0000,4—08—0000。

（11）糟渣类饲料　干物质中粗纤维含量大于或等于18%者;干物质中粗纤维含量低于18%,蛋白质含量低于20%者,如优质粉渣、酒渣;干物质中粗蛋白质含量大于或等于20%、粗纤维含量小于18%者,如豆腐渣、啤酒渣。CFN形式:1—11—0000,4—11—0000,5—11—0000。

（12）草籽、树实类饲料　干物质中粗纤维含量在18%及以上者,如带壳橡籽;干物质中粗纤维含量在18%以下者,而蛋白质含量小于20%者,如干沙枣。CFN形式:1—12—0000,4—12—0000。另有极少数干物质中粗纤维含量在18%以下,而粗蛋白质含量在20%以上的饲料。CFN形式:5—12—0000。

（13）动物性饲料　来源于渔业、养殖业的动物性饲料及其加工副产品。它包括干物质中粗蛋白质含量大于20%的鱼粉、肉粉、血粉等;蛋白质含量低于20%的猪油、牛油及以补充钙、磷等矿物质为目的的骨粉、贝壳粉等。CFN形式:5—13—0000,4—13—0000,6—13—0000。

（14）矿物质饲料　可供饲用的天然矿物质及来源于单一的动物饲料的矿物质饲料,如石灰石粉、骨粉、贝壳粉。CFN形式:6—14—0000。

（15）维生素饲料　工业提纯或合成的饲用维生素制剂,不包括富含维生素的天然青绿多汁饲料。CFN形式:7—15—0000。

（16）饲料添加剂　为了补充营养物质,提高饲料利用率,保证或改善饲料品质,防止饲料质量下降,促进生长繁殖,动物生产、保障动物的健康掺入饲料的少量或微量营养性及非营养性物质。CFN形式:8—16—0000。

（17）油脂类饲料及其他　以补充能量为目的,用动物、植物或其他有机物质为原料经压榨浸提等工艺制造的饲料。CFN形式:4—17—0000。

（二）青绿饲料

鹅为草食家禽,饲养鹅一般采用以青绿饲料为主,适当搭配精料的方法。鹅具有强健的肌胃,发达的盲肠和比身体长10倍的消化道。在饲草充足的情况下,肉用仔鹅的料肉比超过一头肥猪的3倍。因此合理饲喂青绿饲料是提高养鹅经济效益的关键。在给鹅饲喂青绿饲料时应注意青绿饲料要现采现喂,不可长时间堆放,以防堆积过久产生亚硝酸盐,鹅食后易发生亚硝酸盐中毒;青绿饲料采回后,要用清水洗净泥沙,切短饲喂,如果鹅长期吃含泥沙的青绿饲料,可引发胃肠炎;不要去刚喷过农药的菜地、草地采食青菜或牧草,以防农药中毒,一般喷过农药后需经15天后方可采集;含草酸多的青菜不可多喂。如菠菜、甜菜等。因草酸和日粮中添加的钙结合后形成不溶于水的草酸钙,不能被鹅消化吸收,长时间大量饲喂青饲料,可引起鹅患佝偻病或瘫痪、母鹅产薄壳蛋或软蛋;某些含皂素多的豆科牧草喂量不可过多,因为皂素过多能抑制雏鹅生长;饲喂青绿饲料要多样化,这样不但可增加适口性,提高鹅的采食量,而且能提供丰富的植物蛋白和多种维生素。

养鹅生产中,青绿饲料的生产和利用受到各地区温度等因素的影响较大,一般来说,俄罗斯饲料菜、冬牧 - 70黑麦草等饲草抗寒性强,枯黄晚,返青早,可为初冬早春供青料,也可混合青贮喂鹅,除此,还可适当搭配种植紫花苜蓿、杂交狼尾草、多花黑麦草、饲用胡萝卜等。

饲喂时不同周龄鹅对青饲料需求量不同,青饲料在配合饲料中比例逐渐增加,一般由40%增至80%,催肥期3~4周内,逐渐再降至40%~50%,配合饲料中20%饼粉不能少,否则对鹅生长不利。

鹅用青绿饲料品种丰富,种类繁多,按其来源可分为天然牧草、人工栽培牧草、青饲作物、叶菜类、水生植物等。

1. 天然牧草

我国西北、东北、西南地区大约有2亿公顷草原,在农区还有无数分散的小面积草山草坡,面积约为0.13亿公顷。这些大面积的草原及草山草坡天然生长着许多低矮的草原植物,主要有禾本科、豆科、菊科、莎草科四大类,这些牧草构成动物可采食的主要植被。野生禾本科牧草干物质中粗蛋白质含量为10%~15%,粗纤维含量约为30%,粗脂肪含量为2%~4%,无氮浸出物含量为40%~50%。野生豆科牧草干物质中粗蛋白质含量较高,为15%~20%,粗纤维在25%左右,粗脂肪和无氮浸出物的含量与禾本科牧草相同。野生菊科和莎草科牧草干物质中粗蛋白质含量分别为10%~15%、13%~20%,粗

脂肪含量分别为5%、2%~4%。粗纤维和无氮浸出物含量相同,均为25%和40%~50%。

天然牧草豆科营养价值较高,但禾本科牧草生长早期幼嫩可口,采食量高,禾本科牧草的匍匐茎和地下茎再生能力强,比较耐牧,对其他牧草又有保护作用,适于放牧动物自由采食。

我国有大面积的草原,已有少数地区开始发展养鹅产业。农区有大量的农林隙地和丰富的野生青饲料,充分利用这些资源大力发展边隙地养鹅、麦田养鹅和林园养鹅,在养鹅事业中有着积极的作用。野生青绿饲料,不占耕地,自然生长,分布面广,而且往往是几种混合在一起生长,营养上可以相互补充,应给予充分的利用。

天然牧草利用的方式主要是放牧。在放牧时,鹅对野生青绿饲料有一定的选择性,喜食柔软、细嫩、多汁的青绿饲料。一般来说,水中或者水边的野生青绿饲料鹅特别喜欢吃,各种野生草种子,鹅也喜欢吃。鹅常采食的野生青绿饲料种类及营养成分见表4-16,野生青绿饲料简介见表4-17。

表4-16 主要野生青绿饲料营养成分

名称	水分 (%)	粗蛋白质 (%)	粗脂肪 (%)	粗纤维 (%)	无氮浸出物(%)	粗灰分 (%)	钙 (%)	磷 (%)
狗牙根	80.4	1.5	1.0	7.5	7.8	1.8	0.16	0.08
马唐	81.2	2.0	0.9	6.8	1.7	1.7	0.18	0.07
稗子	90.2	1.4	0.6	1.2	2.2	2.2	0.15	0.04
早熟禾	60.4	3.1	1.1	12.2	3.7	3.7	0.13	0.07
看麦娘	83.7	2.7	0.8	5.3	1.7	1.7	0.13	0.04
茭草	85.8	1.3	0.7	7.6	1.3	1.3	0.13	0.04
蟋蟀草	70.2	2.68	1.16	5.22	2.41	2.41	0.13	0.04
莎草	62.0	5.3	0.9	10.3	3.1	3.1	0.16	0.08
繁缕	91.6	1.8	0.3	1.4	1.9	1.9	0.15	0.01
藜	76.6	5.14	0.39	3.88	4.77	4.77	0.98	0.20

表 4 - 17　野生青绿饲料简介

名称	俗名	科别	生长地点	利用特点
狗牙根	爬根草、绊根草	禾本科(多年生)	空地、水边、路边	仔鹅喜食嫩草
看麦娘	猪耳草、鸭嘴菜	禾本科(一年生)	闲田、水边、湿地	鹅喜食草籽和嫩草
狗尾巴草	狗尾草	禾本科(一年生)	荒野、路边	鹅喜食草籽和嫩草
蟋蟀草	牛筋草、野驴棒	禾本科(一年生)	闲田、水边、湿地	鹅喜食
稗子	野稗、稗草	禾本科(一年生)	水田、水边、湿地	鹅喜食草籽和嫩草
菱草	野菱瓜、公菱笋	禾本科(多年生)	湖沼、水边、水田	鹅喜食其嫩草
羊蹄	牛舌根	蓼科(多年生)	湿地	鹅喜食其叶和果
酸模	山大黄	蓼科(多年生)	湿地	鹅喜食其叶和果
酢浆草	满天星、酸浆草	酢浆草科(多年生)	旷地、田边、路旁	鹅喜食
藜	回回条、灰菜	蓼科(一年生)	路边、田间	鹅喜食其嫩草
地肤	铁扫帚、扫帚菜	蓼科(一年生)	房边、田边、荒野	鹅喜食
莎草	山藤根、香附子	莎草科(多年生)	水边、沙质土壤中	老鹅喜食其根部

2. 鹅常用人工栽培牧草

栽培牧草是指人工播种栽培的各种牧草,其种类很多,但以产量高、营养好的豆科和禾本科牧草占主要地位。栽培牧草是解决青绿饲料来源的重要途径,可为养鹅生产常年提供丰富而均衡的青绿饲料。鹅喜叶多茎少的牧草,生产中适宜的牧草品种有多年生黑麦草、冬牧 - 70 黑麦草、苏丹草、紫花苜蓿、白三叶等。

(1)多年生黑麦草(图 4 - 1)　多年生黑麦草分蘖力强,生长快,喜温暖凉爽湿润的气候。适宜在排水性良好、肥沃、湿润的黏土或黏壤土栽培。略能耐酸,适宜的土壤 pH 为 6 ~ 7。一般生长温度在 15 ~ 30℃ ,27℃ 左右生长最旺盛,气温在 -15℃发生冻害或者休眠,第二年 3 ~ 4 月返青。多年生黑麦草在年降水量 500 ~ 1 500 毫米地方均可生长,而以 1 000 毫米左右为适宜。春秋均可播种。多年生黑麦草早期生长较其他多年生牧草为快,秋播后如天气温暖,在初冬和早春即可生产相当鲜草。单播时每亩播种量以 1 千克左右为度。施用氮肥是提高产品质量的关键措施。增加施氮量可增加有机质产量和蛋白质含量,可减少纤维素中难以被鹅消化的半纤维素含量,纤维素含量也随施氮量而减少。一年可刈割 3 ~ 5 次,刈割后留茬高度 5 ~ 10 厘米,亩产鲜草 3 000 ~ 4 000 千克。用于养鹅的黑麦草,在株高 30 ~60 厘米时就可以割 1 次。

图4-1 多年生黑麦草

多年生黑麦草干草的粗蛋白质含量为9%～13%,粗脂肪为2%～3%。茎叶柔嫩光滑,适口性好,以开花前期的营养价值最高,可青饲、放牧或调制干草,鹅类喜食。新鲜黑麦草干物质含量约17%,粗蛋白质4.0%,矿物质9.0%、钙0.5%、磷0.25%。黑麦草干物质的营养组成随其刈割时期及生长阶段而不同(表4-18)。随生长期的延长,黑麦草的粗蛋白质、粗脂肪、灰分含量逐渐减少,粗纤维明显增加,尤其是鹅类不能消化的木质素增加显著,故刈割时期要适宜。在使用黑麦草养鹅时应注意,雏鹅从3日龄起便可喂切碎的黑麦草,用草时应添加精料,一般不提倡单纯用草饲喂。1月龄内的雏鹅由于消化器官尚处于发育阶段,消化、吸收功能较弱,因此,割后的鲜草必须切成1～2厘米长的碎片,并拌上少量精料(草片与精料的比例为10∶1左右)。每天喂4～5次。饲粮用量依鹅的日龄逐步增加而增加。第二个月龄内,鹅生长旺盛,食量大,这个时期鲜黑麦草应保持充足供应,每天每只鹅可用1.5～2.0千克,而精料则宜减少,一般是14千克黑麦草配1千克精料便可满足其增重需要。青草切成2～3厘米。60日龄后,每天每只鹅可用青黑麦草2～2.5千克,精料用量可再次减少,同时可增加熟番薯用量,以达到催肥的目的。

表4-18 不同刈割期黑麦草的营养成分

刈割期	粗蛋白质（%）	粗脂肪（%）	灰分（%）	无氮浸出物（%）	粗纤维（%）	粗纤维中木质素含量（%）
叶丛期	18.6	3.8	8.1	48.3	21.1	3.6
花前期	15.3	3.1	8.5	48.3	24.8	4.6
开花期	13.8	3.0	7.8	49.6	25.8	5.5
结实期	9.7	2.5	5.7	50.9	31.2	7.5

（2）冬牧-70黑麦草（图4-2） 冬牧-70黑麦草为禾本科黑麦属一年生或越年生草本，耐严寒、耐干旱、耐盐碱，秆坚韧、粗壮。植株较高达1.5米以上，我国各地均可种植，其耐寒性、丰产性明显优于普通黑麦草。该品种播期弹性大，8~11月均可播种，对土壤要求不严，较耐瘠，抗病虫害能力强。生长快，分蘖多，再生性好；营养期青刈，叶量大，草质软，蛋白含量高；亩产鲜草12 000千克，是解决鹅冬春青饲料的优良牧草。

冬牧-70黑麦草产量高，含有丰富的营养物质，是极好的冬季牧草。干草中含粗蛋白质13%，粗脂肪3.29%，粗纤维31.36%，无氮浸出物41.09%，粗灰分7.46%，钙0.5%，磷0.3%。生长至20厘米以上时即可刈割4~6次，鲜草量与播种期和水肥条件有关。鲜草可直接饲喂鹅，也可青贮。

图4-2 冬牧-70黑麦草

（3）苏丹草（图4-3） 苏丹草是禾本科高粱属一年生草本植物。在夏季炎热、雨量中等的地区均能生长。抗旱性强，适应土壤范围广，黏土、沙壤土、微酸和微碱性土壤均可栽培。苏丹草作为夏季利用的青饲料最有价值。中夏生产鲜草最多，可作为此时鹅的青饲料，苏丹草的茎叶比玉米、高粱柔软，晒制干草也比较容易。每年刈割2~3次，留茬7~8厘米，可生产鲜草8 000~10 000千克，喂鹅的效果和喂苜蓿、高粱干草无多大的差别。

产量高而稳定，草质好、营养丰富，其蛋白质含量居一年生禾本科牧草之首。用于调制干草、青贮、青饲或放牧，鹅都喜采食。抽穗期干物质中含粗蛋白质15.3%，粗脂肪2.8%，粗纤维25.9%，无氮浸出物47.2%，粗灰分8.8%，钙0.57%，磷0.27%。幼苗和幼嫩的再生草含少量氢氰酸，特别是在干旱或寒冷条件下生长受到抑制时，氢氰酸含量增加，有毒害危险，应防止鹅中毒。但随着植株长大，株高达60厘米以上时刈割，刈割后稍加晾晒，可避免鹅中毒。或将其调成青贮饲料,这样毒素含量也会降低,不致引起鹅中毒。

图4-3 苏丹草

（4）紫花苜蓿（图4-4） 紫花苜蓿乃豆科苜蓿属多年生草本植物。是世界上分布最广的豆科牧草,被称为"牧草之王"。我国主要分布在西北地区,种植面积较大的为甘肃、陕西、新疆、山西等省区。生长寿命可达二三十年,一般第二至第四年生长最盛,第五年以后生产力即逐渐下降。紫花苜蓿根系发达,主根粗大,入土深度可达10米以上。紫花苜蓿喜温暖半干燥气候,生长最适宜温度在25℃上下。根在15℃时生长最好,在灌溉条件下,则可耐受较高的温度。紫花苜蓿耐寒性很强,5~6℃即可发芽并能耐受-5℃和-6℃的寒冷,成长植株能耐-20℃和-30℃的低温,在雪的覆盖下可耐-44℃的严寒。播种前精细整地,要做到深耕细耙,上松下实,以利出苗。北方各省宜春播或夏播。长江流域3~10月均可种植。北方在灌溉条件下,可刈割2~3次,南方可刈割2~4次,一般亩产鲜草2 000~4 000千克,干草500~1 500千克。

图4-4 紫花苜蓿

紫花苜蓿的营养价值很高,在初花期刈割的干物质中粗蛋白质为20%～22%,必需氨基酸组成较为合理,赖氨酸可高达1.34%,此外还含有丰富的维生素与微量元素,如胡萝卜素含量可达161.7毫克/千克。紫花苜蓿中含有各种色素,对鹅的生长发育均有好处。紫花苜蓿的营养价值与刈割时期关系很大,幼嫩时含水多,粗纤维少。刈割过迟,茎的比重增加而叶的比重下降,饲用价值降低(表4－19)。紫花苜蓿的干草或干草粉是鹅的优质蛋白质和维生素补充料。但因其粗纤维含量过大,喂鹅等单胃动物时饲喂量不宜过多,否则对其生长不利,一般在鹅的日粮中占4%～9%即可。

表4－19 同生长阶段紫花苜蓿营养成分的变化

生长阶段	粗蛋白质 （%）	粗脂肪 （%）	粗纤维 （%）	无氮浸出物 （%）	灰分 （%）
营养生长期	26.1	4.5	17.2	42.2	10.0
花前期	22.1	3.5	23.6	41.2	9.6
初花期	20.5	3.1	25.8	41.3	9.3
1/2 盛花期	18.2	3.6	28.5	41.5	8.2
花后期	12.3	2.4	40.6	37.2	7.5

(5)白三叶(图4－5) 白三叶为豆科三叶草属多年生草本植物。一般生存7～8年。喜凉爽湿润气候,适宜在10℃以上,活动积温2 000℃,年降水量1 000毫米左右的地区种植。生长最适温度为15～25℃,能耐－8℃的低温,但耐寒力不及紫花苜蓿。不耐热,夏季高温则生长不良或死亡。喜生于排水良好、土质肥沃,并富有钙质的黏土中。由于白三叶种子细小,幼苗顶土力差,因而播种前务必将地整平耙细,以有利于出苗。白三叶播种3～10月均可种植,以秋播(9～10月)为最佳。单播,每亩播种量0.5～1千克。播种方法有撒播或条播。条播行距为30厘米。白三叶根系有根瘤,具有固氮能力,对氮肥要求较低,但少量的氮肥有利于壮苗。每年刈割鲜草4～5次,亩产量4 000～5 000千克。

白三叶茎叶细软,营养价值高,干物质消化率为75%～80%,开花期干物质中含粗蛋白质24.7%,粗脂肪2.7%,粗纤维12.5%,无氮浸出物47.1%,粗灰分13%,钙1.72%,磷0.34%,各种家畜均喜采食,是鹅的优质饲草。再生力强,耐践踏,最适于放牧利用,是温带地区多年生混播草地上不可缺少的豆科牧草。在种草养鹅模式中,黑麦草与白三叶混播草地通常以2:1比例较

为理想,这样可保持单位面积内干物质和蛋白质的最高产量。

图4-5　白三叶

3. 青饲作物

青饲作物是指人工栽培的农作物和饲料作物,在结实前或结实期刈割作为青绿饲料。常用的有青刈玉米、青刈高粱、青刈燕麦等。此类饲草用于直接饲喂或青贮。青刈饲料柔嫩多汁,适口性好,营养价值比收获籽实后剩余的秸秆高,尤其是青刈禾本科作物其无氮浸出物含量高,用作青贮效果好,是鹅非常喜食的一类饲料作物。此类饲料要掌握好收割时间,以获取最佳产量和营养价值。

(1)青刈玉米　青刈玉米柔嫩多汁,适口性好,营养丰富,无氮浸出物含量高,易消化,粗蛋白质和粗纤维的消化率分别达67%和65%,粗脂肪和无氮浸出物的消化率分别高达72%和75%。青刈玉米的产量和品质与收获期有很大关系。适时收割的玉米植株才能获得最高营养价值。青饲可根据需要在苗期到乳熟期随时收取,制作青贮在乳熟到蜡熟期收获。

(2)青刈高粱　青刈高粱植株高大,茎叶繁茂,富含糖分,尤其是甜茎种,是鹅的好饲料。鲜喂、青贮或调制干草均可,但应注意的是,高粱新鲜茎叶中含氢氰苷,可由酶的作用产生氢氰酸而起毒害作用。过于幼嫩的茎叶不能直接利用,过量采食易引起中毒,调制青贮或晒制干草后毒性消失。鹅用青饲刈高粱宜在株高60～70厘米至抽穗期根据饲用需要刈割,调制干草在抽穗期刈割。晚刈割则茎粗老,粗纤维增多,品质和适口性下降。

(3)青刈燕麦　青刈燕麦叶多,叶片宽长,柔嫩多汁,适口性强,消化率高,鹅喜食,是一种极好的青绿饲料。青饲可根据需要于拔节至开花期刈割。

4. 叶菜类饲料

人工栽培叶菜类饲料主要包括籽粒苋、串叶松香草、鲁梅克斯、苦荬菜、菊苣、聚合草等。

（1）籽粒苋（图4-6） 籽粒苋是一年生草本植物，株高2~3米。在温暖气候条件下生长良好，耐寒力较弱，幼苗遇0℃低温即受冻害，成株遭霜冻后很快枯死，根系入土较浅，不耐旱。播种方式通常为条播或撒播，条播一般行距30~40厘米，株距10厘米。籽粒苋苗生长缓慢，易受杂草危害，因此要及时除草和间苗。当株高生长到60~80厘米时均可刈割，留茬20~30厘米，残茬保留3~5片叶，以后每30天左右刈割一次，直至霜降。也可一直生长，最后一次性收割。籽粒苋鲜草的产量高，在南方每亩可收6 000~10 000千克，在北方每亩可收5 000千克左右。

籽粒苋茎秆脆嫩，叶片柔软而丰富，叶量占地上部总重的1/3多，气味纯正，适口性好，营养价值较高。籽粒苋在现蕾期风干物质中含粗蛋白质8.50%，粗脂肪1.80%，粗纤维38.70%，无氮浸出物35.30%，是鹅的优良青绿饲料，生喂、熟喂均可。目前，在种草养鹅地区，以籽粒苋为主搭配种植苦荬菜和谷稗是目前种草养鹅最佳搭配组合。它们均适宜全国各地种植，可春、夏、秋播，全年供饲料。种1亩籽粒苋、0.8亩苦荬菜、0.7亩谷稗，饲喂时鲜重比2:1:1，可为250~300只鹅提供充足的青绿饲料。

图4-6 籽粒苋

（2）串叶松香草（图4-7） 串叶松香草是菊科多年生草本植物，喜温暖湿润气候，在酸性红壤、沙土、黏土上也生长良好。耐寒冷，冬季不必防冻，地上部分枯萎，地下部分不冻死。再生性强，耐刈割。串叶松香草鲜草产量和粗蛋白质含量高，栽培当年亩产1 000~3 000千克，翌年与第三年亩产高者可达1万~1.5万千克。

串叶松香草是一种高产优质的牧草，富含碳水化合物，粗蛋白质和氨基酸含量丰富。适宜时期收割可使粗蛋白质含量达干重的19%~33%,单位面积的蛋白质产量居各种牧草之首。串叶松香草幼嫩时质脆多叶,叶量大,有松香味,由于其含水量较高,利用以青饲或调制青贮饲料为主,也可晒制干草。青饲时随割随喂,切短、粉碎、打浆均可;青贮时含水量要控制在60%,可单独青贮,也可与禾本科牧草或作物混贮。由于其具有松香味,初喂鹅时不喜食,但经过训练,鹅可变得喜食。日喂量在1~2千克,干草粉在鹅的日粮中可占10%~25%。但需要指出的是,串叶松香草的根、茎中的苷类物质含量较多,苷类大多具有苦味,根和花中生物碱含量较多,对神经系统有明显的生理作用,叶中含有鞣质,因而不可大量饲喂,以免引起鹅积累性毒物中毒。

图4-7 串叶松香草

(3)鲁梅克斯(图4-8) 鲁梅克斯俗称高秆菠菜,为蓼科多年生宿根草本植物,它是经杂交育成的新品种,是一种高产、高品质的新型高蛋白质饲草。御寒冷、耐盐碱、御干旱,在我国各地均有广泛种植。鲁梅克斯为多年生植物,播种一次可利用25年,年亩产鲜草1万~1.5万千克,干草1 500千克;当年产量略低。每年3~10月均可播种,可先育苗后移栽,也可直播。随长随割,北方每年可收割3~4茬,南方每年可收割5~6茬。

鲜草干物质中含粗蛋白质30%~34%,可消化蛋白质达78%~90%,粗脂肪3.6%,粗纤维13%,无氮浸出物8.3%,粗灰分18%,还含有18种氨基酸和丰富的胡萝卜素及多种维生素,钙、磷、锌、铁、硒、碘含量丰富。鲜草饲喂鹅时可切碎、打浆拌入糠麸后再饲喂。青贮时应加入20%的禾本科干草粉或禾本科牧草混贮。

图4－8　鲁梅克斯

（4）苦荬菜（图4－9）　苦荬菜是喜温而又抗寒的作物。种子发芽的起始温度为5～6℃，最适生长温度为25～35℃。苦荬菜的耐热性很强，在35～40℃的高温下也能正常生长。苦荬菜适合于畦作，以便灌溉。畦的大小可因地制宜，一般宽2米、长5～10米。机播时可做成大畦，也可条播、机播、楼播、撒播。在北方各地每年可刈割3～5次，南方一年可刈6～8次，每亩生产鲜草6 000～8 500千克，高产者可达10 000千克。当株高达到40～50厘米时，可进行第一次刈割。以后每隔20～40天再割一次，每次刈割要及时，以保持较高的营养价值。

苦荬菜粗蛋白质含量较高达到3.5%、粗纤维含量较低为1.6%。用苦荬菜喂鹅，能增加鹅的产蛋量。苦荬菜叶量大，鲜嫩多汁，茎叶中的白色乳浆虽略带苦味，但适口性好，鹅均喜食。同时它还有促进鹅食欲，帮助消化，祛火防病之功效。

图4－9　苦荬菜

（5）菊苣（图4－10）　菊苣为菊科菊苣属多年生草本植物，喜温暖湿润

气候,抗旱,耐热、耐寒性较强,较耐盐碱,喜肥喜水。在炎热的南方生长旺盛,在-8℃左右仍能安全越冬,适合我国大部分地区种植。菊苣利用期长,春季返青早,冬季休眠晚,利用期比普通牧草长。播种时间不受季节限制,一般4~10月均可播种,在5℃以上均可播种,采取撒播、条播或育苗移栽方法。一般等植株达50厘米高时可刈割,刈割留茬5厘米左右,不宜太高或太低,一般每30天可刈割一次。亩产鲜草达1万~1.5万千克。

菊苣在抽薹前,营养价值高,干物质中含粗蛋白质15%~32%、粗脂肪5%、粗纤维13%、粗灰分16%、无氮浸出物30%、钙1.5%、磷0.42%,各种氨基酸及微量元素较丰富,同时富含各种维生素和矿物质。菊苣抽薹后,干物质中粗蛋白质仍可达12%~15%。菊苣可鲜喂、晒制干草和制成干粉,是鹅的良好饲料。

图4-10 菊苣

(6)聚合草(图4-11) 聚合草是紫草科多年生草本植物。性耐寒,根在寒地-40℃的低温可安全越冬,南方高温地区仍能良好生长。22~28℃生长最快,低于7℃时生长缓慢,低于5℃时停止生长。聚合草开花不结实或结实极少,在生产上常利用生长1年以上的聚合草根(母根)做种苗栽植。一般在春、秋两季栽植。苗床育苗的4~10月都可移栽。常用的栽植方法有切根法和分株法。聚合草的饲用部分是叶和茎枝,每年可割4~5次,栽植当年可割取1~2次。

富含蛋白质,鲜草粗蛋白质2%~4%,干草中粗蛋白质高达22%,蛋白质中富含赖氨酸、蛋氨酸、精氨酸,维生素丰富,粗纤维含量低。用作鹅的饲料时,可打浆或打成菜泥拌入精料饲喂,也可晒制干草或调制青贮饲料。值得注意的是,聚合草含有生物碱——聚合草素(紫草素),它对鹅体有致毒作用,可积累,故而必须与精料搭配使用。

图4-11 聚合草

5. 水生饲料

水生饲料一般是指"三水一萍",即水浮莲、水葫芦、水花生与红萍。这类饲料具有生长快、产量高、不占耕地和利用时间长等优点。水生饲料营养成分见表4-20。

表4-20 水生饲料营养成分(全干基础)

饲料	干物质比例（%）	粗蛋白质含量（%）	可消化蛋白质含量(克/千克)	粗纤维含量（%）	钙含量（%）	磷含量（%）
水浮莲	6.0	11.6	33.0	20.0	1.83	0.17
水葫芦	5.1	17.6	49.0	17.6	1.37	0.8
水花生	8.0	17.5	93.7	21.2	2.50	2.0
红萍	7.4	21.6	77.0	13.5	—	—

水生饲料茎叶柔软,细嫩多汁,施肥充足者长势茂盛,营养价值较高,缺肥者叶少根多,营养价值也较低。这类饲料水分含量特别高,一般在92%以上,干物质量低,能量和蛋白质的价值低,但水生饲料仍不失为鹅提供维生素的良好来源。水生饲料应与其他饲料搭配使用,以满足鹅的营养需要。在给鹅饲喂水生饲料时的最大问题是容易传染寄生虫卵,特别是在死水中养殖的水生饲料最容易带来寄生虫,如猪蛔虫、姜片吸虫等,解决的办法除了注意水塘的消毒外,最好将水生饲料煮熟后饲喂或青贮发酵,不宜过夜,以防产生亚硝酸盐。

(三)能量饲料

按饲料分类标准,凡饲料干物质中粗纤维含量小于或等于18%、粗蛋白质小于20%的均属于能量饲料。其特点是消化率高,产生的热能多,粗纤维含量为0.5%~12%,粗蛋白质含量为8%~13.5%。这类饲料包括谷物籽实

类饲料、谷物籽实加工副产品、块根块茎及瓜果类饲料和液体能量饲料。

1. 常用谷物籽实类饲料种类及营养特点

（1）玉米（图4-12）　玉米是重要的能量饲料之一，其能量较高，适口性强，消化率高。一般在鹅的日粮中占40%～70%，贮存时含水量应控制在14%以下，防止霉变。一般玉米籽实中含无氮浸出物高达70%以上，玉米籽实中粗纤维含量很低，仅为2%，加之玉米的脂肪含量较高，因此玉米是谷物籽实类饲料中可利用能量最高的。黄玉米含胡萝卜素较多，还含有叶黄素，对保持鹅的蛋黄、皮肤和脚部的黄色具有重要作用，可满足消费者的喜好。

图4-12　玉米

玉米中蛋白质含量低且品质差，一般蛋白质含量为7%～9%，特别缺乏赖氨酸、蛋氨酸、色氨酸等鹅需要的必需氨基酸，正因为如此，在使用玉米时，需用饼粕、鱼粉、合成氨基酸加以调配。玉米籽实中所含各种矿物质、微量元素大部分不能满足鹅的营养需要，其含钙量仅为0.02%，含磷量为0.25%，同时微量元素铁、铜、锰、锌、硒含量较低，必须补充相应的矿物质和微量元素添加剂才能有较好的饲养效果。

含水量高的玉米，不仅营养含量降低，而且不易保存，尤其是北方地区收获的春玉米，含水量可达20%以上，贮存时极易发霉变质，特别是黄曲霉菌感染严重。因此入仓的玉米水分含量要求在14%以下；玉米在贮存过程中，其品质随贮存时间的延长而下降，尤其是维生素含量和有效能降低明显，如果玉米原料中破碎粒过多或贮存不当，霉菌及其毒素对玉米的品质影响更大，甚至造成中毒症状，所以选择玉米原料时，应破碎粒越少越好，同时注意整粒保存，另外玉米的贮存期不要过长。

（2）小麦（图4-13）　小麦在我国主要用作粮食，较少用于鹅饲料，但近些年来，由于小麦的价格常低于玉米，因此用小麦替代部分玉米用作饲料的情况越来越多。小麦全粒含蛋白质约为14%，在谷物籽实类饲料中，小麦的蛋白质含量高于玉米,可以说是此类饲料中含蛋白质最高者,但蛋白质品质较差,缺乏赖氨酸、含硫氨基酸和色氨酸等必需氨基酸。小麦的粗纤维含量较低,含有较高的矿物质和微量元素。但缺乏维生素 A、维生素 D、维生素 C。

图 4 - 13　小麦

(3)稻谷　稻谷中含有 8% 左右的粗蛋白质,60% 以上的无氮浸出物和 8% 左右的粗纤维,稻谷中还缺乏各种必需氨基酸,尤其是赖氨酸、蛋氨酸、色氨酸不能满足鹅的营养需要,另外稻谷中所含的矿物质和微量元素也较为缺乏。因此稻谷要想用作能量饲料,必须经过脱壳处理,同时与其他蛋白质饲料配合使用,并补加一定量的微量元素。

2. 常用谷物籽实加工副产品种类及其营养特点

(1)小麦麸(图 4 - 14)　小麦麸是来源广、数量大的一种能量饲料,其适口性好、质地疏松,含有适量的粗纤维和硫酸盐类,是鹅的良好饲料。小麦麸的粗蛋白质含量约为 15%,含有丰富的维生素,尤其是 B 族维生素和维生素 E 含量更丰富,富含矿物质,尤其是微量元素铁、锰、锌,但缺乏常量元素钙。小麦麸粗纤维含量较高,约占干物质的 10%,因此其有效能值相对较低,在养鹅生产实际中,常利用这一特点,调节饲粮的能量浓度,达到限饲的目的。

图 4 - 14　小麦麸

（2）次粉　次粉与麦麸相比,虽粗蛋白质含量稍低于麦麸,但由于次粉中粗纤维、粗灰分含量均明显低于麸皮,因此次粉的有效能值远高于麸皮,质量良好的次粉其消化能和代谢能分别可高达15.95兆焦/千克和13.77兆焦/千克。麦麸、次粉的营养成分含量见表4-21。

表4-21　麦麸、次粉的营养成分含量

成分	麦麸	次粉
干物质(%)	87.0	87.0
粗蛋白质(%)	15.0	13.6
粗脂肪(%)	3.7	2.1
粗纤维(%)	9.5	2.8
无氮浸出物(%)		66.7
粗灰分(%)	4.9	1.8
消化能(兆焦/千克)	9.38	13.43
代谢能(兆焦/千克)	6.82	12.51

（3）米糠（图4-15）　米糠是由糙米皮层、胚和少量胚乳构成的;稻谷脱掉的壳称砻糠,若稻谷在加工过程中,砻糠、碎米、米糠混合在一起,则称为统糠。米糠的营养价值取决于稻谷精制的程度,大米精制程度越高,米糠的营养价值越高;统糠的营养价值则取决于砻糠的比例。

米糠中蛋白质含量约为12.5%,赖氨酸含量约为0.73%,均高于玉米,但与鹅的营养需求相比,仍显偏低;国产米糠含脂肪量较高,约为16%,高者可达22.4%,且大部分为不饱和脂肪酸,其中79.0%为油酸及亚油酸,2%~5%为维生素E;国产米糠的粗纤维含量为6%左右,加之其脂肪含量较高,米糠的有效能值高于麦麸和次粉;从米糠中矿物质和维生素含量来看,与其他谷物籽实及其副产品一样,钙少磷多且主要是植酸磷,微量元素铁、锰含量较高,但缺铜,B族维生素含量丰富,但缺维生素A、维生素C、维生素D。

在使用米糠时应注意以下两个问题:第一,米糠中含有胰蛋白酶抑制剂,且活性较高,若不经处理大量饲喂,可导致饲料蛋白质消化障碍,雏鹅胰腺肿大;如果米糠中掺入稻壳,米糠的营养价值会明显下降,若用此种米糠喂鹅,会抑制鹅的生长发育。第二,米糠中脂肪含量较高,贮藏不当,容易被氧化而酸败,此时米糠适口性很差,可引起腹泻,甚至死亡,因此在生产中要求使用新鲜米糠。新鲜米糠在鹅饲粮中比例不能过高,否则会降低鹅的产蛋性能和日增重。

图 4 – 15　米糠

3. 块根块茎及瓜果类饲料种类及营养特点

自然条件下的块根块茎及瓜果类饲料中干物质含量少,平均为 20%,以干物质计算,此类饲料中粗纤维含量不足 10%,粗蛋白质含量仅为 5% ~ 10%,所以此类饲料在脱水或按干物质计算时才属于能量饲料。

属于能量饲料的常见块根类饲料包括胡萝卜、甜菜、甘薯、木薯、芜菁等。其中胡萝卜(图 4 – 16)是鹅补充维生素 A 的良好来源,每千克鲜胡萝卜中含有胡萝卜素 80 毫克。通常情况下,胡萝卜不用于为鹅提供能量,而是用于各种鹅的维生素 A 原的供给。在饲草缺乏的季节适当添加胡萝卜,也可以起到改善饲料适口性,调节鹅的消化机能的作用。

图 4 – 16　胡萝卜

常用的块茎有马铃薯(图4-17)、球茎甘蓝、菊芋等。其中最为常见的是马铃薯。马铃薯含干物质20%左右,其中80%~85%是无氮浸出物,粗纤维含量低,而且主要是半纤维素,所以马铃薯能量含量较高。马铃薯对鹅及各种畜禽的消化率均较高,而且马铃薯煮熟后的效果更好,可提高饲料的适口性和消化率,使鹅的增重明显。在给鹅饲喂马铃薯时要防止龙葵碱中毒。

图4-17 马铃薯

瓜果类饲料中最具代表性的是南瓜(图4-18)。南瓜中虽干物质含量较低,但干物质中约2/3为无氮浸出物,按干物质计算,南瓜的有效能值与薯类相近,另外肉质越黄的南瓜,其中胡萝卜素的含量越高,切碎的南瓜适合喂鹅,煮熟的南瓜鹅更喜食。

图4-18 南瓜

4. 液体能量饲料

常用液体能量饲料种类包括油脂、糖蜜和乳清等。其中,油脂包括动物脂肪和植物油两种。动物脂肪是屠宰场将动物屠宰的下脚料经加工处理得到的产品。植物脂肪的大部分在常温下为液体状态,比动物脂肪具有更高的有效能值。糖蜜又称糖浆,是制糖过程中不能结晶的残余部分。糖蜜的营养价值因加工原料不同而有差异。糖蜜的适口性很强，但具有一定的轻泻作用，且黏度较大，因此在使用糖蜜时，应注意添加量不能大，并应与其他饲料混合使用。乳清是生产乳制品的副产品。乳清水分含量很高，干物质含量仅有5.3%左右。目前，此类饲料在养鹅生产中应用较少。

（四）蛋白质饲料

蛋白质饲料通常是指干物质中粗纤维含量在18%以下、粗蛋白质含量为20%以上的饲料。这类饲料营养丰富，易于消化，粗蛋白质含量高。

1. 植物性蛋白质饲料

是以豆科作物籽实及其加工副产品为主。常用作鹅饲料的植物性蛋白质饲料包括豆类籽实、饼粕类和部分糟渣类饲料，以及某些谷实的加工副产品等。蛋白质含量为30%～45%，适口性好，含赖氨酸多，是鹅常用的优良蛋白质饲料。

（1）大豆粕（饼） 大豆饼中油脂含量为5%～7%，而粕中油脂含量仅为1%～2%，因此大豆饼的有效能值高于大豆粕，但大豆饼的粗蛋白质、氨基酸含量低于大豆粕。大豆饼粕中富含鹅所需要的必需氨基酸，尤其是限制性氨基酸，比如赖氨酸的含量是鹅需要量的3倍，蛋氨酸与胱氨酸之和是鹅营养需要量的1倍以上，所以大豆饼粕一直作为平衡饲粮氨基酸需要量的一种良好饲料被广泛使用，在我国大豆饼粕是一种常规的饲料原料。大豆饼粕作为饲料原料必须经过充分的加热处理，因为胰蛋白酶抑制剂、凝集素和脲酶均是不耐热的，通过加热可以破坏这些抗营养因子，从而提高蛋白质的利用率，改善鹅的生产性能。

（2）菜籽粕（饼） 菜籽饼粕是菜籽榨油后的副产品，菜籽饼粕中粗蛋白质含量为35%～39%，赖氨酸含量约为1.40%，色氨酸含量为0.50%，蛋氨酸含量为0.41%，胱氨酸含量为0.6%～0.8%，氨基酸组成较为平衡，含硫氨基酸含量高是菜籽饼粕的突出特点，且精氨酸含量较低，精氨酸与赖氨酸之间较平衡，各种必需氨基酸基本能满足鹅的营养需要，但赖氨酸含量略显偏低。菜籽饼粕中粗纤维含量较高，一般为12%～13%，因此其有效能值较低，代谢能仅为7.41～8.16兆焦/千克，属于低能蛋白质饲料。

（3）花生仁（饼）粕 花生仁饼粕是以脱壳后的花生仁为原料，经脱油后的副产品。花生仁饼粕的粗蛋白质含量均较高，分别为45%和48%，其赖氨酸含量仅为1.32%～1.40%，蛋氨酸含量为0.39%～0.41%，胱氨酸含量为0.38%～0.40%，精氨酸含量为4.60%～4.88%。由于花生饼中粗脂肪含量较高,所以贮存时容易酸败,使用时应注意保存。

(4)葵花饼(粕) 葵花仁饼中粗蛋白质平均含量为23%,必需氨基酸含量较低,尤其是赖氨酸含量不能满足鹅的营养需要,因此向日葵饼粕虽属饼粕类饲料,但已失去作为蛋白质补充料的价值,在养鹅生产中使用较少。

(5)植物蛋白粉 是制粉、酒精(乙醇)等工业加工业采用谷实、豆类、薯类提取淀粉,所得到的蛋白质含量很高的副产品。可做饲料的有玉米蛋白粉、粉浆蛋白粉等。粗蛋白质含量因加工工艺不同而差异很大(25%~60%)。

(6)啤酒糟 是酿造工业的副产品,粗蛋白含量丰富,达26%以上,啤酒糟含有一定量的酒精,饲喂要注意给量,喂量要适度。

(7)玉米胚芽(粕)饼 玉米胚芽饼是玉米胚芽湿磨浸提玉米油后的产物。粗蛋白质含量20.8%,适口性好、价格低廉,是一种较好的饲料。

2. 动物性蛋白质饲料

(1)鱼粉 鱼粉分为普通鱼粉和粗鱼粉两种。鱼粉是一种优质的蛋白质饲料,其消化率为90%以上,氨基酸组成平衡,利用率高。其蛋白质含量为40%~70%,一般进口鱼粉质量较好,蛋白质含量可达60%以上(比如秘鲁鱼粉、白鱼鱼粉),而国产鱼粉的蛋白质含量为50%左右。在鱼粉的微量元素中,铁含量最高,为1 500~2 000毫克/千克,其次是锌和硒,其含量分别为100毫克/千克和3~5毫克/千克。鱼粉中的脂肪含量一般为8%左右。鱼粉中的B族维生素含量很高,尤其是维生素B_2和维生素B_{12},真空干燥的鱼粉还含有较丰富的维生素A、维生素D。

(2)血粉 血粉是以畜禽的鲜血为原料,经脱水加工而成的粉状动物性蛋白质补充料。血粉的蛋白质含量相当高,通常其粗蛋白质含量可达80%以上,优质血粉的赖氨酸含量为6%~7%,其含量比国产鱼粉赖氨酸含量高出1倍,含硫氨基酸含量为1.7%左右,与鱼粉相当,色氨酸含量1.1%,比鱼粉高出1~2倍,组氨酸含量也较高,但氨基酸组成不平衡,亮氨酸是异亮氨酸的10倍以上,赖氨酸利用率低,血纤维蛋白不易消化,因此血粉常需与植物性饲料混合使用。血粉中含钙、磷较低,但磷的利用率高,微量元素铁的含量较高,可达2 800毫克/千克,其他微量元素含量与谷物饲料相近。血粉味苦,适口性差,配合饲料中的用量不可过多,一般鹅饲粮中以不多于3%为宜。

(3)肉骨粉 肉骨粉是使用动物屠宰后不易食用的下脚料以及食品加工厂的残余碎肉、内脏、杂骨等为原料,经高温消毒、干燥、粉碎而成的粉状饲料。肉骨粉由于原料的种类不同、加工方法不同、脱脂程度不同、贮藏期不同,其营养价值相差甚远。肉骨粉的粗蛋白质含量为20%～50%,粗脂肪含量为8%～18%,粗灰分为26%～40%,赖氨酸含量为1%～3%,含硫氨基酸含量为3%～6%,色氨酸含量较低,不足0.5%;一般肉骨粉的含磷量应为4.4%以上,磷的利用率高,同时血粉含钙量为10.0%,钙磷比例平衡。总之,肉骨粉的氨基酸组成不平衡,氨基酸的消化率低,饲用价值不稳定,加之肉骨粉极易被沙门菌感染,因此在鹅生产中其用量应加以控制,雏鹅不宜使用肉骨粉。

3. 单细胞蛋白饲料

单细胞蛋白质是单细胞或具有简单构造的多细胞生物的菌体蛋白的总称。目前可供饲用的单细胞蛋白质饲料包括四大类:酵母、真菌、藻类、非病原性细菌。

4. 非蛋白氮饲料

非蛋白氮又称氨化物,是一类非蛋白质的含氮化合物。非蛋白含氮化合物包括:有机非蛋白含氮化合物:氨、酰胺、胺、氨基酸、肽类;无机非蛋白含氮化合物:硫酸铵、氯化铵等盐类。虽然非蛋白含氮化合物种类较多,但生产中常用的是尿素类化合物,它属于有机酰胺类非蛋白含氮化合物。

(五)矿物质饲料原料

矿物质饲料是补充动物矿物质需要的饲料,是鹅生长发育、机体新陈代谢所必需的。

1. 常量元素矿物质饲料

(1)石灰石粉　由天然石灰石粉碎而成,主要成分为碳酸钙,钙含量35%～38%,用量控制在2%～7%。最好与骨粉按1:1的比例配合使用。一般而言,石灰石粉的粒度越小,鹅的吸收率越高。

(2)贝壳粉　贝壳粉为各种贝类外壳经加工粉碎而成的粉状或粒状产品。含有94%的碳酸钙(约38%的钙),鹅对贝壳粉的吸收率尚可,特别是下午喂颗粒状贝壳,有助于形成良好的蛋壳。用量可占鹅日粮的2%～7%。

(3)沙砾　沙砾本身没有营养作用,补给沙砾有助于鹅的肌胃磨碎饲料,提高消化率。饲料中可以添加沙砾0.5%～1%。粒度似绿豆大小为宜。

(4)骨粉　以家畜的骨骼为原料,经蒸汽高压蒸煮、脱脂、脱胶后干燥、粉碎过筛制成,一般为黄褐色或灰褐色。基本成分为磷酸钙,含钙量约26%,磷约为13%,钙磷比为2:1,是钙磷较为平衡的矿物质饲料。用量可占鹅日粮的1%～2%。

(5)磷酸钙盐　由磷矿石制成或由化工厂生产的产品。常用的有磷酸二钙(磷酸氢钙),还有磷酸一钙(磷酸二氢钙),它们的溶解性要高于磷酸三钙,动物对其中的钙、磷的吸收利用率也较高。日粮中磷酸氢钙或磷酸钙可占1%~2%。

(6)食盐　食盐是鹅必需的矿物质饲料,能同时补充钠和氯,化学成分为氯化钠,其中含钠39%,氯60%,还有少量钙、磷、硫等。食盐可促进食欲,保持细胞正常渗透压,维持健康。鹅日粮中一般用量为0.3%~0.5%。

2. 微量元素矿物质饲料

(1)铁饲料　最常用的是硫酸亚铁、氯化铁、氯化亚铁等。

(2)含铜饲料　常用的是硫酸铜,此外还有碳酸铜、氯化铜、氧化铜等。

(3)含锰饲料　常用硫酸锰、碳酸锰、氧化锰、氯化锰等。

(4)含锌饲料　常用的有硫酸锌、氧化锌、碳酸锌、葡萄糖酸锌、蛋氨酸锌等。

(5)含钴饲料　常用的有硫酸钴、碳酸钴和氧化钴。

(6)含碘饲料　安全常用的含碘化合物有碘化钾、碘化钠、碘酸钠、碘酸钾和碘酸钙。

(7)含硒饲料　常用的有硒酸钠、亚硒酸钠。要严格控制用量。

(六)饲料添加剂

饲料添加剂是指除了为满足鹅对主要养分(能量、蛋白质、矿物质)的需要之外,还必须在日粮中添加的其他多种营养性和非营养性成分,如氨基酸、维生素、促进生长剂、饲料保存剂等。

目前我国批准使用的饲料添加剂一共有170多种,而国外允许使用的饲料添加剂种类更多,将这些添加剂进行正确的分类,这对于合理使用添加剂是非常重要的。

1. 营养性添加剂

主要用于平衡鹅的日粮养分,以增强和补充日粮的营养为目的的那些微量添加成分。主要有氨基酸添加剂、维生素添加剂和微量元素添加剂等。

(1)氨基酸添加剂　目前用于饲料添加剂的氨基酸有赖氨酸、蛋氨酸、色氨酸、苏氨酸、精氨酸、甘氨酸、丙氨酸和谷氨酸,共8种。其中在鹅日粮中常添加的为蛋氨酸和赖氨酸。

(2)维生素添加剂　国际饲料分类把维生素饲料划分为第七大类,指由工业合成或提纯的维生素制剂,不包括天然的青绿饲料。习惯上称为维生素添加剂,在国外已列入饲料添加剂的维生素有15种。

维生素添加剂种类和活性成分含量见下表 4 – 22。

表 4 – 22　各种维生素添加剂种类及其活性成分含量

维生素	添加剂原料	外观	原料活性成分含量	水溶性
维生素 A	经包被处理的酯化维生素 A	淡黄色至黄褐色的球状颗粒	一般为 50 万国际单位/克，也有 65 万国际单位/克、25 万国际单位/克	在温水中弥散
维生素 D_3	经吸附的酯化维生素 D_3	奶黄色细粉	一般为 50 万国际单位/克或 20 万国际单位/克	可在水中弥散
维生素 E	经包被处理或吸附的酯化维生素 E	白色或淡黄色的球状颗粒或细粉	一般为 50%	包被的维生素 E 在水中可弥散，吸附的维生素 E 不能在水中弥散
维生素 K	亚硫酸氢钠甲萘醌	淡黄色粉末	50%	溶于水
	亚硫酸氢钠甲萘醌复合物		25%	
	亚硫酸嘧啶甲萘醌		22.5%	
维生素 B_1	盐酸硫胺素	白色粉末	98%	易溶于水，有亲水性
	单硝酸硫氨酸	白色或淡黄色粉末	98%	
维生素 B_2	核黄素	橘黄色至褐色粉末	96%	水中微溶
维生素 B_6	盐酸吡哆醇	白色或淡黄色粉末	98%	溶于水
维生素 B_{12}	氰钴素	暗红色细粉末	0.1%、1%、5%、10%	溶于水
泛酸	D – 泛酸钙	类白色粉末	98%	可溶于水，有亲水性
生物素	生物素	白色结晶粉末	1%、2%	溶于水或在水中弥散
叶酸	叶酸	黄色或橙黄色	3%、4%	水溶性差

维生素	添加剂原料	外观	原料活性成分含量	水溶性
烟酸	烟酸	白色至淡黄色粉末	98%	水溶性差
	烟酰胺			易溶于水,有亲水性
维生素C	抗坏血酸	白色粉末	99%	易溶于水,有亲水性
胆碱	氯化胆碱液态制剂	无色透明黏性液体	70%	任意比例与水混合
	氯化胆碱固态吸附剂	白色或黄褐色粉末	50%	氯化胆碱组分溶于水
肌醇	肌醇	白色结晶或粉末	97%	易溶于水

2. 非营养性添加剂

非营养性添加剂不是鹅必需的营养物质,但添加到饲料中可以产生各种良好的效果,有的可以预防疾病,促进生长,促进食欲,有的可以提高产品质量或延长饲料的保质期限等。根据其功效可分为三大类,即抗病促进生长剂、饲料保存剂和其他饲料添加剂(如调味剂、着色剂等)。

(1)抗病促进生长剂 主要功效是刺激鹅的生长,提高生产性能,改善饲料利用率,防治疾病,保障鹅的机体健康。这类添加剂主要包括抗生素类、驱虫保健类、磺胺类与抗菌增效剂等。

(2)饲料保存剂 主要包括抗氧化剂、防霉剂、颗粒黏结剂和防结块剂等。

(3)调味诱剂和着色剂 主要包括调味诱食剂和着色剂等。

3. 绿色饲料添加剂

(1)益生素 又称益生菌或微生态制剂等,是指由许多有益微生物及其代谢产物构成的,可以直接饲喂动物的活菌制剂。目前已经确认适宜作益生素的菌种主要有乳酸杆菌、链球菌、芽孢杆菌、双歧杆菌以及酵母菌等。

(2)酶制剂 酶是活细胞所产生的一类具有特殊催化能力的蛋白质,是促进生化反应的高效物质。

二、鹅日粮标准化配制技术

单一的饲料原料各有其特点,有的以供应能量为主,有的以供应蛋白质和氨基酸为主,有的以供应矿物质或维生素为主,有的粗纤维含量高,有的水分含量高,有的是以特殊目的而添加到饲料中的产品,所以单一饲料原料普遍存

147

在营养不平衡、不能满足动物的营养需要、饲养效果差的问题,有的饲料还存在适口性差、不能直接饲喂、加工和保存不方便的缺陷。为了合理利用各种饲料原料、提高饲料的利用效率和营养价值、提高饲料产品的综合性能、提高饲料的加工性能和保存时间等,有必要将各种饲料进行合理搭配,以便充分发挥各种单一饲料的优点、避开其缺点,因此,配合饲料便成为集约化饲养、饲料工业化生产的必然选择。

(一)鹅饲料配制的原则

鹅饲料配方的原则是要根据鹅品种、发育阶段和生产目的不同,制定适宜的饲养标准,既满足鹅的生理需要,又不造成营养浪费。立足当地资源,在保证营养成分的前提下尽量降低成本,使饲养者得到更大的经济效益。选择适口性并有一定体积的原料,保证鹅每次都食进足够的营养。多种原料搭配,以发挥相互之间的营养互补作用。控制某些饲料原料的用量。如豆科干草粉富含蛋白,在日粮中用量可为 15% ~ 30% ;羽毛粉、血粉等虽然蛋白质含量高,但消化率低,添加量应在 5% 以下。选用的原料质量要好,没有发霉变质,没有受到农药污染。鹅常用各类饲料的大致用量见表 4 - 23。

表 4 - 23　鹅常用饲料的大致配比范围

饲料	育雏期(%)	育成期(%)	产蛋期(%)	肉仔禽(%)
谷实类	65	60	60	50 ~ 70
玉米	35 ~ 65	35 ~ 60	35 ~ 60	50 ~ 70
高粱	5 ~ 10	15 ~ 20	5 ~ 10	5 ~ 10
小麦	5 ~ 10	5 ~ 10	5 ~ 10	10 ~ 20
大麦	5 ~ 10	10 ~ 20	10 ~ 20	1 ~ 5
碎米	10 ~ 20	10 ~ 20	10 ~ 20	10 ~ 30
植物蛋白类	25	15	20	35
大豆饼	10 ~ 25	10 ~ 15	10 ~ 25	20 ~ 35
花生饼	2 ~ 4	2 ~ 6	5 ~ 10	2 ~ 4
棉(菜)籽饼	3 ~ 6	4 ~ 8	3 ~ 6	2 ~ 4
芝麻饼	4 ~ 8	4 ~ 8	3 ~ 6	4 ~ 8
动物蛋白类	10 以下			
糠麸类	5 以下	10 ~ 30	5 以下	10 ~ 20
粗饲料		优质苜蓿粉 5 左右		
青绿青贮类		青绿饲料按日采食量的 10 ~ 30		

饲料混合形式包括粉料混合,粉、粒料混合和精、粗料混合3种形式。粉料混合是指将各种原料加工成干粉后搅拌均匀,压成颗粒投喂。这种形式既省工省事,又防止鹅挑食。粉、粒料混合即日粮中的谷实部分仍为粒状,混合在一起,每天投喂数次,含有动物性蛋白、钙粉、食盐和添加剂等的混合粉料另外补饲。精、粗料混合是将精饲料加工成粉状,与剁碎的青草、青菜或多汁根茎类等混匀投喂,钙粉和添加剂一般混于粉料中,沙粒可用另一容器盛置。用后两种混合形式的饲料饲喂鹅时易造成某些养分摄入过多或不足。

(二)鹅的饲料配合方法

鹅饲料配方设计的方法较多,有试差法、对角线法、差代法和计算机法等。但不论应用哪种方法,饲料种类越多,营养指标项目越多,计算起来就越复杂。下面介绍几种简便计算方法。

鹅饲粮配合的方法有许多种,如试差法、对角线法(又称方块法或四角法)、公式法(又称代数法)和电子计算机法。鹅饲养中,如果未配备电子计算机,而饲料种类和营养指标又不多,应用前三种方法还是很简便的。但如果所用饲料种类多,需要满足的营养指标多,就必须借助于电子计算机。应用电子计算机可以筛选出营养完全、价格最低的饲粮配方。

1. 试差法

试差法是饲粮配合常用的一种方法。试差法又称为凑数法,该方法是先按饲养标准规定,根据饲料营养价值表先粗略地把所选饲料试配合,再计算其中主要营养指标的含量,然后与饲养标准相比较,对不足的和过多的营养成分进行增减调整,计算其中的营养成分,与饲养标准比较,进行调整计算,直至所配饲粮达到饲养标准规定要求为止。下面举例说明试差法配合饲粮的具体步骤。

示例:用试差法为0~6周龄雏鹅配合饲粮,饲料有玉米、麸皮、豆饼、棉仁饼、秘鲁鱼粉、石粉、磷酸氢钙、食盐和复合添加剂等。

第一,根据美国NRC标准,从饲料营养成分表上查出所选定饲料的主要营养指标。

第二,试配。计算试配配方的代谢能和粗蛋白质两项最重要营养指标的含量,并与饲养标准进行比较。

试配的饲粮配方计算结果与饲养标准进行比较,其代谢能和粗蛋白质两项指标均未达到饲养标准,其他指标尚未计算。

第三,修正试配的饲料配方。试配配方所含粗蛋白质较饲养标准相差较大,故需提高粗蛋白质含量高的鱼粉和豆饼用量;试配配方的代谢能含量尚不足,则应适量增加高能饲料玉米的用量。经计算,试配配方的钙、磷含量均不足,故需补充石粉和磷酸氢钙。按饲养标准,配方中应含食盐0.37%。此外,再添加1%复合添加剂预混料(其中含微量元素、维生素、氨基酸、保健药物及载体),以满足雏鹅生长的营养需要。

从调整后的饲粮配方的计算结果可以看出,饲粮的几项主要营养指标——代谢能、粗蛋白质、钙、磷、食盐均已达到饲养标准,仅钙的含量略高,可不做调整。此外,饲粮中因补充了复合添加剂1%,所以饲粮中维生素、微量元素和必需氨基酸等也都可满足需要。至此,试配的饲粮配方经调整后业以完成。

第四,列出饲粮配方。有条件的单位和个人可选用有饲料配方电脑程序进行配料。

2. 对角线法

又称方形法、四角法。其基本方法是由两种饲料配制某一养分符合要求的混合饲料。但通过连续多次运算,也可由多种饲料配合两种以上符合要求的混合饲料。这种方法直观易懂,适于在饲料种类少,营养指标要求不多的情况下采用。举下例说明此法:

例如:用玉米和豆粕配制一个粗蛋白质水平为21%的混合饲料。方法和步骤如下:

第一,已知玉米含蛋白质8.4%,豆粕含粗蛋白质43%。

第二,做十字交叉图,把要求的粗蛋白质含量21%放在中心,把玉米和豆粕的粗蛋白质含量分别放在左上角和左下角。即:

玉米8.4
21
豆粕43

第三,以左上角、左下角为出发点,各向对角通过交差中心大数减小数,所得的数值分别记在右下角和右上角。即:

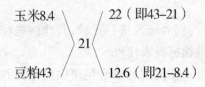

玉米8.4　　22(即43–21)
21
豆粕43　　12.6(即21–8.4)

第四，上图表示的意思就是用玉米 22 份(千克)和豆粕 12.6 份(千克)配合就可得到粗蛋白质为 21% 的混合饲料，但是这样用不方便，应转换成百分数。

第五，要把上面的配比算成百分数，就是将每种饲料的份数除以两者之和。

玉米、豆粕份数之和是 22 + 12.6 = 34.6

玉米应占% : 22 ÷ 34.6 × 100 ≈ 63.6%

豆粕应占% : 12.6 ÷ 34.6 × 100 ≈ 36.4%

第六，计算此配方中的能量水平。玉米的代谢能为 13.56 兆焦/千克，豆粕的代谢能为 9.62 兆焦/千克，则代谢能 = 13.56 × 63.6% + 9.62 × 36.4% = 8.62 + 3.50 = 12.12(兆焦/千克)。

以上是对角线法的基本步骤。

3. 公式法

又称联立方程式法。这种方法是通过解线性联立方程求得饲料配方比例，举下例说明此法。

示例:用含粗蛋白质 8.0% 的玉米和含粗蛋白质 42.0% 的大豆粕，配制 100 千克含粗蛋白质 15.0% 的混合饲料，那么需要玉米和大豆粕各多少千克?

设:需要玉米 X 千克，需要大豆粕 Y 千克，

则:$\begin{cases} X + Y = 100 \\ (8.0\% X + 42.0\% Y) \div 100 = 15.0\% \end{cases}$

解此二元联立方程，即可求得 $X = 20.59$，$Y = 79.41$，亦即求得用含粗蛋白质 8.0% 的玉米和含粗蛋白质 42.0% 的大豆粕，配制 100 千克含粗蛋白质 15.0% 的混合饲料需要玉米 20.59 千克，需要大豆粕 79.41 千克。

4. 计算机法

用可编程序计算器和电脑设计配方，使得饲料配方的设计和计算十分方便。不论是试差法还是公式法都可以编成简短的程序，利用计算器或者计算机进行计算。目前国内已开发出多种饲料配方电脑(系统)，并在生产中显示了极大的优越性。目前国内主要应用的饲料配方系统有 CMIX 饲料配方系统、三新智能饲料配方系统和 SF - 450 饲料配方系统等。

(三)鹅饲料配方实例

目前我国农村养鹅，一般采用三种饲养方式:一是以放牧为主，辅助添加一些精料;二是圈养，以精料为主，辅助饲喂一些青饲料;三是全部饲喂配合饲

料。多数农村养鹅户的饲喂方式是采用以谷实类及其副产品为主的饲料,如秕谷、玉米、米糠和麸皮等,甚至更多的是有什么喂什么,而不是根据鹅的生长发育阶段或生产(育肥、产蛋等)情况来制定不同的日粮配方。由于单一饲料的利用率较低,且生产周期长,效益低下。为了充分发挥养鹅生产的最大潜力,获取最好的经济效益,就必须根据鹅的类型、日龄和生产水平等,并结合当地环境、气候、养殖状况等,科学灵活设计鹅的饲料配方,以达到降低成本,获取最大经济效益的目的。以下按照鹅的日龄、类型等分别介绍鹅的饲料配方,以供生产实践中参考使用。

1. 雏鹅饲料配方

在育雏期的前半程(15日龄内),由于雏鹅消化能力较弱,不易饲养管理,所以一般多用配合日粮,并可适量投喂青绿饲料,但不可过多,以避免造成腹泻或营养摄入不足等而影响生长发育。育雏的后半程(15日龄后),可通过放牧或投喂等方式逐渐增加青绿饲料的采食量。雏鹅日粮中应适当补加骨粉和食盐,避免雏鹅出现矿物质缺乏的情况。配合饲料的选用应根据当地的饲料资源,选择合适的饲料原料,按照鹅的营养需要进行配制。这里介绍几例雏鹅饲料配方(表4-24至表4-31)。

表4-24　雏鹅饲料配方一

饲料原料	配比(%)
碎米	50
米糠	14
麸皮	10
豆饼(花生饼)	20
大麦芽	3
骨粉	1.8
食盐	0.4
沙粒	0.8

表4-25　雏鹅饲料配方二

饲料原料	配比(%)
玉米粉	53
豆饼	33
小麦麸皮	10

饲料原料	配比（%）
骨粉	2.1
食盐	0.4
沙粒	0.7
食用多维素添加剂	0.05
赖氨酸添加剂	0.5
蛋氨酸添加剂	0.25

表4-26 雏鹅饲料配方三

饲料原料	配比（%）
黄玉米粉	48
小麦次粉	10
碎大麦	10
青干草粉	3
鱼粉	6
豆粕	20
石粉	0.5
碳酸氢钙	0.5
碘化食盐	0.5
微量元素添加剂	0.25
维生素添加剂	0.5
沙粒	0.75

表4-27 雏鹅饲料配方四

饲料原料	配比（%）
玉米	56.0
啤酒糟	8.1
豆粕	24.0
菜籽饼	8.0
磷酸氢钙	3.0
食盐	0.4
添加剂	0.5

表4-28　雏鹅饲料配方五

饲料原料	配比(%)
玉米	45.0
高粱	15.0
豆粕	29.5
麦麸	6.9
磷酸氢钙	2.4
石粉	0.3
食盐	0.4
添加剂	0.5

表4-29　雏鹅饲料配方六

饲料原料	配比(%)
玉米	55.0
血粉	2.3
豆粕	17.2
麦麸	7
稻谷	9.2
棉籽粕	5.8
磷酸氢钙	2.6
食盐	0.4
添加剂	0.5

表4-30　雏鹅饲料配方七

饲料原料	配比(%)
玉米	54.0
鱼粉	4.0
豆粕	22.4
麦麸	9
稻糠	7
贝壳粉	2.7
食盐	0.4
添加剂	0.5

表 4 - 31　雏鹅饲料配方八

饲料原料	配比（%）
玉米	60.0
葵花粕	8.0
豆粕	22.0
菜籽粕	3.7
骨粉	5.4
食盐	0.4
添加剂	0.5

2. 肉鹅饲料配方

因鹅是草食性家禽,所以可充分利用此特性为其配制日粮配方,最大限度地利用好青粗饲料,在满足鹅体正常生长发育的情况下,降低成本投入,保证严格效益。在肉鹅饲养中,可进行全日放牧。全日放牧时,需注意酌情予以适当的补饲,尤其应注意矿物质添加剂的供给,以满足其正常发育的需要。在育肥期,应逐渐加大精饲料的供给,以利于其脂肪的沉积,增加膘度,保证出栏体重。肉鹅日粮配方举例(表 4 - 32、表 4 - 33)。

表 4 - 32　肉鹅日粮配方一

	雏鹅 （0~3 周龄）	生长鹅 （4~10 周龄）	育肥鹅 （11 周龄至出售）
玉米（%）	40.6	35.1	43.0
高粱（%）	15.0	20.0	25.0
豆饼（%）	22.5	14.0	19.0
鱼粉（%）	7.5	—	—
肉骨粉（%）	—	3.0	—
麸皮（%）	6.0	10.0	6.0
米糠（%）	2.5	13.0	3.0
玉米面筋（%）	1.5	2.5	—
糖蜜（%）	1.5	—	—
猪油（%）	0.5	—	0.6
磷酸氢钙（%）	0.8	0.8	1.6

	雏鹅 (0~3周龄)	生长鹅 (4~10周龄)	育肥鹅 (11周龄至出售)
石粉(%)	0.8	0.8	0.9
食盐(%)	0.3	0.3	0.4
预混料(%)	0.5	0.5	0.5

表4-33　肉鹅饲料配方二

	0~4周龄	4~7周龄	7~10周龄
秸秆生物饲料(%)	70	75	85
骨粉(%)	1	1	1
豆饼(%)	5	5	3
鱼粉(%)	2.5	3.1	2.5
玉米粉(%)	18	16	5
麸皮(%)	2.2	3.5	1
食盐(%)	0.3	0.4	0.5
贝壳粉(%)	1	2	2

3. 产蛋鹅及种鹅饲料配方

鹅产蛋前1个月左右,应改喂种鹅饲料。种鹅日粮的配合要充分考虑母鹅产蛋各个阶段的实际营养需要,并根据当地的饲料资源,因地制宜制定饲料配方。以下列举了几个产蛋鹅及种鹅饲料配方(表4-34、表4-35)。

表4-34　产蛋鹅及种鹅饲料配方一

饲料原料	配比(%)	营养水平
玉米	40.8	
菜籽粕	4	
豆饼	18	
麦麸	8	粗蛋白质≥15.5% 代谢能10.82兆焦/千克 钙≥2.2% 磷≥1.0%
高粱	19.6	
磷酸氢钙	4.9	
石粉	3.8	
食盐	0.4	
添加剂	0.5	

表 4 – 35　产蛋鹅及种鹅饲料配方二

饲料原料	配比(%)	营养水平
玉米	55	
菜籽粕	6.6	
豆饼	6.7	
麦麸	12	粗蛋白质≥13.6%
稻谷	8	代谢能 10.95 兆焦/千克
血粉	3.1	钙≥2.2%
磷酸氢钙	3.8	磷≥1.0%
贝壳粉	3.9	
食盐	0.4	
添加剂	0.5	

4. 不同品种鹅饲料配方

不同品种鹅由于其生理特点、地域特点等不同,因而在营养需要方面也存在较大差异,应根据不同品种鹅的营养需要科学制定日粮配方,合理饲养。列举几种鹅的饲料配方(表 4 – 36 至表 4 – 39)。

表 4 – 36　太湖鹅日粮配方

成分	肉用仔鹅	种鹅
玉米(%)	52	65
四号粉(%)	2.0	4.0
米糠(%)	12.43	—
麸皮(%)	6.0	4.0
豆粕(%)	14.0	12.0
菜籽饼(%)	6.0	6.0
鱼粉(%)	5.0	2.0
骨粉(%)	2.0	2.6

成分	肉用仔鹅	种鹅
贝壳粉(%)	—	4.0
食盐(%)	0.4	0.4
蛋氨酸(%)	0.17	—
粗蛋白质(%)	—	15.3
代谢能(兆焦/千克)	12.01	12.04

表4-37 昌图豁眼鹅日粮配方

	1~30日龄	31~90日龄	91~180日龄	成年鹅
玉米(%)	47	47	27	33
麸皮(%)	10	15	33	25
豆粕(%)	20	15	5	11
稻糠(%)	12	13	30	25
鱼粉(%)	8	7	2	3
骨粉(%)	1	1	1	1
贝壳粉(%)	2	2	2	2
代谢能(兆焦/千克)	12.08	12.00	11.10	10.38

表4-38 朗德鹅饲料配方

饲料原料	配比(%)	营养水平
玉米	58.4	
麸皮	13	
豆饼	18	
鱼粉	8	粗蛋白质≥13.6%
骨粉	2	代谢能12.1兆焦/千克
生长素	0.2	
食盐	0.4	

表4-39　朗德鹅雏鹅饲料配方

饲料原料	配比（%）	营养水平
玉米	57.6	
小麦	6.0	
麦麸	5.8	
豆粕	17.3	
花生饼	2.5	
菜籽饼	1.5	粗蛋白质≥19.95%
鱼粉	5.0	代谢能12.17兆焦/千克
磷酸氢钙	1.4	有效磷≥0.4%
石粉	1.2	钙≥0.6%
食盐	0.3	
预混料	1.0	
赖氨酸	0.05	
蛋氨酸	0.2	
肉碱	0.15	

5. 通用型鹅日粮配方

通用型鹅日粮配方,见表4-40、表4-41。

表4-40　国内通用型鹅日粮配方推荐

	3~10日龄	11~30日龄	31~60日龄	60日龄以上
玉米、高粱、大麦（%）	61	41	11	11
豆饼或其他饼类（%）	15	15	15	15
糠麸（%）	10	25	40	45
稗子、草籽、干草粉（%）	5	5	20	25
动物性饲料（%）	5	10	10	—
贝壳粉或石粉（%）	2	2	2	2
食盐（%）	1	1	1	1
沙粒（%）	1	1	1	1

表4-41 国外常用鹅日粮配方

	0~3周龄	3周龄至上市	种鹅
黄玉米(%)	48.75	46.0	41.75
小麦粗粉(%)	5.0	10.0	5.0
小麦次粉(%)	5.0	10.0	10.0
碎大麦(%)	10.0	20.0	20.0
脱水干燥青饲料(%)	3.0	1.0	5.0
肉粉(50%粗蛋白质)	2.0	2.0	2.0
鱼粉(60%粗蛋白质)	2.0	—	2.0
干乳(%)	2.0		1.5
豆粕(50%粗蛋白质)	20.0	8.75	7.5
石粉(%)	0.5	0.5	3.25
磷酸氢钙(%)	0.5	0.5	0.75
碘化食盐(%)	0.5	0.5	0.5
微量元素预混料(%)	0.25	0.25	0.25
维生素预混料(%)	0.5	0.5	0.5

(四)了解商品饲料

1. 预混料

预混料就是将维生素、微量元素、部分氨基酸和部分用量少的矿物质按一定比例混合在一起,在配置全价料时按一定比例加入。虽然预混料在饲料中占的比例少,但是作用大,是饲料的精华部分。根据在饲料中的添加量,预混料主要有1%预混料和4%预混料,也有5%或3%预混料。预混饲料是目前销售厂家最多的饲料种类,因为它需要的场地、人员等方面相对较少,单位质量的利润较高。预混料的主要组成成分见表4-42。

表4-42 几种主要商品饲料的成分组成

	1%预混料	2%~6%预混料	浓缩料	全价料
1	多种维生素	多种维生素	多种维生素	多种维生素
2	微量元素	微量元素	微量元素	微量元素
3	氨基酸	氨基酸	氨基酸	氨基酸

	1%预混料	2%～6%预混料	浓缩料	全价料
4	药物及非营养添加剂	药物及非营养添加剂	药物及非营养添加剂	药物及非营养添加剂
5	食盐	磷酸氢钙	磷酸氢钙	磷酸氢钙
6	少量载体	食盐、少量石粉	食盐	食盐
7		载体	石粉	石粉
8		其他	蛋白饲料(饼粕)	蛋白饲料(饼粕)
9			油脂	油脂
10			其他	能量饲料(玉米等)
11				其他

2. 浓缩料

也叫料精或精料,是在预混料的基础之上加入蛋白饲料、石粉、油脂等原料,按一定比例混合而成。蛋白饲料主要是豆粕、鱼粉、花生粕、棉粕、玉米蛋白粉等。根据其在全价料中的比例,不同的公司的浓缩料从25%到40%不等。使用35至40%的浓缩料一般用户只需要再加入玉米就可以了。使用35%以下的浓缩料用户除了另外加入玉米外,有时还需要加入一些蛋白饲料、麸皮或部分食盐等原料。

3. 全价饲料

指营养全面,可以直接饲喂的饲料。能量饲料多用玉米、高粱、大麦、小麦、麸皮、细米糠、红薯粉、马铃薯和部分动、植物油等为原料。全价配合饲料可呈粉状;也可压成颗粒,以防止饲料组分的分层,保持均匀度和便于饲喂。颗粒饲料较适于肉用家畜与鱼类,但成本较高。一般全价饲料的用量比较大,长途运输成本增加较多,而玉米和石粉都是比较便宜和容易买得到的原料。

第三节　鹅的青粗饲料安全生产技术

一、鹅用青粗饲料安全生产技术

(一)青干草

1. 青干草的营养价值

青干草同精饲料相比有以下特点:第一,容积大,青干草属于大容积饲料,

每单位自然容积的重量轻;第二,粗纤维含量较高,多数在25%～35%,能量含量低;第三,粗纤维中有较难消化的木质素成分,故消化率较低;第四,矿物质含量以铁、钾和微量元素较高,而磷的含量相对较低;第五,青干草含有较多的脂溶性维生素,如胡萝卜素、维生素D、维生素E等,豆科青干草还富含B族维生素;第六,蛋白质含量差异较大,如豆科青干草粗蛋白质含量接近20%,禾本科青干草在10%以下,作物秸秆只有3%～5%,参见表4-43和表4-44。因调制青干草的原料品种、生育期、加工方法的不同,品质差异较大。

表4-43 玉米和几种干草的化学成分与营养价值比较

牧草	干物质（%）	粗蛋白质（%）	粗脂肪（%）	粗纤维（%）	灰分（%）	产奶净能（兆焦/千克）	可消化蛋白质（克/千克）
苜蓿	91.3	18.7	3.0	27.8	6.8	1.31	112
草木樨	88.3	16.8	1.6	27.9	13.8	1.02	101
羊草	91.6	7.4	3.6	29.4	4.6	1.03	44
燕麦草	86.5	7.7	1.4	28.4	8.1	0.99	45
玉米	88.4	8.6	3.5	2.0	1.4	1.71	56

注:引自《中国饲料成分与营养价值表》。

表4-44 玉米和苜蓿青干草维生素含量比较

牧草	样品说明	干物质（%）	胡萝卜素（毫克/千克）	硫胺素（毫克/千克）	核黄素（毫克/千克）	烟酸（毫克/千克）	泛酸（毫克/千克）	胆碱（毫克/千克）	叶酸（毫克/千克）	维生素E（毫克/千克）
玉米	黄玉米	88	1.3	3.7	1.1	21.5	5.7	440	0.4	22
苜蓿	日晒	90.7	3.6	2.8	8.7	35.3	15.3	1 500	1.3	40
苜蓿	人工干燥	93.1	148.8	3.9	15.5	54.6	32.6	1 614	2.6	147

注:引自《中国饲料成分与营养价值表》。

2. 适时刈割

(1)适时刈割的重要性 饲料作物在生长发育过程中,其营养质构是在不断变化的,处于不同生育期的牧草或饲料作物不仅产量不同,而且营养物质含量也有很大的差异。随着饲料作物生育期的推移,其体内最宝贵的营养物质,如粗蛋白质、胡萝卜素等的含量会大大减少,而粗纤维的含量却逐渐增加,因此单位面积上,饲料作物的产量和各种营养物质含量,主要取决于饲料作物的收割期。因此,要根据不同饲料作物的产量及营养物质含量,适时刈割。

一般禾本科牧草的适宜刈割时期为抽穗开花初期,豆科牧草为现蕾—开花期,但也因草而异。主要禾本科和豆科牧草的适宜刈割时期见表4-45。在生产实践中,由于受到天气、人力、机具等因素的制约,可适当提前刈割。

表4-45　几种主要豆科、禾本科牧草的适宜刈割期

名　　称	刈割时期	备　　注
羊草	开花期	一般在6月底至7月底
无芒雀麦	孕穗—抽穗期	
黑麦草	抽穗—初花期	
苜蓿	现蕾—始花期	
红豆草	现蕾—开花期	
苏丹草	抽穗期	
红三叶	初花至中花	

（2）适时刈割的一般原则　饲料作物适宜刈割期的一般原则:一是以单位面积内营养物质的产量最高时期或以单位面积的总消化养分(TDN)最高期为标准;二是有利于饲料作物的再生;三是根据不同的利用目的来确定。苏丹草和高粱苏丹草杂交种适宜刈割后调制青干草的时期均为抽穗期。

3. 青干草的干燥方法

（1）饲料作物干燥的基本原则　根据苏丹草等干燥时水分散发的规律和营养物质变化的情况,干燥时必须掌握以下基本原则:

1）干燥时间要短　缩短干燥所需的时间,可以减少生理和化学作用造成的损失,减少遭受雨露打湿的机会。

2）防止被雨和露水打湿　苏丹草等在凋萎过程中,应当尽量防止被雨露淋湿,因为遭受雨淋时,茎叶中的水溶性营养物质会被淋溶,从而使干草的质量下降。

（2）鲜草干燥的主要方法　饲料作物干燥的方法很多,大体上可分为自然干燥法和人工干燥法两类,自然干燥法又可分为地面干燥法、草架干燥法两种。

1）地面干燥法　是指苏丹草等刈割后,原地曝晒4~5小时,使之凋萎,含水量降至40%左右。然后,用搂草机或人工把草搂成垄,继续干燥4~5小时,使其含水量降至35%左右。用集草器或人工集成小堆干燥,再经1~2天晾晒后,就可以调制成含水量为15%左右的优质青干草(图4-19)。

图 4 - 19　搂草与翻晒

2）草架干燥法　在湿润地区,由于苏丹草等收割时适逢雨季,用一般的地面干燥法调制干草时,干草往往会变黑、发酵或腐烂。在这种情况下,可采用草架干燥法。用草架对刈割的苏丹草等进行干燥时,首先应把割下的饲料作物在地面干燥半天或 1 天,使含水量降至 50% 左右,然后用草叉将草上架。堆放时应自下往上逐层堆放,饲料作物的上部朝里,最底下一层与地面应有一定距离,这样既有利于通风,也可避免与地面接触吸潮。草架干燥法可以大大提高饲料作物的干燥速度,保证干草质量,减少各种营养物质的损失,但投入的劳力和设备费用都比较大。干草架按其形式和用材的不同可以分为以下几种形式:树干三脚架、幕式棚架、铁丝长架和活动式干草架(图 4 - 20)。

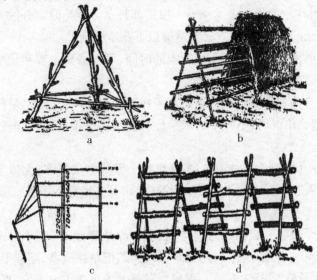

图 4 - 20　干草架
a. 树干三脚架　b. 幕式棚架　c. 铁丝长架　d. 活动式干草架

3)人工干燥法　饲料作物人工干燥法基本分为三种:常温通风干燥法、低温烘干法和高温快速干燥法。

常温通风干燥法是先建一个干燥草库,库房内设置大功率鼓风机若干台,地面安置通风管道,管道上设通气孔;需干燥的青草,经刈割压扁后,在田间干燥至含水量35%~40%时运往草库,堆在通风管上,开动鼓风机完成干燥。

低温烘干法是先建造饲料作物干燥室、空气预热锅炉、设置鼓风机和牧草传送设备;用煤或电做能源将空气加热到50~70℃或120~150℃,鼓入干燥室;利用热气流经数小时完成干燥。浅箱式干燥机日加工能力为2 000~3 000千克干草,传送带式干燥机每小时加工200~1 000千克干草。

高温快速干燥法是利用高温气流(温度为500~1 000℃),将饲料作物水分含量在数分钟甚至数秒钟内降到14%~15%。

用自然干燥法生产出来的草产品由于芳香性氨基酸未被破坏,草产品具有青草的芳香味,尽管粗蛋白有所损失,但这种方法生产的草产品有很好的消化率和适口性,鹅的采食量增多,鹅的营养摄取量也就相应增加。相反,用人工或混合干燥法加工出来的草产品经过高温脱水过程,尽管有较多的蛋白质被保留下来,但芳香性氨基酸却被挥发掉了,保留下来的蛋白质也会发生老化现象,这种方法加工的草产品消化率和适口性均有所降低。所以上述各种干燥法均有其优缺点,在实际操作中。应根据当地的具体情况采用不同的干燥方法。不同调制方法对干草营养物质损失的影响见表4-46。

表4-46　不同调制方法对干草营养物质损失的影响

调制方法	可消化蛋白质的损失(%)	每千克干草胡萝卜素的含量(毫克)
地面晒制的干草	20~50	15
架上晒制的干草	15~20	40
机械烘干的干草	5	120

4.青干草的堆垛、贮藏和使用

(1)堆垛　为了把调制好的青干草很好地长期贮藏起来,需要把搂集起来的草堆成大垛,以待运走和长期贮藏。

长期保藏的草垛,垛址应选择在地势高而平坦、干燥、排水良好,雨、雪水不能流入垛底的地方。距离畜舍不能太远,以便于运输和取送,而且要背风或与主风向垂直,以便于防火。同时,为了减少干草的损失,垛底要用木头、树枝、老草等垫起铺平,高出地面40~50厘米,还要在垛的四周挖深30~40厘

米的排水沟。

堆垛时,不论是圆垛还是长垛,垛的中间要比四周高,要逐层踏实,四周边缘要整齐。含水量高的草应当堆放在草垛上部,过湿的干草应当挑出来,不能堆垛。草垛收顶应从堆到草垛全高的 1/2 或 2/3 处开始。从垛底到开始收顶处,应逐渐放宽约 1 米(每侧加宽 0.5 米)。干草堆垛后,一般用干燥的杂草或麦秸封顶,并逐层铺压。垛顶不能有凹陷和裂缝,以免漏进雨、雪水。草垛的顶脊必须用绳子或泥土封压坚固,以防大风吹刮。

(2)青干草的贮藏与使用 堆垛初期,特别是在 10～20 天,如果发现有漏缝,应及时加以修补。如果垛内的发酵温度超过 55℃时。应及时采取散热措施,否则干草会被毁坏,或有可能发生自燃着火。散热办法是用一根粗细和长短适当的直木棍,前端削尖,在草垛的适当部位打几个通风眼,使草垛内部降温。

当年调制的青干草要和往年结余的青干草分别贮藏和使用。用草时先喂陈草,后喂新草;先取粗草,后取细草、陈草。

5. 青干草的品质鉴定

对于青干草的品质鉴定,生产中常采用感官鉴定法,鉴定内容主要包括对青干草收割时期、颜色、叶量的多少、气味、病虫害的感染情况等方面。

(1)收割时期 收割时期是对质量影响最大的因素。一般来讲,质量随植株成熟度的增加而降低,尤其是刈割前后成熟度变化速度非常快,有可能收割期仅相差 2～3 天时,其质量就会产生显著差异。

(2)颜色 优质青干草颜色较绿,一般绿色越深,其营养物质损失越少,所含的可溶性营养物质、胡萝卜素及其他维生素也越多。褐色、黄色或黑色的青干草质量较差。

(3)叶量的多少 叶片比茎秆含有更多的非结构性碳水化合物(糖类和淀粉)和粗蛋白质,所以,青干草中叶量的多少,是确定干草品质的重要指标,叶量越多,营养价值越高。茎叶比一般随植株的成熟而增加。

(4)气味 优良的青干草一般都具有较浓郁的芳香味。这种香味能刺激家畜的食欲,增强适口性,如果有霉烂及焦灼的气味,则品质低劣。

(5)病虫害的感染情况 病害和虫害的发生较为严重时,会损失大量的叶片,降低草产品质量。杂草含量较高,特别是含有有毒有害杂草时,则不仅会降低质量,更会影响到鹅的健康状况,一般不宜饲喂鹅。

(二)草粉(图4-21)

1. 草粉的用法和用量

干草粉是由干燥牧草粉碎后形成的粉状饲料,它主要用于制作鹅配合饲料。用豆科牧草生产出的优质草粉,是重要的蛋白质饲料来源。以优质豆科牧草苜蓿为例,用现蕾期至初花期收割的苜蓿,经高温、快速人工干燥后生产出的苜蓿干草粉,几乎可以保存新鲜苜蓿的全部营养,其蛋白质含量可达20%~22%,胡萝卜素高达250~300毫克,矿物质和各种维生素都比一般的谷物饲料丰富,用这样的苜蓿草粉可替代鹅配合饲料中10%~12%的精料。

图4-21　草粉

2. 可用于制作干草粉的饲草

可供加工草粉的牧草种类繁多,在我国几乎所有优良牧草均可加工制成草粉,如紫花苜蓿、红豆草、草木樨、红三叶、白三叶、野豌豆、柱花草、大翼豆、冰草、针茅、黑麦草、早熟禾等。这些优良牧草中含有丰富的蛋白质及各种维生素和矿物质,是配合饲料中最重要、最经济的蛋白质补充来源。

3. 草粉加工设备

干草粉加工设备主要是粉碎机(图4-22)。粉碎饲草适用锤片式粉碎机。牧草纤维含量较高,故牧草专用粉碎机的锤片一般排列更紧密并设有切刀,使得对牧草粉碎效率更高,效果更好。在没有牧草专用粉碎机的情况下,也可选用带有切向进料或侧向进料的通用粉碎机粉碎牧草。目前国外在规模化生产草粉时,常用大型草捆粉碎机及桶式粉碎机,将各种形状、尺寸的干草捆先预粉碎,再用通用粉碎机粉碎成草粉。

好的饲草粉碎机应符合以下几个要求:①根据需要能方便地调节粉碎成品的粒度。②粒度均匀,粉末少,粉碎后不产生高热。③可方便地连续进料及出料。④单位成品能耗低。⑤工作部件耐磨,更换迅速,维修方便,标准化程

度高。⑥周详的安全措施。⑦作业时粉尘少,噪声不超过环卫标准。

图4-22 饲草粉碎机

4. 草粉的贮藏方法

(1)低温密闭贮藏 牧草草粉营养价值的重要指标是维生素和蛋白质的含量。因此贮藏牧草草粉期间的主要任务是如何创造出条件,保持这些生物活性物质的稳定性,减少分解破坏。许多试验和生产实践证明,只有低温密闭的条件下,才能大大减少牧草草粉中维生素、蛋白质等营养物质的损失。中国北方寒冷地区,可利用自然条件进行低温密闭贮藏。

(2)干燥低温贮藏 牧草草粉安全贮藏的含水量在13%~14%时,要求温度在15℃以下,含水量在15%左右时相应的温度为10℃以下。

(三)草颗粒

为了缩小草粉体积,便与贮存和运输,可以用制粒机把干草粉压制成颗粒状,即草颗粒(图4-23)。草颗粒可大可小,直径为0.64~1.27厘米,长度0.64~2.54厘米。颗粒的密度为700千克/米^3(而草粉密度为300千克/米^3)。

草颗粒的制作方法是用草粉(苜蓿、青干草、农作物秸秆)55%~60%、精料(玉米、高粱、燕麦、麸皮等)35%~40%、矿物质和维生素3%、尿素1%组成配合饲料,用颗粒饲料压粒机压制成颗粒饲料。制粒时草粉的含水率是影响成粒效果的重要因素,一般14%~16%的含水率适宜压粒。也可在草粉原料中加入5%左右的油脂或糖蜜,以提高黏结效果,同时可减少颗粒机压模磨损,同时降低能耗。

草颗粒使用中应注意,首次饲喂前要驯饲6~7天,使鹅逐渐习惯采食颗粒饲料;颗粒饲料遇水会膨胀破碎,影响采食率和饲料利用率,所以雨季不宜在敞圈中饲喂,一般在枯草期进行,以避开雨季。

图 4 - 23　草颗粒

（四）农作物秸秆的加工调制

1. 农作物秸秆营养价值

这类饲料的主要特点是粗纤维含量特别高，其中木质素含量非常高，一般粗纤维含量为25%以上，个别可达50%以上；另外粗蛋白质含量一般不超过10%，可消化蛋白质含量更少；而粗灰分则高达6%以上，其中稻壳的灰分将近20%，但粗灰分中可利用的矿物质钙、磷含量很少，各种维生素含量极低。一般，秸秆、秕壳类饲料的营养价值较低，只适用于饲喂鹅等草食动物，对于非草食家畜和禽类，秸秆粉基本上是用作饲粮营养浓度的稀释剂。秸秆类饲料的营养价值见表4－47。

表4－47　秸秆类饲料的营养价值

干草	干物质 （%）	产奶净能 （兆焦/千克）	奶牛能量单位 （兆焦/千克）	粗蛋白质 （%）	粗纤维 （%）	钙 （%）	磷 （%）
玉米秸	91.3	6.07	1.93	9.3	26.2	0.43	0.25
小麦秸	91.6	2.34	0.74	3.1	44.7	0.28	0.03
大麦秸	88.4	2.97	0.94	5.5	38.2	0.06	0.07
粟秸	90.7	4.27	1.36	5.0	35.9	0.37	0.03
稻草	92.2	3.47	1.11	3.5	35.5	0.16	0.04
大豆秸	89.7	3.22	1.03	3.6	52.1	0.68	0.03
豌豆秸	87.0	4.23	1.35	8.9	39.5	1.31	0.40
蚕豆秸	93.1	4.10	1.31	16.4	35.4	—	—
花生秸	91.3	5.02	1.60	12.0	32.4	2.69	0.04
甘薯藤	88.0	4.60	1.47	9.2	32.4	1.76	0.13

注：摘自姚军虎主编的《动物营养与饲料》。

2. 可用作饲料的秸秆

秸秆类饲料秸秆分禾本科和豆科两大类。禾本科有玉米秸、稻草、小麦秸、大麦秸、粟秸(谷草)等;豆科有大豆秸、蚕豆秸、豌豆秸等。

(1)玉米秸 玉米秸秆外皮光滑,质地坚硬,可作为鹅的饲料。粗蛋白质含量为 6.5%,粗纤维含量为 34%,鹅对玉米秸秆粗纤维的消化率为 48%,对无氮浸出物的消化率在 60% 左右。秸秆青绿时,胡萝卜素含量较高,为 3~7 毫克/千克。夏播的玉米秸秆由于生长期短,粗纤维少,易消化。同一株玉米,上部比下部营养价值高,叶片比茎秆营养价值高,易消化。玉米梢的营养价值又稍优于玉米芯,而和玉米苞叶营养价值相仿。青贮是保存玉米秸秆养分的有效方法,玉米青贮料是鹅常用粗饲料。

(2)稻草 稻草是我国南方农区主要的粗饲料来源,其营养价值低,但生产的数量大,全国每年约为 1.88 亿吨。鹅对其消化率为 39% 左右。稻草的粗纤维含量较玉米秸高,约为 35%,粗蛋白质为 3%~5%,粗脂肪为 1% 左右,粗灰分为 17%(其中硅酸盐所占比例大);钙和磷含量低,分别约为 0.29% 和 0.07%,不能满足鹅生长和繁殖需要,可将稻草与优质干草搭配使用。为了提高稻草的饲用价值,可添加矿物质和能量饲料,并对稻草进行氨化、碱化处理。

(3)麦秸 麦秸的营养价值因品种、生长期不同而有所不同。常做饲料的有小麦秸、大麦秸和燕麦秸秆,其中小麦秸秆产量最多。小麦秸粗蛋白质含量为 3.1%~5.0%,粗纤维含量高。

3. 农作物秸秆的加工调制

秸秆加工调制的方法有 3 种:物理加工方法、化学处理方法、生物学处理方法。

(1)物理加工方法 秸秆的物理加工指机械粉碎、揉搓、压制颗粒,加压蒸汽处理,热喷处理和高能辐射处理等物理方法。这些方法对提高秸秆的消化率和营养价值都有一定的效果,但就目前生产和经济水平来说,粉碎、揉搓、压制颗粒等方法比较简便可行。其他方法因耗能多、设备贵、技术较复杂等原因,处理成本较高。

1)机械粉碎 机械粉碎是加工秸秆常用的方法,用电或柴油发动机为动力,采用合适的机械将秸秆打碎,粉碎的秸秆减少了鹅咀嚼的时间,加快了采食速度。

2)秸秆揉搓技术 将秸秆直接切短后饲喂鹅,食净率只有 70%,虽然提高了秸秆的适口性和采食量，但仍有较大程度的浪费。使用揉搓机将秸秆揉搓成条状后再进行饲喂，食净率可达到90%以上。使用揉搓机将秸秆揉搓成柔软的丝条状后进行氨化，不仅氨化效果好，而且可进一步提高食净率。秸秆的揉搓、丝化加工技术不仅为农作物秸秆的综合利用提供了一种手段，而且还可弥补我国饲草短缺，为农作物秸秆，尤其是玉米秸等生物资源向工业品转化开辟了新渠道。这一技术将收获后的玉米秆压扁并切成细丝，经短时间干燥后机械打捆，成为饲草和植物纤维工业原料直接进入流通市场。更进一步的技术是将农作物秸秆进行切丝后揉搓，破坏其表皮结构，大大增加水分蒸发面积，使秸秆3～5个月的干燥期缩短到1～3天，并且不破坏其纤维强度，保持了秸秆的营养成分。

3）热喷处理秸秆　热喷处理是运用气体分子动力学的原理和相应机械结合，在高温高压作用下，通过喷放的机械效应加工秸秆的方法。也是一种膨化技术，可以处理木质素含量高的粗饲料。经温度、压力和喷放作用的结果，细胞间木质素熔化，某些结合键断开，打乱了纤维素细胞的晶体结构，细胞组织被"撕"开呈游离状态，提高消化率。

（2）化学处理方法　秸秆的化学处理指用氢氧化钠、尿素、氨水、碳酸氢铵、石灰等碱性或碱性含氮的化合物处理秸秆的方法。在碱的作用下，可以打开纤维素、半纤维素与木质素之间对碱不稳定的酯键，溶解半纤维素和一部分木质素及硅酸盐。纤维发生膨胀，让瘤胃中微生物的酶能够渗入，从而改善适口性，增加采食量，提高秸秆的消化率。是目前生产中效果比较明显的处理秸秆的方法。但从经济、技术及对环境的影响几方面综合分析，氨处理秸秆比较适用，也是联合国粮农组织正在推广的方法。

（3）生物学处理方法　秸秆的生物学处理方法是利用乳酸菌、纤维分解菌、酵母菌等一些有益微生物和酶在适宜的条件下，使其生长繁殖，分解饲料中难以被家畜消化利用的纤维素和木质素，同时可增加一些菌体蛋白质、维生素及对鹅有益物质，软化饲料，改善味道，提高适口性和营养价值。秸秆的生物学处理方法主要有以下几种：

1）自然发酵　将秸秆粉与水按1∶1比例搅拌均匀，冬天最好用50℃温水，可在地面堆积，水泥池中压实和装缸压实进行发酵，地面堆积需用塑料薄膜包好，3天后即可完成发酵。发酵的饲料具有酸香、酒香味。

2）加精料发酵　将自然发酵的秸秆粉中加一定量的麦麸、玉米面等无氮浸出物含量较高的原料，还可添加一定量的尿素等，促进微生物大量繁殖，2～

3 天可完成发酵,这种发酵效果非常好。

3)秸秆微贮 在农作物秸秆中加入微生物高效活性菌种,放于密封容器中贮藏,经一定时间厌氧发酵,使秸秆变成具有酸香味,鹅喜食,并可长期保存的饲料。制作良好的微贮饲料能显著提高消化率、适口性、采食量。微生物的活动,也大大提高了饲料的营养价值。但这种方法需要细致的操作和特定的环境与设备,成本相对较高。

(五)树叶类饲料的加工调制

我国有丰富的林业资源,树叶数量大,大多数都可以饲用。树叶的营养丰富,经加工调制后,不仅能做鹅的维持饲料,而且还可以作为鹅的生产饲料,尤其是优质的青树叶还是鹅良好的蛋白质和维生素饲料来源,树叶虽是粗饲料,但其营养价值远比秸秆类饲料要高。

树叶的营养价值因其产地、品种、季节、采摘时间、采摘方法、调制方法不同而差异较大。一般松针在春秋季节松脂率含量较低时采摘,北方地区的紫穗槐、洋槐叶在 7～8 月采摘营养价值最高,另外用青刈法采摘的树叶其营养价值较落叶法所得树叶营养价值要高。几种常见树叶的营养成分含量见表4－48。

表4－48 几种鲜树叶的营养成分含量

	粗蛋白质 (%)	粗脂肪 (%)	粗纤维 (%)	无氮浸出物 (%)	粗灰分 (%)	钙 (%)	磷 (%)
松叶	12.1	11.0	27.1	46.8	3.0	1.10	0.19
紫穗槐叶	21.5	10.1	12.7	49.1	6.6	0.18	0.94
杨树叶	22.7	3.2	12.4	54.4	7.3	1.21	0.18
柳树叶	15.6	6.0	12.9	55.9	9.6	1.20	0.21
榆树叶	22.4	2.5	17.3	50.2	7.6	0.97	0.17
构树叶	22.8	6.2	13.4	41.6	16.0	2.44	0.46
合欢叶	25.8	6.4	20.9	39.2	7.7	—	—
杏树叶	10.1	5.2	8.2	66.3	10.2	—	—
桑叶	14.4	13.0	22.9	32.9	16.8	2.29	3.00

注:摘自张秀芬主编的《饲草饲料加工与贮藏》。

（六）其他粗饲料加工调制技术

1. 小方草捆的加工

（1）小方草捆加工的好处　用压缩草捆的方式收获加工干草,可以减少牧草最富营养的草叶损失,因为压捆可省去制备散干草时集堆、集垛等作业环节,而这些作业会造成大量落叶损失。压缩草捆比散干草密度高,且有固定的形状,运输、贮藏均可节省空间。一般草捆比散干草可节约一半的贮存空间。压缩草捆加工主要有田间捡拾行走作业和固定作业两种方式。田间行走作业多用于大面积天然草地及人工草地的干草收获,固定作业常用于分散小地块干草的集中打捆及已收获农作物秸秆和散干草的常年打捆。草捆的形状主要有方形和圆形两种,每种草捆又有大小不同的规格。在各种形状及规格的草捆中,以小方草捆的生产最为广泛(图4-24)。

图4-24　小方草捆

小方草捆是由小方捆捡拾压捆机(即常规打捆机)将田间晾晒好的含水率在17%～22%的牧草捡拾压缩成的长方体草捆,打成的草捆密度一般在120～260千克/米^3,草捆重量在10～40千克之间,草捆截面尺寸(30～40)厘米×(45～50)厘米,草捆长度0.5～1.2米,这样的形状、重量和尺寸非常适于人工搬运、饲喂,在运输、贮藏及机械化处理等方面均具有优越性。以小方草捆的形式收获加工干草,无论对于天然草地,还是人工草地都是最常见的。

（2）小方草捆加工设备　加工小方草捆的主要设备是小方草捆捡拾压捆机,这种机具在田间行走中可一次完成对干草的捡拾、压缩和捆绑作业,形成的草捆可铺放在地面,也可由附设的草捆抛掷器抛入后面拖车运走。对于打捆机一般要求捡拾能力强,能将晒干搂好的草条最大限度捡拾起来,打成的草捆要有一定的密度且形状规则。

（3）小方草捆加工技术　加工小方草捆的技术关键是牧草打捆时的含水率。合适的含水率能更多地保存营养并使草捆成形良好且坚固。通常干草在含水率为17%～22%开始打捆，打出的草捆密度可在200千克/米³左右，这样的草捆不需在田间干燥，可以立即装车运走，在贮存期间会逐渐干燥到安全含水率15%以下。有时为了减少落叶损失，可在含水率较高（22%～25%）的条件下开始捡拾打捆，在这种情况下，要求操作者将草捆密度控制在130千克/米³以下，且打好的草捆在天气状况允许的情况下应留在田间使其继续干燥，这种低密度草捆的后续干燥速度较快，待草捆含水率降至安全标准，再运回堆垛贮存，为了减少捡拾压捆时干草的落叶损失，捡拾压捆作业最好在早晨和傍晚空气湿度较大时进行。但是清晨露水较多及空气湿度太高时都不宜进行捡拾打捆，否则会造成草捆发霉。

（4）小方草捆的堆垛、贮藏与使用　加工好的干草捆如果贮藏条件不好或水分含量较高（高于15%），就会大大降低其营养价值。在条件较好的草棚或草仓中贮存，干草捆的干物质损失不会超过1%。干草捆一般有后续干燥作用，在通风良好又能防风雨的贮藏条件下，干草捆存放30天左右，含水率可达到12%～14%的安全存放水平。打好的草捆只有达到安全含水率时，才能堆垛贮藏。草捆最好的贮藏方法是堆放在草棚中，堆放位置应选择在较高的地方，同时靠近农牧场，而且应采取防火、防鼠等措施。露天堆放时，要尽量减少风和降雨对干草的损害，可采用帆布、聚乙烯塑料布等临时遮盖物或在草捆垛上面覆盖一层麦秸或劣质干草，达到遮风避雨的效果。堆垛时草捆垛中间部分应高出一些，而且草捆垛顶部朝主导风向的一侧，应稍带坡度。

草捆堆垛的最简单形状为长方形，当加工的草捆较少时，最好将草垛堆成正方形，这样可减少贮藏期间损耗。堆垛时，草捆不要接触地面，应在草垛底部铺放一层厚20～30厘米的秸秆或干树枝。堆放在底层的草捆，应选择压得最实、形状规则的草捆，堆放第一层时草捆不要彼此靠得过紧，以便于以后各层草捆堆放。堆放时草捆应像砌砖墙那样相互咬合，即每一捆草都应压住下面一层草捆彼此间的接缝处。捆扎较好的草捆应排放在外层，尤其是草垛的四角，而捆得较松的草捆一般摆在草垛中间。每一层草捆的堆放都应从草垛的一角开始，沿外侧摆放，最后再放草垛中间部分。

2. 大圆草捆（图4-25）的加工

（1）大圆草捆的好处　大圆草捆是由大圆捆打捆机将田间晾晒好的牧草捡拾并自动打成的大圆柱形草捆。以大圆草捆的形式收获加工干草，相对于小方草捆可减少劳动量,一般大圆草捆从收获到饲喂的人工劳动量仅为小方草捆的 1/3~1/2,因此大圆草捆更适合劳动力缺乏地区使用。典型的大圆草捆密度为 100~180 千克/米^3,大多数圆草捆直径 1.5~2.1 米(国产机型打出的大圆草捆直径为 1.6~1.8 米),长度 1.2~2.1 米,重量在 400~1 500 千克,这样的形状、尺寸和重量,限制了大圆草捆的室内贮藏及长距离运输,因此大圆草捆常在室外露天贮存并多数在产地自用,一般不做商品草出售。

许多作物都可以打成大圆草捆,如各类禾本科、豆科牧草及农作物秸秆,但对于干草的打捆还是禾本科干草更适宜,这是因为大圆捆机在捡拾及成形过程中会造成豆科干草大量落叶损失,而对禾本科干草造成的损失相对较小。

图 4-25　大圆草捆

(2)大圆草捆加工设备　加工大圆草捆的设备主要是大圆捆机,该机在田间行走过程中完成捡拾打捆作业。大圆捆机按工作原理分为内卷式和外卷式两种。内卷式大圆捆机可形成内外一致、比较紧密的草捆,这种草捆成形后贮放相当时间不易变形,但成捆后继续干燥较慢,因此打捆时牧草含水率应低些,以防草捆发热霉变。而外卷式大圆捆机可形成芯部疏松、外层紧密的草捆,这种草捆透气性好,后续干燥作用强,故可在牧草含水率稍高的情况下开始打捆,目前国产大圆捆机都属外卷式。大圆捆机较小方捆捡拾压捆机结构简单,维护操作较容易,捆绳需要量较少且对捆绳质量要求不高。

(3)大圆草捆加工技术　为保证大圆干草捆的质量,制作大圆草捆前牧草刈割晾晒要做到适时收割,尽快干燥,即牧草应在营养丰富、产量高的生长阶段进行刈割,割后牧草应创造条件使其尽快干燥,为此,豆科牧草最好在割的同时进行压扁,并且适当翻晒。大圆草捆打捆的适宜含水率依牧草种类、天气状况和贮存方式而定,通常适宜的含水量为 20%~25%。

(4)大圆草捆的堆垛、贮藏与使用　大圆草捆常露天存放,圆形有助于抵御雨水侵蚀及风吹。大圆草捆打捆后几天内,草捆外层可形成一防护壳阻止雨雪降入,因雨水会沿打捆物料的茎秆从圆捆表面流到地面而不是渗入。当草捆成形良好并较紧密的情况下,这层防护壳厚度不超过 7 ~ 15 厘米。为了减少底部腐烂,即使露天存放,大圆草捆最好从田间移到排水良好且离饲喂点较近的地方贮存。露天存放的损失依牧草种类、打捆湿度、草捆密度、贮存期长短及贮存期间的降水量而变化,其范围在 10% ~ 50% 或更多,良好的管理可将损失控制在 10% ~ 15%。

3. 草块(图 4 – 26)

(1)草块加工的好处 草块是由切碎或粉碎干草经压块机压制成的立方块状饲料。同草捆相比,由于草块不需捆扎,故装卸、贮藏、分发饲料时的开支减少,又因草块密度及堆积容重较高,贮存空间比草捆少 1/3,同时草块的饲喂损失比草捆低 10%,因此相对于草捆在运输、贮存、饲喂等方面更具优越性;与草颗粒相比,压块前由于不需将干草弄得很细碎,从而节约粉碎能耗。用优质牧草制成的草块,如苜蓿草块,极具商业价值,在草产业发达国家,如美国,生产的草块大多作为商品出售。

图 4 – 26 草块

(2)草块加工设备 田间压块采用自走式或牵引式压块机,机具在田间作业过程中,可一次完成干草捡拾、切碎、成块的全部工作。田间压块方式适用于天气状况极有利于牧草田间干燥的地区,即在这些地区,割倒牧草能在短时间内自然干燥到适宜压块的含水率,而且田间压块主要用于纯苜蓿草地或者苜蓿占 90% 以上的草地的牧草收获压块。

(3)草块加工技术 牧草压块分为田间压块和固定压块两种加工方式。间压块的工艺流程是,割倒晾晒好的含水率为 10% ~ 12% 的草条,由田间压

块机的捡拾器捡起的同时,经喷水嘴喷水,然后送到捡拾器后的搅龙中进行粉碎,压轮将牧草挤入并通过环模孔,便可形成5~7厘米的草块,压好的草块由输送器卸入拖车中,即完成田间压块的过程。用固定式压块机进行规模化压块生产较先进的工艺流程是先将原料干草运至粉碎区,将粉碎的干草进入计量箱,混入膨润土和水后卸入压块机,压好的草块在冷却器冷却一小时,由输送带送至草块堆垛机上,均匀堆贮。

(4)草块质量的影响因素

1)长度 草块的产品质量,可以通过控制草段的切碎长度来实现。若要得到短纤维、较紧密的草块,则可将牧草切碎些;若要得到长纤维、松散些的草块,则牧草的切段可长些。

2)含水率 生产压块饲料时,草块的密度、强度及营养价值高低,在很大程度上取决于所压制原料的含水率和温度,当压制含水率为12%以下的切碎牧草时,大部分草块会散碎。压制含水率为13%~17%的混合物料时,当压块时温度为40℃左右,制成的饲料块强度最大。

3)温度 当原料温度高于60℃,饲料块强度会迅速降低,因此用人工干燥碎草压块时,碎干草从烘干机中出来后,压块前应冷却一下。为了提高成块性,压块时常加入廉价的膨润土作为黏结剂,加入量大约在3%。

制成的草块可以堆贮或装袋贮存,一般压出草块经冷却后含水率可降至14%以下,能够安全存放。

二、鹅用青贮饲料安全生产技术

青贮饲料(图4-27)制作方法简便、成本小、不受气候和季节限制,饲草的营养价值可以保存长时间(多年)而不变,可满足鹅冬春季节(或全年)饲喂青绿饲料的需要。冬春季节青绿饲料缺乏时,可使用青贮饲料使鹅保持较高的生产性能和生产水平。青贮饲料适口性好,消化率高。青贮饲料能保持原料青绿时的鲜嫩汁液,且具有芳香的酸味,适口性好,保存的青饲料的营养成分,对鹅群的健康有利,经过一段时间适应后,鹅喜欢采食。一般可在鹅日粮中添加20%~50%的用量。

(一)青贮饲料的好处

青贮饲料与新鲜的青绿饲料相比,其干物质和营养价值略低,但同晒制干草相比,则有许多优点:第一,青贮饲料最大限度保持了青绿饲料的营养特性;第二,可以充分发挥高产饲料作物的潜力;第三,青贮饲料调制过程中干物质的损失比干草低;第四,青贮饲料能实现全年相对均衡地饲喂鹅,尤其是北方严重缺乏青绿饲料的冬春季节;第五,占用空间小,管理费用低,可长期保存。在贮存设施完好,例如塑料膜没破损、窖壁无漏缝等情况下,不开窖可以长期保存。

图4-27 青贮饲料

(二)饲料青贮的原理

利用乳酸菌对原料进行厌氧发酵,产生乳酸。当pH降到4.0左右时,包括乳酸菌在内的所有微生物停止活动,且原料养分不再继续分解或消耗,从而长期将原料保存下来。

(三)青贮饲料的发酵过程

青贮发酵由三个时期组成,分别是厌氧形成期、厌氧发酵期和稳定期。新制作的青贮饲料虽然已压实封严,但植物细胞的呼吸作用仍然进行,植株被切碎造成组织损伤释放出液体可使呼吸作用增强,在植物细胞中呼吸酶的作用下将组织中糖分进行氧化,并产生一定的热量,此时温度升高,随着呼吸作用的进行,青贮窖中不多的一些空气逐渐被消耗形成厌氧条件,这就是厌氧形成期,也可称为呼吸期,正常情况下2～3天完成。青贮发酵的第二个时期是厌氧发酵期,随着青贮窖内厌氧环境的形成,乳酸菌等厌氧菌迅速增殖,使pH迅速下降,在青贮后10～12天,pH达到4.0,饲料变酸。青贮发酵的第三个时期是青贮稳定期,生物化学变化相对稳定,青贮饲料在窖中可以长期保存。

(四)青贮饲料原料的选择

1. 原料的选择

适宜制作青贮的原料应具有以下条件:①有一定糖分。即水溶性碳水化合物,要求新鲜饲料中含量在2%以上。②较低的缓冲能力,即容易调制成酸性或碱性,因为缓冲力是指抗酸碱性变化的能力。③青饲料的干物质含量在20%以上,即原料的含水量要低于80%。④具有理想的物理结构,即容易切碎和压实。

这些条件是相互联系的,如某种原料的糖分含量达到要求,但原料的水分含量太高,调制的青贮料酸度就过高,水溶性养分损失多,青贮料质量不高。而在原料不具备某些条件时,可采取措施创造适宜条件。如原料含水量太高,则在田间晾晒蒸发一部分水分或添加一定量的低水分饲料。

2. 适于调制青贮的原料

适于调制青贮的原料大致可分为三类:①青饲玉米、高粱、大麦、青燕麦、小麦、黑麦、苏丹草和杂交高粱等。②农作物副产品,如收获后的玉米秸、红薯和马铃薯的藤蔓等。③野生植物,如青茅草、芦苇等。

(五)制作青贮饲料的方法

1. 青贮作物收获适期

原料的收割时期是影响青贮饲料质量的重要因素。随着牧草生育期走向成熟阶段,牧草干物质产量逐渐提高,而营养物质的消化率逐渐下降。一般豆科牧草在花蕾期至盛花期收割,禾本科牧草在抽穗期至乳熟期收割,全株玉米青贮的最佳收割期应选择在籽粒乳熟后期至蜡熟前期。

2. 调制青贮饲料前的准备工作

调制青贮饲料之前应做好原料、运输和粉碎机械、青贮窖或青贮设施及塑料膜、劳动力等物资和人员的准备工作。

(1)原料 根据饲养鹅的数量、种类,计算需要贮备的量。

(2)运输工具和机械设备 全部机械作业情况下,由玉米收割机在田间收割和切碎原料,由汽车将切碎的原料运送至青贮窖;在一部分机械、一部分人工作业条件下,通常将地里收割的青玉米,用车运送至青贮窖旁,再由青饲料粉碎机切碎,风送至窖内。由于每一窖青贮要求在2~3天内完成,首先,要准备足够的运输车,从青玉米地向青贮窖运送原料;第二,是准备足够的、效率高的粉碎机械;第三,准备好机械维修人员与易损零配件。这样才能保证青贮调制过程连续作业。

(3)劳动力 除运输车辆的司机外,每台粉碎机械视机器大小配备人员,其他还需有搬运、窖内平整人员,小型青贮窖由人工踩紧,大型青贮窖用履带式拖拉机镇压,边角用人力补一补。因此,要依机械化程度组织所需劳动力,以便每窖能及时封顶。

（4）覆盖用塑料膜　要求厚度0.12毫米以上，有较好的延伸性与气密性，黑色膜有利于保护青饲料中的维生素等营养成分，多用来覆盖。土造窖还需用塑料薄膜垫底。

3. 青贮设施

青贮设施是用于保存青贮饲料不透空气或厌氧结构的设备，青贮设施的建筑与设计依各地经济条件、环境条件、鹅场规模的不同，分别采取以下不同形式。

（1）青贮壕（图4-28）　分两种形式，一为壕沟式，在山坡或土丘挖一个长条形沟，依地下水位情况，沟深2～3米，宽与长度依原料多少而定，沟壁和底部要求平整，上口比底略宽，沟的一端或两端有斜坡连接地面，如果直接使用，壁和底应铺垫塑料膜，最好砌砖石，水泥抹平；装填青贮料时汽车或拖拉机可从一头开进至另一头开出；此法人工或机械作业方便，造价低，能适应不同生产规模；但要求地面排水良好。另一种箱板式，适于建立在地势平坦、石头地面或各种不宜挖沟的地方，两侧为钢筋水泥预制板块，可以拼接，外面用柱子顶住，板块略向外倾斜，使上口比底大，使用时内壁衬贴塑料膜，此种结构是青贮壕的发展，也可称作地面青贮堆，便于机械作业，建设地点灵活，可以搬迁。

图4-28　青贮壕

（2）青贮坑（窖）（图4-29）　我国北方地区常用此形式，选择地势高燥、临近道路的地点建设，分地上式、地下式和半地下式，多采用长方形，永久性的青贮坑可用砖石砌，水泥抹平，一端留有斜坡，以便取料时进出方便；半地下式建在地下水位较高的地区，不宜挖得太深，砌墙时高出地面1米左右，墙外仍须堆土加固，若机械作业，青贮窖宽3米以上，深度2～4米，长度依地形和贮

存原料多少而定。

图 4-29　青贮窖

（3）青贮塔（图 4-30）　畜牧业发达的国家把青贮塔看作是常规的青贮设施,青贮塔是直立的地上建筑物,呈圆形,类似瞭望塔,这是一种永久性设施,结构上必须能承受装满饲料后青贮塔内部形成的巨大压力,内壁要求平滑,饲料能顺利自然下沉。外壳用金属材料,内为水泥预制件衬里,也有用搪瓷材料的,上有防雨顶盖,塔的大小不定,通常直径 3~6 米,高 12~14 米,取用装填青贮料均用机械作业,贮存损失小,使用期长,占地相对较少,寒冷天气等不良气候条件下,取用方便是它的优点。主要问题是投资高,构造比较复杂,附属设施较多,制造工艺水平要求高,国内除东北部分地区外极少采用。

图 4-30　青贮塔

（4）青贮袋（图 4-31）　袋装青贮技术的出现,使青贮饲料的使用进一步扩大,但成功的使用必须与相应的机械结合,塑料袋的原材料厚度 0.15~0.2 毫米,深色,有较强的抗拉力,气密性好,存放场地要防止鼠虫危害。

图 4 - 31　青贮袋

（5）草捆青贮（图 4 - 32）　主要适用于牧草,将收割的青牧草用机械压制成圆形紧实的草捆,装入塑料袋并扎紧袋口便可存放,或由缠绕机用薄膜将草捆缠绕紧实。其他要求与青贮袋相同。

图 4 - 32　草捆青贮

4. 青贮饲料的调制步骤

含水量 40% ~80% 的青绿植物原料均可调制成青贮饲料,由于原料含水率是影响青贮料质量的重要因素,为便于指导生产,依原料含水率高低将青贮饲料分为三类:含水量 70% 以上的为高水分青贮,含水量 60% ~70% 称萎蔫青贮,含水量 40% ~60% 叫半干青贮。我国养鹅生产中应用较多的是高水分青贮。

（1）要调节好原料的含水率　青贮料质量与原料含水率关系很大,含水率太高,调制的青贮酸度大,开窖后极易变质腐烂;含水率太低,即原料太干不易压紧,容易长霉,优质青贮一般要求含水量 60% ~75%。当原料水分含量太高时,可采取晾干法,利用晴天收割饲料摊晾在田间半天或一天,至含水率合适时收回青贮。

（2）调节原料的含糖量　即水溶性碳水化合物的含量。据测定乳熟期—

蜡熟期收割的玉米和高粱植株等含糖量较高,干物质中含量在16%~20%。青大麦、黑麦草、苏丹草等禾本科牧草也能达到青贮的要求,而豆科牧草含糖量较低,干物质中含量9%~11%,不宜单独青贮。对于糖分含量低的原料的调节方法,一是降低原料含水量,使糖分含量的相对浓度提高;二是直接加一定量的糖蜜;三是与含糖分高的饲料混合青贮。

(3)切短(图4-33) 青贮原料切短是为了压得紧实,为了最大限度地排除窖内的空气,给乳酸菌发酵创造条件。青饲料切得短,汁液流出多,为乳酸菌提供营养,以便尽快实现乳酸发酵,减少原料养分的损耗。一般要求粗硬的原料、含水量较低的原料切得短些,如玉米,建议6.5~13毫米;含水量较高、较细软的牧草可切得长一些,建议10~25毫米。原料的切碎,常使用青贮联合收割机、青贮料切碎机、饲料揉切机或滚筒式铡草机。根据原料的不同,把机器调节到粗切和细切的部位。

(4)装填 青贮原料应随切碎随装填,原料切碎机最好设置在青贮设备旁边,尽量避免切碎原料的曝晒。青贮原料的填装,既要快速,又要压实。

青贮原料装填之前,要对青贮设施清扫、消毒;可在青贮窖或青贮壕底,铺一层10~15厘米厚的切短秸秆或软草,以便吸收青贮汁液。窖壁四周铺一层塑料薄膜,以加强密封性,避免漏气和渗水。一旦开始装填,应尽快装填完毕,以避免原料在装满和密封之前腐败。一般说来,一个青贮设施,要在2~5天装满。装填时间越短越好。

图4-33 切短、装填

(5)压实(图4-34) 无论是青贮窖或坑,压得越实越易形成厌氧环境,越有利于乳酸菌活动和繁殖,是保证青贮料质量的关键。大约每装填30厘米厚,压实一遍;装入青贮壕时可酌情分成几段,顺序装填,边装填边压实。注意不遗漏边角地方。压实过程中,不要带进泥土、油垢和铁钉、铁丝等,以免污染青贮原料。

图 4 - 34 压实

（6）密封（图 4 - 35） 快装、封严也是得到优质青贮料的关键。制作青贮时，尽快装满封窖，及时密封和覆盖，目的是造成设备内的厌氧状态，抑制好氧菌的发酵。一般应将原料装至高出窖面 1 米左右，在原料的上面盖一层10 ~ 20 厘米切短的秸秆或牧草，覆上塑料薄膜后，再覆上 30 ~ 50 厘米的土，踩踏成馒头形或屋脊形，以免雨水流入窖内。

图 4 - 35 密封

（7）后期管理 在封严覆土后，要注意后期管理，要在四周挖好排水沟，防止雨水渗入；要注意鼠害，发现老鼠盗洞要及时填补。杜绝透气并防止雨水渗入。最好能在青贮窖、青贮壕或青贮堆周围设置围栏，以防牲畜践踏，踩破覆盖物。一般经过 30 ~ 60 天，就可开窖使用。

5. 青贮饲料的使用

（1）青贮饲料的取用 青贮饲料一般在调制后 30 天左右，即可开窖取用，开窖面不要过大，随吃随开，分层取用，每天挖取暴露表面层厚度在 30 厘米以上，最好能使挖后的表面整齐，如果用钉齿耙挖取，力求保持表面齐整，不

可乱挖以防弄松后留大量空气进入窖内引起败坏。使用时拣出霉变饲料,取后密封,防止氧化变质。

(2)喂法　青贮料适口性好,但多汁轻泻,应与干草、秸秆和精料搭配使用。开始饲喂时,要有一个适应过程,喂量由少到多逐渐增加。

(3)饲喂量　生产中可根据鹅不同饲养阶段调整青贮饲料的用量,一般青贮饲料、青干草、新鲜牧草等搭配喂养占鹅日粮 20% ~ 50%,精饲料占 50% ~ 80%。推荐喂养方法(日龄越小的鹅,精饲料占比例越大)如下:

精饲料 80% + 青贮饲料 10% + 青干草(或新鲜牧草)10% + 碳酸氢钠粉 0.5%

精饲料 70% + 青贮饲料 15% + 青干草(或新鲜牧草)15% + 碳酸氢钠粉 0.5%

精饲料 60% + 青贮饲料 20% + 青干草(或新鲜牧草)20% + 碳酸氢钠粉 0.5%

精饲料 50% + 青贮饲料 20% + 青干草(或新鲜牧草)30% + 碳酸氢钠粉 0.4%

其中精饲料,则可以参考以下配方:

配方一:蛋白质含量 12% 的精饲料配方:玉米粗粉或压片玉米(或谷粉)62%、豆粕 10%、小麦粗粉 15%、麦麸或米糠 10%、磷酸氢钙 1%、骨粉 1%、多维和矿物质预混料 1%、食盐 0.3%、碳酸氢钠 1%。

配方二:蛋白质含量 15% 的精饲料配方:玉米粗粉或压片玉米(或谷粉)48%、麦麸或米糠 10%、棉粕 10%、小麦粗粉 11%、豆粕 18%、磷酸氢钙 1%、骨粉 1%、多维和矿物质预混料 1%、食盐 0.3%、碳酸氢钠 1%。

配方三:蛋白质含量 18% 的精饲料配方:玉米粗粉或压片玉米(或谷粉)44%、麦麸或米糠 10%、棉粕 5%、小麦粗粉 15%、豆粕 23%、磷酸氢钙 1%、骨粉 1%、多维和矿物质预混料 1%、食盐 0.3%、碳酸氢钠 1%。

配方四:玉米粗粉 40% ~ 60%、小麦麸 10% ~ 20%、豆粕 8% ~ 20%、棉粕 8% ~ 25%、菜粕 3% ~ 6%、小麦 10% ~ 15%、预混料 1%、食盐 0.3%、磷酸氢钙或骨粉 2%、强微 99 生酵剂 0.025%、碳酸氢钠 1%。

6. 青贮料品质鉴定

青贮料品质优劣,随原料和调制技术好坏而变化,往往优劣相差悬殊。几种青贮料营养成分见表 4 - 49。启用时应做评定,最简单的是做感官鉴定,在必要时才进一步做实验室鉴定。

表4-49　几种青贮料营养成分

	苜蓿青贮	全株玉米青贮	燕麦草青贮	黑麦草青贮	甘薯茎叶青贮	马铃薯茎叶青贮
干物质(%)	28.3	23.2	32.4	27.6	2.1	14.8
粗灰分(%)	2.6	1.4	2.7	2.2	1.4	2.8
粗纤维(%)	9.1	5.9	11.5	10.2	3.5	3.4
粗脂肪(%)	0.9	0.8	1.0	0.9	0.5	0.5
无氮浸出物(%)	10.5	14.1	14.3	11.5	5.1	5.7
粗蛋白质(%)	5.1	2.0	2.9	2.9	1.6	2.3
消化粗蛋白质(牛)	3.4	0.9	1.6	1.6	1.0	1.5
消化能(牛)(兆焦/千克)	0.70	0.72	0.84	0.68	0.28	0.38
总消化养分(牛)(%)	15.9	16.3	19.0	15.3	6.3	8.7
钙(%)	0.40					0.3
磷(%)	0.10					0.30
胡萝卜素(毫克/千克)	34.4	11.0				

(1)感官鉴定　青贮料感官鉴定是从颜色、气味和质地等方面来鉴定。

颜色:因原料与调制方法不同而有差异。青贮料的颜色越近似于原料颜色,则说明青贮过程是好的。品质良好的青贮料,颜色呈黄绿色;中等呈黄褐色或褐绿色;劣等的为褐色或黑色。

气味:正常青贮有一种酸香味,略带水果香味者为佳。凡有刺鼻的酸味,则表示含有醋酸较多,品质较次。霉烂腐败并带有丁酸味(臭)者为劣等,不宜饲喂。换言之,酸而喜闻者为上等,酸而刺鼻者为中等,臭而难闻者为劣等。

质地:品质好的青贮料在窖里压得非常紧实,拿到手里却是松散柔软,略带潮湿,不粘手,茎、叶、花仍能辨认清楚。若结成一团,发黏,分不清原有结构或过于干硬,都为劣等青贮料。

(2)实验室鉴定　青贮料实验室鉴定的项目,可根据需要而定。一般鉴定时,首先测定 pH、氨量、微生物种类及数量,进一步测定其各种有机酸和营养成分的含量。

pH 在 4.0~4.5 为上等,4.5~5.0 为中等,5.0 以上为劣等。正常青贮料中蛋白质仅分解到氨基酸。如有氨存在,表示已有腐败过程。

第五章　鹅群安全生产管理技术

　　鹅的繁殖率低于鸡和鸭,种鹅的品质和生产性能直接关系到鹅产品的数量和质量,只有养好种鹅,才能获得大量优质的种蛋、鹅苗,保证养鹅有高的产出和高的收益,因此,种鹅的饲养管理是养鹅的关键。我国是鹅种资源最丰富的国家,但缺乏对其进行系统的研究、选育和提高,长期以来都是小规模分散饲养种鹅,自然孵化。近年来随着鹅产品开发和养鹅经济效益的提高,规模化的种鹅场不断涌现,对种鹅的饲料营养研究、疾病预防、日常管理研究进一步深入。生产中常常把种鹅饲养划分为育雏期、后备期、产蛋期和休产期等几个阶段,各阶段在饲养管理上有不同的要求。

第一节　雏鹅安全生产技术

一、雏鹅的生理特点

雏鹅一般是指从出壳到 28 日龄的小鹅(图 5 - 1)。雏鹅的生理特点是生长发育快,消化道容积小,消化能力不强,体温调节机能尚未完全,对外界温度的变化适应力很弱,并且抗病力差。所以鹅育雏阶段的饲养管理将直接影响雏鹅的生长发育及其成活率,继而影响中鹅和种鹅的生产性能。

图 5 - 1　雏鹅

1. 体温调节机能较差

刚出壳的雏鹅,全身覆盖着柔软和稀薄的初生羽绒,保温性能较差。而且雏鹅体质娇嫩,自身体温调节机能差。因此,育雏阶段还不能适应外界环境的温度变化,必须在育雏室中精心管理,避免忽冷忽热。随着羽毛的生长和脱换,体温调节能力逐渐增强,5～7 天的雏鹅可以考虑进行适当的室外活动,根据气候条件不同,10～20 天即可脱温。

2. 生长速度快

雏鹅生长迅速,新陈代谢旺盛。中型鹅种如四川白鹅在放牧饲养条件下,2 周龄体重是初生重的 4.5 倍,6 周龄为 20 倍,8 周龄为 32 倍。大型鹅种具有更快的早期生长速度。饲料要保证足够的营养,同时要注意房舍的通风换气,保证氧气的供应。

3. 消化吸收能力差

雏鹅消化道短,而且比较柔弱,消化机能不够健全,必须保证饲料的营养水平,精心饲喂,才能保证营养需要。饲料中的粗纤维含量要控制在 5% 以下,青绿饲料要精心挑选,选择柔软、品质好、适口性好的牧草或野草,并要切碎后饲喂。

二、雏鹅标准化管理技术

雏鹅培育的成功与否,不仅影响到幼鹅的生长发育,还关系到成鹅的生产能力。因此,根据雏鹅的生长发育规律,针对雏鹅的生理特点和要求进行精心饲养、正确管理,以确保育雏的饲养效率,提高雏鹅的成活率。

(一)育雏方式

1. 地面平养(图5-2)

鹅的育雏方式主要以地面垫料平养为主,育雏室要求保温性能好。早春季节和寒冷的冬季育雏要有加温保暖设施,以保证育雏室内有高而均匀的温度,避免忽冷忽热,满足雏鹅保暖的要求。对垫料的要求:应柔软没有尖锐物,防止划伤雏鹅皮肤,通风透气吸水性好,不易霉变,预防雏鹅发病。常用的垫料有锯屑、稻壳、稻草、麦秸等。地面平养采用的加温方式比较多,常用的有火炉和地上火龙加热,供暖效果比较好,育雏的数量比较多。地面平养要控制好垫料潮湿度,经常更换垫料,若湿度大,容易诱发各种细菌病,影响育雏质量。

图5-2 地面平养育雏

在北方农村可以结合火炕进行平面育雏。炕面与地面平行或稍高于地面,方便操作。另外要设置生火间,保证舍内卫生。火炕育雏鹅接触的是温暖的炕面,温度均衡,感觉舒适。炕面的温度利用生火的大小和时间的长短来控制。火炕育雏运行成本低,育雏效果好,应推广使用。

2. 网上平养(图5-3)

有条件的饲养者,最好进行网上平养育雏,使雏鹅与粪便彻底隔离,减少疾病的发生,同时还可增加饲养密度。网的高度以距地面60~70厘米为宜,便于加料加水。网的材料为铁丝网或竹板条,网眼大小1.25厘米×1.25厘米,网眼不能太大,尤其是前一周,网眼太大容易绊住鹅腿,导致雏鹅压堆伤亡。

网上平养常用火炉加温,运行成本较低,适合大多数饲养户采用。网上平养主要控制好饲养密度,若密度过大容易引起湿度大,羽毛潮湿,易导致鹅苗啄毛现象。网上育雏可节省垫料,粪便直接落于网下,雏鹅不接触粪便和地面,减少了白痢、球虫及其他疾病的传播机会,降低了发病率,育雏率较高。饲养密度可比地面平养增加50%~70%。

图5-3 网上平养育雏

3. 自温育雏(图5-4)

此种育雏方式一般农户散养比较常见,在养鹅数量较少时用得比较普遍,不适合小规模以上的养殖场(户)。育雏室中可以不设垫料,而是准备直径在75厘米左右竹箩筐(竹篮),箩筐底铺设柔软干燥垫草(如稻草),筐上用小棉罩遮盖,将雏鹅放在箩筐内利用自身产生的热量来保持育雏温度。这种育雏不需加温设备,因此称自温育雏。也可以在地面用50厘米高的竹围围成直径1米左右的小栏,栏内铺设垫草进行自温育雏,每栏饲养20~30只雏鹅。自温育雏要求舍内温度保持在15℃以上,如果舍温低于15℃,可以在雏鹅箩筐或围栏中放置装有热水的保暖塑料袋,用布条或棉纱包裹防止刺穿塑料袋导致漏水,可以有效提高育雏温度和育雏效果。

图5-4 自温育雏

（二）育雏条件

合理的育雏条件是保证雏鹅健康成长的前提。育雏条件主要包括温度、湿度、通风、光照和饲养密度等。

1. 温度

温度是育雏鹅的首要条件。温度与雏鹅的体温调节、运动、采食、饮水以及饲料的消化吸收密切相关。雏鹅自身调节体温的能力较差，在饲养过程中必须保证均衡的温度。保温期的长短，因品种、气温、日龄和雏鹅的强弱而异，一般需保温 2～3 周，北方或冬春季保温期稍长，南方或夏、秋季节可适当缩短保温期。适宜的育雏温度是 1～5 日龄时为 27～28℃，6～10 日龄时为 25～26℃，11～15 日龄时为 22～24℃，16～20 日龄时为 20～22℃，20 日龄以后为15～18℃。

生产中具体的温度调节应通过不断观察雏鹅的表现来进行。当雏鹅挤到一块（打堆），绒毛直立，躯体蜷缩，发出"叽叽"叫声，采食量下降，属温度偏低的表现；如果雏鹅表现张口呼吸，远离热源，分散到育雏舍的四周，特别是门、窗附近，饮水增加，说明温度偏高；在正常适宜温度下，雏鹅均匀分布，静卧休息或有规律地采食饮水，食欲旺盛，间隔 10～15 分运动 1 次，呼吸平和，睡眠安静。育雏室加温的设施主要有火炕加温、火炉加温、育雏伞加温、红外线灯加温，各生产场应根据实际情况选择一种或几种并用。

2. 湿度

鹅属于水禽，但干燥的舍内环境对雏鹅的生长发育和疾病预防至关重要。地面垫料育雏时，一定要做好垫料的管理工作，防止垫料潮湿、发霉。在高温、高湿时，雏鹅体热散发不出去，容易引起"出汗"，食欲减少，抗病力下降，病原微生物大量繁殖；在低温、高湿时雏鹅体热散失加快，容易患感冒等呼吸道疾病和拉稀等消化道炎症。育雏室相对湿度一般要求维持在 60%～65%，为了防止湿度过大，饮水器加水不要太满，而且要放置平稳，避免饮水外溢，对潮湿垫料要及时更换。育雏舍窗户不要长时间关闭，要注意通风换气，降低舍内湿度。

3. 通风

雏鹅新陈代谢旺盛，除了要保证饲料和饮水外，还要保证有新鲜空气的供应。同时雏鹅要排出大量的二氧化碳，鹅排泄的粪便、垫料发酵也会产生大量的氨气和硫化氢气体。因此，必须对雏鹅舍进行通风换气。夏、秋季节，通风换气工作比较容易进行，打开门窗即可完成。冬、春季节，通风换气和室内保温容易发生矛盾。在通风前，首先要使舍内温度升高 2～3℃，然后逐渐打开

门窗或换气扇,避免冷空气直接吹到鹅体。通风时间多安排在中午前后,避开早晚时间。鹅舍中氨气的浓度应控制在 20 毫克/千克以下,硫化氢浓度 10 毫克/千克以下,二氧化碳浓度控制在 0.5% 以下。

4. 光照

育雏期间,一般要保持较长的光照时间,有利于雏鹅熟悉环境,增加运动,便于雏鹅采食、饮水,以满足生长的营养需求。1~3 日龄 24 小时光照,4~15 日龄 18 小时光照,16 日龄后逐渐减为自然光照,但晚上需开灯加喂饲料。光照强度,0~7 日龄每 15 米^2 用 1 只 40 瓦灯泡,8~14 日龄换用 25 瓦灯泡。高度距鹅背部 2 米左右。太阳光能提高鹅的生活力,增进食欲,有利于骨骼的生长发育。5~10 日龄起可以逐渐增加室外活动时间,增强体质。

5. 饲养密度

一般雏鹅平面饲养时的密度为:1~2 周龄 15~20 只/米^2,3 周龄 8 只/米^2,4 周龄 5 只/米^2,随着日龄的增加,密度也逐渐减少。饲养密度过小,不利于保温,同时造成空间浪费;饲养密度过大,生长发育受到影响,表现群体平均体重下降,均匀度下降,出现啄羽、啄趾等恶习。

(三)育雏舍及设备用具的准备

1. 育雏舍的检修

首先根据进雏数量计算出育雏舍的面积,对舍内照明、通风、保温和加温设施进行检修。还要查看门窗、地板、墙壁等是否完好无损,如有破损要及时修补。舍内要灭鼠并堵塞鼠洞。

2. 清扫与消毒

进雏前要对育雏舍彻底清扫和消毒,将打扫干净的育雏舍用高压水冲洗地板、墙壁,晾干后铺上垫料,饲喂饮水器械放入后进行熏蒸消毒(1 米^3 空间用福尔马林 42 毫升,高锰酸钾 21 克。把高锰酸钾放在瓷盘中,再倒入福尔马林溶液,立即有烟雾产生,密闭门窗,经过 24~48 小时熏蒸后,打开门窗,彻底通风)。如果是老棚舍,在熏蒸前地面和墙壁先用 5% 来苏儿溶液喷洒一遍。

3. 育雏设备、用品准备

育雏保温设备有育雏伞、红外线灯、火炉、火炕、箩筐、竹围栏等,饲喂设备有开食盘、料桶、料盆、水盆等,应根据育雏数量合理配置。育雏用品有饲料(青绿饲料、精饲料)、塑料布、垫料、药品和疫苗等。

4. 预热

消毒好的育雏舍经过 1~2 天的预热,使室内温度达 30℃,即可进行育雏。火炕育雏生火加温后,应检查炕面是否漏烟,测定炕面温度是否均匀和达到育雏温度。育雏伞下温度的高低是否达到要求。火炉加温后,舍内各点温度是否均衡,避免忽冷忽热。

(四)雏鹅的选择

健壮的雏鹅是保证育雏成活率的前提条件,对留种雏鹅更应该进行严格选择。引进的品种必须优良,并要求雏体健康。健康的雏鹅外观表现绒毛粗长、有光泽、无黏毛;卵黄吸收好,脐部收缩完全,没有脐钉,脐部周围没有血斑、水肿和炎症;手握雏鹅,挣扎有力,腹部柔软有弹性,鸣声大;体重符合品种要求,群体整齐。小鹅瘟是雏鹅阶段危害最严重的传染病,在疫区,种鹅开产前1个月要接种小鹅瘟疫苗,以保证雏鹅1个月内不发生小鹅瘟。如种鹅没有接种疫苗,雏鹅要注射小鹅瘟高免血清或卵黄。畸形鹅见图5-5。

图5-5　畸形鹅

(五)雏鹅的运输

雏鹅出壳后最好能在12小时内到达目的地。运输雏鹅的工具为纸箱或竹筐。纸箱尺寸为120厘米×60厘米×20厘米(长×宽×高),内分4格,每格装20只雏鹅。纸箱四周应留有通风孔,便于进行通风换气。运雏竹筐直径为100~120厘米,每筐装雏鹅80~100只。运雏过程中应防止震荡,平稳运输,长途运输火车是首选,但不能直接送到鹅场。汽车运输灵活、方便,可直接运送到目的地,但要求司机责任心强,中速行使,避免突然加速或紧急刹车。

冬季和早春运输时要注意保温,要有覆盖物,防止雏鹅受寒,并且要随时检查,防止闷死。高温期间运输要防止日晒、雨淋,最好用带顶棚的车辆。运输过程中不需要饲喂,但长途运输尤其是夏季要让鹅饮水,避免发生脱水现象。

雏鹅安置:雏鹅运到育雏室后,按照每个小圈的大小,放置适当数量的雏鹅。注意根据雏鹅的性别、出壳时间的早晚、体重大小等分小圈放置。

(六)潮口与开食

1. 潮口(图5-6)

雏鹅开食前要先饮水,第一次下水运动与饮水称为潮口。雏鹅出壳后24小时左右,即可潮口。一般在水盆中进行,将30℃左右温开水放入盆中,深度3厘米左右,把雏鹅放入水盆中,把个别雏鹅喙浸入水中,让其喝水,反复几次,全群模仿即可学会饮水。夏季天气晴朗,潮口也可在小溪中进行,把雏鹅放在竹篮内,一起浸入水中,只浸到雏鹅脚,不要浸湿绒毛。雏鹅第一次饮水,掌握在3~5分。在饮水中加入0.05%高锰酸钾,可以起到消毒和预防肠道疾病的作用,一般用2~3天即可。长途运输后的雏鹅,为了迅速恢复体力,提高成活率,可以在饮水中加入5%葡萄糖,还可按比例加入速溶多维和口服补液盐。

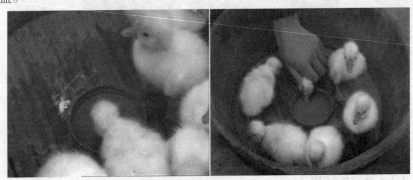

图5-6 潮口

2. 开食

雏鹅开食时间一般在出壳后24~30小时为宜,保证雏鹅初次采食有旺盛的食欲。开食料一般用黏性较小的籼米,把米煮成外熟里不熟的"夹生饭",用清水淋过,使饭粒松散,吃时不黏嘴。最好掺一些切成细丝状的青菜叶,如莴笋、油菜叶等。开食不要用料槽或料盘,直接撒在塑料布或席子上,便于全群同时采食到饲料。第一次喂食不要求雏鹅吃饱,吃到半饱即可,时间为5~7分。过2~3小时后,再用同样的方法调教采食,等所有雏鹅学会采食后,改

用食槽、料盘喂料。一般从 3 日龄开始,用全价饲料饲喂,并加喂青饲料。为便于采食,精料可适当加水拌湿。

(七)雏鹅的饲喂与管理

雏鹅的管理要做好以下几方面的工作:

1. 合理饲喂,保证营养

雏鹅阶段消化器官的功能没有发育完全,因此要饲喂营养丰富、易于消化的全价配合饲料,另需优质的青饲料(图 5 - 7),不要只喂单一原料的饲料和营养不全的饲料。饲喂时要先精后青,少吃多餐。2 ~ 3 日龄雏鹅,每天喂 6次,日粮中精料占 50%;4 ~ 10 日龄时,消化力和采食力增加,每天饲喂 8 ~ 9次,日粮中精料占 30%;11 ~ 20 日龄,以食青料为主,开始放牧,每天饲喂 5 ~6 次,日粮中精料占 10% ~ 20%;21 ~ 28 日龄,放牧时间延长,每天喂 3 ~ 4次,精料占日粮 7% ~ 8%,逐渐过渡到早晚各补 1 次。雏鹅精料中粗蛋白质控制在 20% 左右,代谢能为 11.7 兆焦/千克,钙含量为 1.2%,磷含量为0.7%。另外,注意添加食盐、微量元素和维生素添加剂。

图 5 - 7　雏鹅喂青绿饲料

2. 及时分群、合理调整饲养密度

雏鹅刚开始饲养,饲养密度较大,1 米² 饲养 30 ~ 40 只,而且群体也较大,300 ~ 400 只/群。随着雏鹅不断长大,要进行及时合理的分群,减少群体数量,降低饲养密度,这是保证雏鹅健康生长、维持高的育雏成活率、提高均匀度的重要措施。

分群时按个体大小、体质强弱来进行,这样便于对个体较小、体质较弱的雏鹅加强饲养管理,使育雏结束时雏鹅的体重能达到平均水平。第一次分群在 10 日龄时进行,每群数量 150～180 只;第二次分群在 20 日龄时进行,每群数量 80～100 只;育雏结束时,按公母不同性别分栏饲养。在日常管理中,发现残、瘫、过小、瘦弱、食欲不振、行动迟缓者,应早做隔离饲养、治疗或淘汰处理。

3. 适时放牧(图 5-8)

放牧能使雏鹅提早适应外界环境,促进新陈代谢,增强抗病力,提高经济效益。一般放牧日龄应根据季节、气候特点而定。天暖的夏季,出壳后 5～6 天即可放牧;天冷的冬、春季节,要推迟到 15～20 天后放牧。刚开始放牧应选择无风晴天的中午,把鹅赶到棚舍附近的草地上放牧 20～30 分。以后放牧时间由短到长,牧地由近到远。每天上、下午各放牧 1 次,中午赶回舍中休息。上午出放要等到露水干后进行,以上午 8～10 点为好;下午要避开烈日暴晒,在下午 3～5 点进行。雏鹅抵抗力相对弱,放牧应避开寒冷大风天和阴雨天。雏鹅饲养到 4 周龄羽毛长出后才可下水活动,应选择晴天,将鹅群赶到水边戏水,逐渐适应水中生活。

图 5-8　雏鹅放牧

4. 做好疫病预防工作

雏鹅时期是鹅最容易患病的阶段,只有做好综合预防工作,才能保证高的成活率。

(1)隔离饲养　雏鹅应隔离饲养,不能与成年鹅和外来人员接触,育雏舍门口设消毒间和消毒池。定期对雏鹅、鹅舍及用具用百毒杀等药物进行喷雾消毒。

(2)接种疫苗　小鹅瘟是雏鹅阶段危害最严重的传染病,常常造成雏鹅的大批死亡。购进的雏鹅,首先要确定种鹅是否用过小鹅瘟疫苗免疫。种鹅

在开产前 1 个月接种,可保证半年内所产种蛋含有母源抗体,孵出的小鹅不会得小鹅瘟。如果种鹅未接种,雏鹅可在 3 日龄皮下注射 10 倍稀释的小鹅瘟疫苗 0.2 毫升,1~2 周后再接种 1 次;也可不接种疫苗,对刚出壳的雏鹅注射高免血清 0.5 毫升或高免蛋黄 1 毫升。还要注意预防鹅副黏病毒病,鹅新型病毒性肠炎。

(3)饲料中添加药物防病 ①土霉素片(每片 50 万单位)拌料,每片拌 500 克,可预防雏鹅腹泻。②饲料中添加 0.05% 磺胺喹噁啉,预防禽出败发生。③发现少数雏鹅腹泻,使用硫酸庆大霉素片剂或针剂,口服 1 万~2 万国际单位/只,每天 2 次。④雏鹅感冒,用青霉素 3 万~5 万国际单位肌内注射,每天 2 次,连用 2~3 天,同时口服磺胺嘧啶,首次 1/2 片(0.25 克),以后每隔 8 小时服 1/4 片,连用 2~4 天。

(4)防御敌害 育雏初期,雏鹅无防御和逃避敌害的能力。鼠害是雏鹅最危险的敌害,因此对育雏室的墙角、门窗要仔细检查,堵塞鼠洞。农村还要防御黄鼠狼、猫、狗、蛇等,夜间应加倍警惕,并采取有效的防卫措施。

第二节 育成鹅及肉仔鹅安全生产技术

一、育成鹅的生理特点

育成鹅也叫青年鹅,是指雏鹅长到 4 周龄以上,选留为产蛋鹅或者转入育肥前这段时间的鹅。青年鹅的生长特点是吃的食物较多,消化能力和对外界环境的适应能力以及抵抗疾病的能力都有所增强。该阶段也是鹅骨骼、肌肉和羽毛生长非常快的阶段,并且能够大量以青草、野菜为食,因此这段时间应加强对青年鹅的饲养和管理。

1. 体温调节功能逐渐完善

雏鹅生后期 28~56 日龄,雏羽开始在鹅全身密集地生长发育,至生后期 50 日龄,鹅全身将覆盖雏羽,但是这些雏羽并没有完全成熟。到 60 日龄时,鹅腹部羽毛就已经成熟,到了 77 日龄,鹅背中部的羽毛也最终成熟,这时鹅全身羽毛完全成熟。随着羽毛的生长和脱换,同时神经系统发育和功能的完善,鹅自身体温调节能力逐渐增强。

2. 生长速度快

青年鹅生长迅速,新陈代谢旺盛。中型鹅种如四川白鹅在放牧饲养条件下,6 周龄体重是初生体重的 20 倍,到 8 周龄时是初生体重的 32 倍。大型鹅种具有更快的生长速度。

3. 采食量大,消化吸收能力差

青年鹅活动量大,食欲旺盛。消化道发育逐渐完善,肌胃的机械消化能力比较强,小肠对非粗纤维成分的化学性消化及盲肠对粗纤维的微生物消化功能逐渐提高。

4. 抗病能力逐渐提高

青年鹅活动量大,体质健壮,羽毛逐渐发育完善,对外界的不良环境条件刺激适应能力加强。

5. 体格发育快

青年鹅阶段是骨骼、肌肉发育最快的时期,因此可根据鹅的用途采取合理的饲养管理,以提高养鹅的综合经济效益。

二、育成鹅标准化管理技术

育成鹅是指从 1 月龄到开始产蛋这一阶段的留种用鹅,也称为青年鹅或后备种鹅。种鹅的后备期时间较长,在生产中又分为 30～70 日龄、71～100 日龄、101 日龄至开产前 30 天之前、开产前 1 个月等 4 个时期。每一时期应根据种鹅的生理特点不同,进行合理的饲养管理。

(一)30～70 日龄鹅的饲养管理

这一阶段的鹅又称为中雏鹅或青年鹅。中雏鹅在生理上有了明显的变化,消化道的容积明显增大,消化能力逐渐增强,对外界环境的适应性和抵抗力大大加强。这一阶段是骨骼、肌肉、羽毛生长最快的时期。饲养管理上要充分利用放牧条件,节约精料,锻炼其消化青绿饲料和粗纤维的能力,提高适应外界环境的能力,满足快速生长的营养需要。

1. 饲养方式

(1)放牧饲养　中雏鹅以放牧为主要的饲养方式,有草地条件的地方应积极推行放牧饲养。在广大农区草地资源有限的情况下,可采用放牧与舍饲相结合的饲养方式。

(2)关棚饲养　主要用于大规模、集约化饲养,喂给全价配合饲料,饲养成本较高,但是便于管理,可以发挥规模效益。在饲养冬鹅时,由于气候原因,也可采用关棚饲养。

2. 放牧管理

中雏鹅的放牧管理是养好后备鹅的关键。放牧可使鹅群获得充足的青绿饲料,减少精料用量,降低饲养成本。放牧鹅群的采食习性是缓慢行走,边走边食,吃一顿青草后,就地找水源饮水,饮水后休息一阵,然后再行走采食青草。放牧时一定要按鹅群"采食—饮水—休息"这一习性,有节奏地放牧,保证鹅群吃得饱,长得快。放牧要选择水清草茂的地方,在没有充足水源的草地上放牧,要有拉水车,配备饮水盆等设备,有规律地让鹅饮水。中雏鹅放牧饲养要注意适当补饲,在由雏鹅转为中雏鹅阶段更应补饲,随着放牧时间的延长,逐步减少补饲量。补饲时间在每天收牧以后进行,补饲料由玉米、谷粒、糠麸、薯类等组成,同时加入1%的骨粉,8%贝壳粉,0.3%食盐。补饲量根据草场情况和鹅日龄而定。有经验的牧鹅者,结合在茬地或有野草种子草地上放牧,能够获得足够的谷实类精料。具体为"夏放麦茬,秋放稻茬,冬放湖塘,春放草塘"。在夏季牧鹅,应适时放水,一般每隔30分放水1次。而且夏季中午应在高燥通风阴凉处休息(图5-9),可选择在大树下或有遮荫棚的地方。

图5-9　林下放牧

(二)71~100日龄鹅的饲养管理

这一时期是鹅群的调整阶段。首先对留种用鹅进行严格的选择,然后调教合群,减少"欺生"现象,保证生长的均匀度。

1. 种鹅的选留

选好后备种鹅,是提高种鹅质量的重要步骤。种鹅在71日龄时,已完成初次换羽,羽毛生长已丰满,主翼羽在背部要交翅,留种时一要淘汰那些羽毛发育不良的个体。后备种公鹅应具有本品种的典型特征,身体各部发育均匀,肥度适中,两眼有神,喙部无畸形,胸深而宽,背宽而长,腹部平整,脚粗壮有力,距离宽,行动灵活,叫声响亮。后备种母鹅要求体重大,头大小适中,眼睛明亮有神,颈细长灵活,体长圆,后躯宽深,腹部柔软容积大,臀部宽广。体重上要求达到成年标准体重的70%,大型品种5~6千克,中型品种3~4千克,小型品种2.5千克左右。留种还要考虑到留种季节,一般南方养鹅在12月至翌年1月选留,到9月正好赶上产蛋;东北地区养鹅,最好选留9~10月的中鹅,第二年5~6月刚好产蛋;河南省地处中原,适宜选留春季出雏的春鹅,5~6月进行选择,冬季即可开始产蛋。

2. 合群训练

后备种鹅是从鹅群挑选出来的优良个体,有的甚至是从上市的肉用仔鹅当中选留下来的。这样来自不同鹅群的个体,由于彼此不熟悉,常常不合群。在合群时一要注意群体不要太大,以30~50只为一群,而后逐渐扩大群体,300~500只组成一个放牧群体。要注意同一群体中个体间日龄、体重差异不能太大,尽量做到"大合大,小并小",以提高群体均匀度。合群后饲喂要保证食槽充足,补饲时均匀采食。

(三)101日龄至开产前30天之前鹅的饲养管理

这一阶段是鹅群生长最快的时期,采食旺盛,容易引起肥胖。因此,这一阶段饲养管理的重点是限制饲养,公母最好分群饲养。公母分开饲养还可以避免部分早熟个体乱交配,影响到全群的安定。

后备母鹅100日龄以后逐步改用粗料,每天喂2次,饲粮中增加糠麸、薯类的比例,减少玉米的喂量。草地良好时可以不补饲,防止母鹅过肥和早熟。但是在严寒冬季青绿饲料缺乏时,则要增加饲喂次数(3~4次),同时增加玉米的喂量。正常放牧情况下,补饲要定时、定料、定量。实行限制饲养,不仅可以很好地控制鹅的性成熟,达到母鹅同期产蛋,公鹅可以充分成熟,而且可以节约饲粮,降低饲养成本。

后备种鹅一般从110日龄开始至开产前50~60天实行限制饲养。常用的限制饲养方法一般有两种,一种是减少补饲日粮的饲喂量,实行定量饲喂;另一种是控制饲料的质量,降低日粮的营养水平。南方由于水草条件比较好,养鹅多以放牧为主,因此大多数采用定量饲喂的方法,但要根据放牧条件、季节以及鹅的体质,灵活掌握饲料配比和喂料量,达到既能维持鹅的正常体质,又能降低种鹅的饲养费用,北方天然水草条件差,大部分圈养,适合采用控制饲料质量方法。在限饲期应逐步降低饲料的营养水平,每日的喂料次数由3次改为2次,最后变为1次,晚上回鹅舍之前,让鹅尽量吃饱。白天尽量延长放牧/青料采食时间,逐步减少每次给料的喂料量。控制饲养阶段,母鹅的日

平均饲料量比生长阶段减少 50% ~60%。饲料中可添加较多的填充粗料（如草粉、米糠等），以锻炼鹅的消化能力，扩大食道容量。后备种鹅经控料阶段前期的饲养锻炼，放牧采食青草的能力增强，在草质良好的牧地，可不喂或少喂精料。

（四）开始产蛋前 1 个月鹅的饲养管理

这一阶段历时 1 个月左右，饲养管理的重点是加强饲喂和疫苗接种。

1. 加强饲喂

为了让鹅恢复体力，沉积体脂，为产蛋做好准备，从 151 日龄开始，要逐步放食，满足采食需要。同时，饲料要由粗变精，促进生殖器官的发育。这时要增加饲喂次数到每天 3 ~4 次，每次让其自由采食，吃饱为止。饲料中增加玉米等谷实类饲料，同时增加矿物质饲料原料。这一阶段放牧不要走远路，牧草不足时要在栏内补充青绿饲料，逐渐减少放牧时间，增加回舍休息时间，相应增加补饲数量（中型鹅种每天每只补饲 50 ~70 克），接近开产时逐渐增加采食精料量。

2. 疫苗接种

种鹅开产前 1 个月要接种小鹅瘟疫苗，所产的种蛋含有母源抗体，可使雏鹅产生被动免疫。另外，还要接种鸭瘟疫苗和禽霍乱菌苗。所有的疫苗接种工作都要在产蛋前完成，这样才能保证鹅在整个产蛋期健康、高产。禁止在产蛋期接种疫苗，防止应激反应的发生，以免引起产蛋数下降。

三、肉仔鹅标准化管理技术

（一）仔鹅生长发育规律

1. 仔鹅的增重规律

鹅具有早期生长快的特点，一般在 10 周龄时仔鹅体重达到成年体重的70% ~80%，虽因品种不同而有所差异，但各品种鹅的增重规律是一致的。以豁眼鹅为例，可以将其生长阶段分为 4 个时期，即快速生长期（0 ~10 日龄）、剧烈增重期（10 ~40 日龄）、持续增重期（40 ~90 日龄）和缓慢生长期（90 ~180 日龄）。

2. 骨骼生长发育规律

体斜长的变化，可以间接反映出部分躯干骨的生长情况。据测定，四川白鹅 30 日龄体斜长为 13. 27 厘米，60 日龄为 21. 77 厘米，90 日龄为 25. 61 厘米。体斜长生长最快的在 30 ~60 日龄，此阶段是骨骼发育最快的时期。

3. 腿肌的生长发育规律

据测定,太湖鹅初生时腿肌重5.8克左右,10日龄平均为12.5克,20日龄平均为38.2克,30日龄时平均为82.5克,以后腿肌生长加快,6周龄时为173克,8周龄时为240克。腿肌的生长高峰在50日龄左右,不同品种间有一定差异,生长慢的品种高峰期晚一些,生长快的品种高峰期出现得早。另据测定,国外鹅种腿部重,公鹅在43日龄时达最佳水平,为129.8克;母鹅在39日龄达最佳水平,为104克。

4. 胸肌的生长发育规律

据测定,太湖鹅初生时胸肌不足1克,10日龄时为1.2克,20日龄为3.5克,30日龄为7克,6周龄时为18克,从8周龄开始胸肌生长加快,9~10周龄是生长高峰期,10周龄时太湖鹅胸肌重约146克。

5. 脂肪的沉积规律

胴体中脂肪的含量随日龄的增长而明显增加。太湖鹅从4周龄开始腹内脂肪沉积加快。一般鹅在10周龄以后脂肪沉积能力最强,皮下脂肪、肌间脂肪可以增加到体重的25%~30%,腹脂增加到10%左右。一般在70日龄屠宰时,皮下脂肪占2%~4%,腹脂占1.5%~3%,因品种和育肥方式不同而异。

(二)肉用仔鹅生产的特点

1. 季节性

肉用仔鹅生产的季节性是由种鹅繁殖产蛋的季节性所决定的。我国的地方鹅种众多,其中除了浙东白鹅、溆浦鹅、雁鹅可以四季产蛋,常年繁殖外,其他鹅品种都有一定的产蛋季节。南方和中部地区主要繁殖季节为冬、春季,5月开始肉仔鹅陆续上市,8月底基本结束。而在东北地区,种鹅要等到5月才开始产蛋,8月开始肉仔鹅上市,一直可持续到年底结束,而这时南方食鹅地区当地已没有仔鹅,所以每年秋、冬季都有大量仔鹅从东北贩运到南方。目前鹅的饲养仍以开放式饲养为主,受自然光照和气候影响较大,这种产品的季节性不会改变。

2. 效益显著

鹅属草食性禽类,以放牧为主,养鹅的基本建设与设备投资少。除了育雏期间需要一定的保温房舍与供暖设备外,其余时间用能遮挡风雨的简易棚舍即可进行生产。另外,无论以舍饲、圈养还是放牧饲养,仔鹅可以很好地利用青绿饲料和粗饲料,适当补饲精料即可长成上市,饲料费用投入少。而且鹅肉的价格比肉仔鸡、肉鸭都高,肉仔鹅生产属投入少、产出高的高效益畜牧业。另外,除了鹅肉,羽绒也是一笔不小的收入,目前1只仔鹅屠宰时,光羽绒就可获利10元左右。

3. 生产周期短

鹅的早期生长速度比鸡、鸭都快,一般饲养60~80天即可上市,小型鹅种达2.3~2.5千克,中型鹅种达3.5~3.8千克,大型鹅种达5.0~6.0千克。青饲料充足时圈养或放牧,精料与活重比为(1~1.7):1,舍饲以精料为主,适当补喂青饲料,精料与活重比为(2~2.5):1。

4. 仔鹅属无污染绿色食品

我国具有丰富的草地资源,仔鹅以放牧饲养为主,适当补饲谷实类精料,生长迅速。仔鹅放牧所利用的草滩、草场、荒坡、林地、滩涂等一般没有农药、化肥等污染,精料中不加促生长的药物,鹅肉是目前较安全的无污染食品,将受到越来越多消费者的喜好。

(三)中鹅的饲养

中鹅是指4周龄以上到转入育肥前的青年鹅。中鹅的觅食力、消化力、抗病力都已大大提高,对外界环境的适应力很强,是肌肉、骨骼和羽毛迅速生长阶段。此期间食量大,耐粗饲,以放收为主,才能最大限度地把青草转化为鹅产品,同时适当补饲一些精料,满足鹅高速生长的需求。

1. 放牧技术

(1)放牧时间　在放牧初期要适当控制放牧时间,一般上午、下午各1次,中午赶鹅回舍休息两小时。天热时上午要早出早归,下午要晚出晚归,中午在凉棚或树荫下休息;天冷时则上午晚出晚归,下午早出早归。随着日龄的增长,慢慢延长放牧时间,中间不回鹅棚,就地在阴凉处休息、饮水。鹅的采食高峰在早晨和傍晚,因此放牧要尽量做到早出晚归,即所谓"早上踏露水,晚上顶星星",同时把青草茂盛的地方安排在早晚采食高峰时放牧,使鹅群能尽量多采食青草。

(2)适时放水　鹅群在吃至八成饱时,大多数要蹲下休息,应及时赶到水池,让其自由饮水、洗澡、排便和整理羽毛,约半小时。经放水后鹅的食欲大增,又会大量采食青草。一天中至少要放3次水,热天时更要注意放水。

(3)放牧场地选择　优良放牧场地应具备4个条件:一要有鹅喜食的优良牧草;二要有清洁的水源;三要有树荫或其他荫蔽物,可供鹅群遮阳或避雨;四是道路比较平坦。放牧场应划分若干小区,有计划地轮牧,以保证每天都有牧草采食。此外,农作物收割后的茬地也是极好的放牧场地。

(4)鹅喜食的草类 可供牧鹅的草类很多,一般只要是无毒、无特殊气味的都可供鹅采食,但鹅对某些草类特别喜食。

(5)放牧群的大小 放牧群的大小要根据放牧地情况及放牧人员的经验丰富程度而定,一般以250～300只为一个放牧群为宜,由两人负责放牧。如果放牧地开阔平坦,对整个鹅群可以一目了然,则每群可以增加到500只,甚至可高达1000只,放牧人员则适当增加1～2人。如果鹅群过大,不易管理,特别是在林下或青草茂密的地方,可能小群体走散,少则十来只,多则上百只,同时鹅群过大,个体小、体质弱的鹅吃不饱或吃不到好草,导致大小不一,强弱不均。

(6)放鹅注意事项

1)防中暑雨淋 热天放牧应早晚多放,中午在树荫下休息,或者赶回鹅棚,不可在烈日曝晒下长久放牧,同时要多放水,防止中暑。雷雨、大雨时不能放鹅(毛毛细雨时可放牧)。放牧地离鹅舍要近,在雨下大时可以及时赶回。

2)防止惊群 鹅对外界比较敏感,放牧时将竹竿举起或者雨天打伞(可以穿雨衣),都易使鹅群不敢接近,甚至骚动逃离。不要让狗及其他兽类突然接近鹅群,以防惊吓。鹅群经过公路时,要注意防止汽车高音喇叭的干扰而引起惊群。

3)防跑伤 放牧需要逐步锻炼,距离由近渐远,慢慢增加,将鹅群赶往放牧地时,速度要慢,切不可强驱蛮赶,以致聚集成堆,前后践踏受伤,特别是吃饱时更要赶得慢些。每天放牧的距离大致相等,以免累伤鹅群。尽量选平坦的路线赶。在下水、出水时,坡度大,雨道窄,或有乱石树桩,如赶得过快,鹅群争先恐后,飞跃冲撞,很易受伤。

4)防中毒 对于施过农药的地方,管理人员应详细了解,不能作为放牧地,以免造成不必要的损失。施过农药后至少要经过一次大雨淋透,并经过一定时间后才能安全放牧。对于放牧不慎已造成农药中毒时,要及时问清农药名称,采取相应的解毒措施。

2. 合理补饲

中鹅以放牧为主,如果放牧场地条件好,有丰富的牧草或落地谷实可吃,可以不用补饲,进行完全放牧饲养,以节约开支。但在刚结束育雏期进入中鹅期的鹅群,对长时间放牧和完全依靠青饲料还很不适应,晚上牧归后还需适当地补饲精料,当然补饲的次数和数量可以逐步减少。如果牧地草源质量差,数量少,则需要补饲青刈草和配合全价料。

(四)育肥鹅的饲养

中鹅养至主翼羽长出以后,转入育肥期。以放牧为主饲养的中鹅架子大,但胸部肌肉不丰满,膘度不够,出肉率低,稍带有青草味。因此,需经过短期育肥,达到改善肉质、增加肥度、提高产肉量的目的。鹅育肥的方法有如下几种:

1. 放牧育肥法

放牧育肥法是最经济的一种育肥方法,在我国农村采用较为广泛。主要利用收割后茬地残留的麦粒和残稻株落谷进行育肥。放牧育肥必须充分掌握当地农作物的收获季节,与有关单位事先联系好放牧的茬地,预先育雏,制订好放牧育肥的计划。比如从早熟的大麦、元麦茬田到小麦茬田,随着各区收割的早晚一路放牧过去,到小麦茬田放牧结束时,鹅群也已育肥,即可尽快出售。因茬地放牧一结束,就必须用大量精料才能保持肥度,否则鹅群就会掉膘。稻田放牧也如此进行。

2. 舍饲育肥法

舍饲育肥法比较适合于食品收购部门、专业户和贩销者进行短期育肥。在光线暗淡的育肥舍内进行,限制鹅的运动,喂给含有丰富碳水化合物的谷实或块根饲料,每天喂 3~4 次,使体内脂肪迅速沉积,同时供给充足的饮水,增进食欲,帮助消化,经过半个月左右即可宰杀。

第三节　种鹅安全生产技术

一、繁殖期种鹅标准化管理技术

鹅群进入产蛋期以后,一切饲养管理工作都要围绕提高产蛋率,增加合格种蛋数量来做。

(一)产蛋前的准备工作

在后备种鹅转入产蛋期时,要再次进行严格挑选。对公鹅选择较严格,除外貌符合品种要求、生长发育良好、无畸形外,重点检查其阴茎发育是否正常。最好通过人工采精的办法来鉴定公鹅的优劣,选留能够顺利采出精液者、阴茎较大者。母鹅只剔除少量瘦弱、有缺陷者,大多数都要留下做种用。另外,还要修建好产蛋鹅舍,准备好产蛋窝或产蛋棚。饲养管理上逐渐减少放牧的时间,更换产蛋期全价饲料。母鹅在开产前 10 天左右会主动觅食含钙多的物质,因此除在日粮中提高钙的含量外,还应在运动场或放牧点放置补饲粗颗粒贝壳的专用食槽,让其自由采食。

(二)产蛋期的饲喂

随着鹅群产蛋率的上升,要适时调整日粮的营养浓度。

1. 产蛋期日粮营养水平

代谢能 11.1 兆焦/千克,粗蛋白质 15%,钙 2.2%,磷 0.7%,赖氨酸 0.69%,蛋氨酸 0.32%。饲料配合时,要有 10%~20% 的米糠、稻糠、麦麸等粗纤维含量高的原料。在喂精料的同时,还应注意补喂青绿饲料,防止种鹅采食过量精料,引起过肥。喂得过肥的鹅,卵巢和输卵管周围沉积了大量脂肪,会影响正常排卵和蛋壳的形成,引起产蛋数下降和蛋壳品质不良。有经验的养鹅者通过鹅排出的粪便即可判断饲喂是否合理。正常情况下,鹅粪便粗大、松软,呈条状,表面有光泽,易散开。如果鹅粪细小、结实,颜色发黑,表明精料过多,要增加青绿饲料的饲喂。

2. 喂料要定时定量,先喂精料再喂青料

青料可不定量,让其自由采食。每天饲喂精料量,按照当日平均产蛋重量的 2.5~3 倍提供。早上 9 点喂第一次,然后在附近水塘、小河边休息,草地上放牧;下午 2 点喂第二次,然后放牧;傍晚回舍在运动场上喂第三次。回舍后在舍内放置清洁饮水和矿物质饲料,让其自由采食饮用。

(三)产蛋期的管理

产蛋期要做好以下几方面的工作:

1. 搭好产蛋棚

母鹅具有在固定位置产蛋的习惯,生产中为了便于种蛋的收集,要在鹅棚附近搭建一些产蛋棚。产蛋棚长 3.0 米,宽 1.0 米,高 1.2 米,每 1 000 只母鹅需搭建 3 个产蛋棚。产蛋棚内地面铺设软草做成产蛋窝(图 5-10),尽量创造舒适的产蛋环境。母鹅的产蛋时间多集中在凌晨至上午 9 点以前,因此每天上午放牧要等到 9 点以后进行。为了便于捡蛋,必须训练母鹅在固定的鹅舍或产蛋棚中产蛋,特别对刚开产的母鹅,更要多观察训练。放牧时如发现有不愿跟群、大声高叫、行动不安的母鹅,应及时赶回鹅棚产蛋。一般经过一段时间的训练,绝大多数母鹅都会在固定位置(产蛋棚)产蛋。母鹅在棚内产完蛋后,应有一定的休息时间,不要马上赶出产蛋棚,最好在棚内给予补饲。

图 5-10　产蛋窝

2. 合理控制交配

为了保证种蛋有高的受精率,要按不同品种的要求,合理安排公母比例。我国小型鹅种公、母比例为 1:(6~7),中型鹅种公、母比例为 1:(5~6),大型鹅种公、母比例为 1:(4~5)。鹅的自然交配在水面上完成,陆地上交配很难成功。一般要求每 100 只种鹅有 45~60 米² 的水面,水深 1 米左右,水质清洁无污染。种鹅在早晨和傍晚性欲旺盛,要利用好这两个时期,保证高的受精率。早上放水要等大多数鹅产蛋结束后进行,晚上放水前要有一定的休息时间。

3. 搞好放牧管理

母鹅产蛋期间应就近放牧,避免走远路引起鹅群疲劳。一般春季放牧觅食各种青草、水草,夏、秋季节多在麦茬田、稻田中放牧,冬季放湖滩或圈养。放牧途中,应尽量缓行,不能追赶鹅群,而且鹅群要适当集中,不能过于分散。放牧过程中,特别应注意防止母鹅跌伤、挫伤而影响产蛋。鹅上下水时,鹅棚出入口处要求用竹竿稍加阻拦,避免离棚、下水时互相挤跌践踏,保证按顺序下水和出棚。每只母鹅产蛋期间每天要获得 1~1.5 千克青饲料,草地牧草不足时,应注意补饲。

4. 控制光照

许多研究表明,鹅每天需要 13~14 小时光照时间、5~8 瓦/米² 的光照强度即可维持正常的产蛋需要。在秋、冬季光照时间不够时,可通过人工补充光照来完成光照控制。在自然光照条件下,母鹅每年(产蛋年)只有 1 个产蛋周期,采用人工光照后,可使母鹅每年有 2 个产蛋周期,可多产蛋 5~20 枚。

5. 注意保温

南方和中部省份,严寒的冬季正赶上母鹅临产或开产的季节,要注意鹅舍的保温。夜晚关闭鹅舍所有门窗,门上要挂棉门帘,北面的窗户要在冬季封死。为了提高舍内地面的温度,舍内不仅要多加垫草,还要防止垫草潮湿。天气晴朗时,注意打开门窗通风,同时降低舍内湿度。受寒流侵袭时,要停止放牧,多喂精料。

(四)种鹅群的配种管理

我国是世界上鹅饲养量最多的国家,鹅存栏量和鹅肉产量均占世界总量的90%左右,特别是在近年来鹅业生产的发展更迅速。然而,在鹅业生产发展中重要的制约因素是种鹅的繁殖力比较低,如大多数地方鹅种年产蛋在20～50枚之间(豁眼鹅和五龙鹅年产蛋量最高,约100枚),种蛋的受精率在70%左右。种蛋受精率受多种因素的影响,加强种鹅群的配种管理是提高种蛋受精率、加快繁殖进程的根本途径。

1. 种公鹅的管理

(1)公鹅选择　公鹅对后代体形外貌和生产性能的影响比较大,也直接影响种蛋受精率,在种鹅选择时对公鹅的选择尤其重要。主要对公鹅的体形外貌和生殖器官进行检查。首先对体形外貌进行选择,后备公鹅在接近性成熟的时候应该进行一次选择,把发育不良、品种特征不明显、有杂毛、健康状况不良的个体淘汰。在达到性成熟后再次进行选择,应选留体大毛纯,胸宽厚,颈、脚粗长,两眼突出有神,叫声洪亮,行动灵活,具有明显雄性特征的公鹅;手执公鹅颈部提起离开地面时,两脚做游泳状猛烈划动,同时两翅频频拍打的个体往往是比较强的。淘汰不合格的种鹅,如体重过大、发育差、跛足等。其次对生殖器官进行检查,在种鹅产蛋前,公母鹅组群时要对公鹅的外生殖器官进行检查,并对公鹅进行精液品质鉴定。因为,某些品种的公鹅生殖器官发育不良的情况较为突出。比如生殖器萎缩,阴茎短小,甚至出现阳痿,精液品质差,交配困难。有人研究,通过对354只公鹅的测定,雄性不育率达到34.74%;而苏联测定的结果雄性不育的鹅占39.1%;江苏家禽研究所测定的结果是交配器官有病或发育差的公鹅占2/3。王安琪等对106只固始鹅公鹅的检查结果发现,不合格的种公鹅所占比例达43.4%。解决的办法是在公母鹅组群时,对选留公鹅进行精液品质鉴定,并检查公鹅的阴茎,淘汰有缺陷的公鹅,保证留种公鹅的质量。

检查公鹅阴茎发育情况的方法是:一个操作人员坐在方凳上将公鹅保定

在并拢的双腿上,鹅尾部朝前;另一个操作者用采精的方法先对鹅的背腰部按摩数次,之后按摩鹅的泄殖腔周围,当鹅的阴茎勃起后伸出泄殖腔就可以观察。凡是阴茎长度小于 7 厘米、淋巴体颜色苍白或有色素斑、阴茎伸出后没有精液流出或精液量少于 0.2 毫升、颜色不是乳白色的个体均应淘汰。

(2)公母混群　后备种鹅一般采用公母分群饲养的方法,当鹅群达到性成熟的时候需要进行混群。混群时一般要求将公鹅提前 7~10 天放入种鹅圈内,使它们先熟悉鹅舍环境,之后再按照公母配比放入母鹅。这样能够使公鹅占据主动地位,提高与母鹅交配的频率和成功率。

(3)减少择偶现象　一些公鹅具有选择性的配种习性,这种习性将减少它与其他母鹅配种的机会,某些鹅的择偶性还比较强,从而影响种蛋的受精率。在这种情况下,公母鹅的组配要尽早,如发现某只公鹅只与某只母鹅或几只母鹅固定配种时,应及时将这只公鹅隔离,经 1 个月左右,才能使公鹅忘记与之固定配种的母鹅,而与其他母鹅交配,有利于提高受精率。据报道由于择偶行为的存在会导致部分母鹅没有配种机会。

(4)公鹅更新　公鹅的利用年限,一般为 2~3 年,母鹅一般利用 3~4 年,优秀的可利用 5 年。所以种鹅每年都应有计划地更新换代,以提高其受精率。母鹅年龄会影响其种蛋受精率,据报道,鹅群在水中进行自然交配,1 岁母鹅种蛋受精率 69%、受精蛋孵化率 87%,2 岁母鹅则分别为 79.2% 和 90%。同样,公鹅年龄也影响种蛋受精率,据对第二个产蛋年种母鹅群的观察,用第一个繁殖年度的公鹅配种,种蛋受精率为 71.3%,用第二个繁殖年度公鹅则达到 80.7%,用第三个繁殖年度的公鹅则为 68.3%。

(5)减少公鹅之间的啄斗　公鹅相互啄斗影响配种,在繁殖季节公鹅有格斗争雄的行为,往往为争先配种而啄斗致伤,这会严重影响种蛋的受精率。为了减少这种情况,公鹅可分批放出配种,以提高种蛋受精率。多余公鹅另外饲养或放牧。

2. 公、母配种比例

公、母配种比例适当与否对种蛋的受精率影响很大。在生产实践中,一般先按 1:(6~7)选留,待开产后根据母鹅性能、种蛋受精率的高低进行调整,一般公、母配比以 1:5 为宜,可使种鹅受精达 85% 以上。公鹅多,不仅浪费饲料,还会互相争斗、争配,影响受精率;公鹅过少,也会影响受精效果。

但是,由于体重、体形、选育情况等方面的差异,不同的鹅种其公、母配比要求也存在差异。乌鬃鹅的交配能力强,公、母鹅配种比例为 1:(8~10),种

蛋的平均受精率为87%。而狮头鹅由于体型大,其公、母鹅配种比例为1:(5~6)。尽管昌图豁眼鹅属于小型鹅种,但是其公、母鹅配种比例为1:(4~5)。

在生产实践中,公、母鹅比例的大小要根据种蛋受精率的高低进行调整。小型品种鹅的公、母比例为1:(6~7),而大型品种鹅为1:(4~5)。大型公鹅要少配,小型公鹅可多配;青年公鹅和老年公鹅要少配,体质强壮的公鹅可多配;水源条件好,春夏季节可以多配;水源条件差,秋冬季节可以少配。

3. 洗浴管理

(1)放水时间 种鹅的配种时间相对比较集中,早晨和傍晚是交配的高峰期,而且多在水中进行,与在陆地相比鹅水中交配容易成功(图5-11)。在种鹅的繁殖季节,要充分利用早晨开棚放水和傍晚收牧放水的有利时机,使母鹅获得配种机会,提高种蛋的受精率。在配种期间每天上午应多次让鹅下水,尽量使母鹅获得复配机会。鹅群嬉水时,不让其过度集中与分散,任其自由分配,然后梳理羽毛休息。

图5-11 水体交配

(2)水体管理 鹅的交配多在水面上进行,水体的大小影响鹅群的活动,一般每只种鹅应有1~1.5米² 的水面运动场,水深1米左右(图5-12)。若水面太宽,则鹅群较分散,配种机会减少;水面太窄,过于集中,则会出现争配现象,都会影响受精率。如果是圈养种鹅,水池小的话则应该分批让种鹅进入水池,保证洗浴和配种时每只种鹅的活动面积。

放水的水源要清洁,最好是活水面,缓慢流动,水面没有工业废水、废油的污染,水中不可有杂物、杂草秆等物,以免损伤公鹅的阴茎,影响其种用价值。

图 5 – 12　洗浴池

4. 环境管理

（1）缓解高温的影响　高温对鹅繁殖力的影响很大，一般的鹅在夏季都停产。在初夏时期的高温对公鹅的精液质量影响也很大，而且也减少公鹅的配种次数，因此在初夏季节鹅舍要保持良好的通风，保证充足的饮水，保持适宜的饲养密度，鹅舍和运动场应有树荫或搭盖遮荫棚。

（2）合理的光照　光照影响种鹅体内生殖激素的分泌，进而影响到其繁殖。在我国，南北方鹅之间存在明显的繁殖季节性差异。据于建玲等报道，南方鹅种大多数为短日照繁殖家禽，例如在广东鹅的非繁殖季节内（3～7 月），每天光照 9.5 小时，4 周后公鹅的阴茎状态、性反射、精液品质、可采率等均明显优于自然光照的对照组；母鹅则在控制光照 3 周后开产，并能在整个非繁殖季节内正常产蛋。控制光照组平均每只母鹅产蛋 12.85 枚。当恢复自然光照后，试验组鹅每天光照时数由短变长，约 7 周后，公鹅阴茎萎缩，可采精率下降直至为零，约 2 个月后又逐渐好转；母鹅在恢复自然光照约 3 周后也停止产蛋，再经 11 周的停产期后才又重新开产，而对照组此时也正常繁殖。北方鹅种则是长光照家禽，当光照时间延长时进入繁殖季节。因此，在种公鹅的管理上应该考虑到不同地区的差异。

5. 饲料与饲养

后备公鹅一般采用青粗饲料饲喂，在性成熟前 4 周开始改用种鹅日粮，粗蛋白质水平为 15%～16%。根据鹅体大小，在整个繁殖期间每天每只应喂给 140～230 克精料，并配以食盐和贝壳粉等。每天饲喂 2～3 次，同时供应足够的青饲料及饮水。有条件的地方也可放牧，特别是 2 岁的种鹅应多放牧，以补充青饲料和增加运动。

6. 日常管理

（1）公、母日合夜分　白天让公、母鹅在同一个圈内饲养或放牧，共同嬉水、交配，晚上把它们隔开关养，让它们同屋不同圈，虽彼此熟悉，互相能听见叫声，因不在同圈，造成公、母鹅夜晚的性隔离，有利于次日交配。据报道，这一做法可以提高自养种鹅交配成功率达85%以上。

（2）保证公鹅健康　健康状况对公鹅的配种能力影响很大。据张仕权等报道蛋子瘟（大肠杆菌病）在公鹅中的发病率比较高，根据调查病鹅群中的1 720只公鹅，患病公鹅的主要临床症状限于阴茎，阴茎出现病变者有530只，占总数的30.8%。轻者整个阴茎严重充血，肿大2~3倍，螺旋状的精沟难以看清，在不同部位有芝麻至黄豆大黄色脓性或黄色干酪样结节。严重者阴茎肿大3~5倍，并有1/3~3/4的长度露出体外，不能缩回体内。露出体外的阴茎部分呈黑色的结痂面。阴茎外露的病鹅将失掉交配能力而必须及时更换。

其他疾病所引起的公鹅健康不良同样会影响其配种能力。

（3）种群大小　农村往往采取大群配种，即在母鹅群内按一定的公母比例，放入一定数量的公鹅进行配种。此种方法管理方便，但往往有个别凶恶的公鹅会霸占大部分母鹅，导致种蛋的受精率降低。这种公鹅应及时淘汰，以利提高种蛋的受精率。在实际生产中，每群3~5只公鹅和15~25只母鹅组成一个小群的效果比较好。

（4）防止腿脚受伤　运动场地面应保持平整，地面上避免存在尖利的硬物，驱赶鹅群不要太快以防止公鹅腿和脚受伤。腿脚有伤的公鹅其配种能力会明显降低。

在小规模饲养的条件下，可以采用人工辅助配种，这对于提高种蛋受精率的效果比较明显。

二、休产期种鹅标准化管理技术

母鹅经过7~8个月的产蛋期，产蛋明显减少，蛋形变小，畸形蛋增多，不能进行正常的孵化。这时羽毛干枯脱落，陆续进行自然换羽。公鹅性欲下降，配种能力变差。这些变化说明种鹅进入了休产期。休产期种鹅饲养管理上应注意以下几点：

（一）饲喂方法

种鹅停产换羽开始，逐渐停止精料的饲喂，此时应以放牧为主，舍饲为辅，补饲糠麸等粗饲料。为了让旧羽快速脱落，应逐渐减少补饲次数，开始减为每天喂料1次，后改为隔天1次，逐渐转入3~4天喂1次，12~13天后，体重减

轻大约1/3,然后再恢复喂料。

(二)人工拔羽

恢复喂料后2~3周,鹅的体重恢复,可进行人工拔羽,可以大大缩短母鹅的换羽时间,提前开始产蛋。人工拔羽有手提法和按地法,手提法适合小型鹅种,按地法适合大中型鹅种。拔羽的顺序为主翼羽、副翼羽、尾羽。拔羽要一根一根地拔,以减少对种鹅的损伤。人工拔羽,公鹅应比母鹅提前1个月进行,保证母鹅开产后公鹅精力充沛。拔羽应选择温暖的晴天进行,寒冷的冬季不适宜拔羽。人工拔羽后要加强饲养管理,头几天鹅群实行圈养,避免下水,供给优质青饲料和精饲料。如发现1个月后仍未长出新羽,则要增加精料喂量,尤其是蛋白质饲料,如各种饼、粕和豆类。

(三)种鹅群的更新

为了保持鹅群旺盛的繁殖力,每年休产期间要淘汰低产种鹅,同时补充优良鹅作为种用。淘汰的对象一般为老弱低产和雄性不强的种鹅。更新鹅群的方法如下:

1. 全群更新

将原来饲养的种鹅全部淘汰,全部选用新种鹅来代替。种鹅全群更新一般在饲养5年后进行,如果产蛋率和受精率都较高的话,可适当延长1~2年。有些地区饲养种鹅,采取"年年清"的留种方式,种鹅只利用1年,公、母鹅还没有达到最高繁殖力阶段就被淘汰掉,这是不可取的。

2. 分批更新

在鹅群中,为提高种蛋受精率,保持大群产蛋量稳定,保持种鹅一定的年龄比例非常重要。一般情况下1岁鹅占30%,2岁鹅占25%,3岁鹅占20%,4岁鹅占15%,5岁鹅占10%。根据上述年龄结构,每年休产期要淘汰一部分低产老龄鹅,同时补充新种鹅。

第四节　种鹅孵化技术

一、种蛋的选择

种蛋管理是影响孵化效果的重要条件之一,包括种蛋的选择、保存、运输和消毒。

(一)种蛋的来源和收集

即使优良的种禽所产的蛋也不是都可作为种蛋用的。种蛋质量的优劣不仅直接关系到孵化成绩的好坏,而且还影响到雏禽的生活力和成年后的生产性能。

1. 种蛋的来源

种蛋的品质取决于种禽的遗传品质和饲养管理条件的优劣。所以,种蛋应该来源于生产性能高且稳定,繁殖力强和健康无病的种禽,种禽应该喂饲全价饲料,有科学的环境管理和配种制度。种禽的年龄适当(尤其是鹅),饲养管理方法科学。

引进种蛋时尤其要考虑种禽的健康状况,凡患有沙门菌病(白痢、伤寒、副伤寒)、慢性呼吸道病、大肠杆菌、淋巴白血病等疾病的种禽往往通过感染种蛋而将疾病传染给雏禽;患病期间和初愈的种禽所产蛋也不宜作种蛋用。引种时不能从疫区引种。

2. 种蛋收集

地面平养为了防破损和种蛋受污染,每天需收集 4 次,放养鹅每天 3 ~ 4 次,夏、冬季再加收 1 ~ 2 次。每天多次收集种蛋的目的是为了减少蛋在禽舍内的存留时间,因为禽舍内环境不是适宜种蛋存放的环境。收集蛋的同时先分别挑出畸形蛋、破蛋,单独放置;蛋不在舍内过夜;集蛋用品每天应清洗消毒。

(二)种蛋(图 5 - 13)选择的方法

1. 外观性状选择

(1)蛋壳颜色 蛋壳颜色是重要的品种特征之一,壳色应符合本品种的要求,颜色要均匀,但有时色泽深浅不一致(饲料原料、某些营养素、健康状况、周龄大小)。皖西白鹅、四川白鹅的蛋为白色,有时会发现一些蛋表面的颜色不一致(也称阴阳蛋),其受精率比较低。

(2)蛋重 应符合品种标准,鹅蛋随产蛋生物学年和体型大小蛋重也不一样,大型鹅蛋重比较大,如我国大型鹅种狮头鹅,第一个产蛋年平均产蛋 20 ~ 24 枚,平均蛋重为 176.3 克;第二年以后平均产蛋 28 枚,平均蛋重 217.2 克;中型鹅种皖西白鹅平均蛋重 142 克,蛋壳白色。超过标准范围 ±10% 的蛋不宜作种用,蛋重过小则雏禽体重小,体质弱,蛋重大则孵化率低;蛋重大小均匀可以使出壳时间集中,雏禽均匀一致。鹅的品种不同其种蛋的大小差异会很大,即便是同一个品种,在不同的产蛋年度所产种蛋的大小也有明显差异。

图 5 - 13　种蛋

（3）蛋形　应为卵圆形,一端稍大钝圆,另一端略小。鹅蛋形指数(纵径与横径之比)以 1.4 ～ 1.5 范围为好。过长、过圆、腰凸、橄榄形(两头尖)的蛋都应剔除。畸形蛋和裂纹蛋如图 5 - 14 所示。

图 5 - 14　畸形蛋和裂纹蛋

（4）清洁度　蛋壳表面应清洁无污物。受粪便、破蛋液等污染的蛋在孵化中胚胎死亡率高,易产生臭蛋污染孵化器和其他胚蛋。若沾有少许污物的蛋(图 5 - 15)可经水洗、消毒后尽快入孵。

图 5 - 15　沾有污物的蛋

（5）蛋壳质地　要求蛋壳应致密，表面光滑不粗糙。首先要剔出破蛋,裂纹蛋,皱纹蛋;厚度为 0.35～0.40 毫米,过厚的蛋影响蛋内水分的正常蒸发,出雏也困难;蛋壳过薄容易破裂,蛋内水分蒸发过速,也不利于胚胎发育。砂皮蛋厚薄不均也不宜用。选好的种蛋如图 5 - 16 所示。

图 5 - 16　选好的种蛋

2. 听音

检蛋者双手各拿两枚蛋,手指转动蛋相互轻轻碰撞,完好的蛋其声清脆,破裂的蛋有沙哑的破裂声。这种方法主要与蛋的外观选择结合,挑拣出破裂蛋。

3. 照蛋观察

利用照蛋器械观察蛋的品质。

（1）蛋壳　破裂的蛋在裂纹处透亮,砂皮蛋则可见到点点亮斑。

（2）气室　新鲜的蛋气室小,存放较久者气室变大;气室游动,位置不固

定的蛋也不能作种蛋用。

（3）蛋黄　新鲜蛋的蛋黄完整、圆形、位于蛋的正中。蛋黄上浮可能是系带因受震动或久存而断裂,蛋黄沉散多是运输不当或久存或细菌侵入引起蛋黄膜破裂而造成。

（4）血斑、肉斑　多数出现在蛋黄上（也有在蛋清上的）,观察时为白色、黑色或暗红色斑点,血斑、肉斑蛋应剔除。

此外,还有剖视抽验法,即抽出一部分蛋打开后观察内部品质,在一般的生产场不用。种蛋质量与孵化率间的关系见表5-1。

表5-1　种蛋质量与孵化率间关系

蛋的类别	合格蛋	薄蛋	畸形	破损	气室不正	有大血斑
孵化率(%)	87.2	47.3	48.9	53.2	32.4	71.5

注:孵化率为受精蛋孵化率。

种蛋选择可分两步进行,在拣蛋时根据外观性状把不合格的蛋拣出另放,在码盘消毒时可进行第二次选择。

二、种蛋的保存

种蛋必须保存在专用的蛋库内。无论是种禽场或是孵化厂都必须设置专门的蛋库。

（一）蛋库要求

基本要求是能够保证室内适宜的环境条件和良好的卫生状况。应有良好的隔热性,有条件者要使用空调器;室内要清洁,无杂物;要求密闭性好,能防尘沙,防蚊蝇、麻雀和老鼠进入;空气流通,能防阳光直晒和间隙风。

贮存室一般分为两部分:一部分作为种蛋分拣、统计、装箱与上架等用,另一部分则专供贮存种蛋。小型孵化场的养殖户可因地制宜采用地窖、半地下室或独立小房间,蛋库贮量按本场种禽群产蛋率75%计,容7~10天的产蛋量。

（二）管理

种蛋保存期间翻蛋的目的是防止蛋黄与壳膜粘连而引起的胚胎死亡。一般认为保存一周可以不翻蛋,种蛋保存超过两周时,每天翻蛋能明显提高孵化率（表5-2）。翻蛋可将箱底部一侧垫起40°以上,下次改为另一侧,也可以制作活动撬板架。

表 5-2　保存期翻蛋对种蛋孵化率的影响

孵化率　保存期　翻蛋处理	14 天	21 天	28 天
每天翻蛋	72.35%	60.75%	41.90%
不翻蛋	72.65%	50.70%	31.25%

另据报道:种蛋保存时间在 4 周以内,种蛋存放时锐端向上比钝端向上的孵化效果好。

(三)种蛋保存的环境

1. 保存温度

一般认为家禽胚胎发育的临界温度为 23.9℃,但是当温度达不到 37.8℃时胚胎的发育是不完全发育,容易导致胚胎衰老、死亡,温度过低胚胎因受冻而失去孵化价值。在生产中保存种蛋时把温度控制在 10~18℃,保存时间不超过 1 周时温度控制在 14~18℃,超过 1 周时为 10~13℃。防止蛋库内温度的反复升降。

另注意夏天刚收集的种蛋不能很快把蛋温降到保存标准 23.9℃ 以下,应该有一个缓慢的降温过程。

2. 相对湿度

种蛋保存期间蛋内水分的挥发速度与贮存室的相对湿度成反比(种蛋保存的目的在于尽可能减少水分的丧失)。蛋库中适宜的相对湿度为 70%~80%。过低则蛋内水分散失太多;过高易引起霉菌滋生、种蛋回潮。

3. 存放室的空气

空气要新鲜,不应含有有毒或有刺激性气味的气体,如石硫化氢、一氧化碳、消毒药物气体。

4. 遮光

光线不能直接照射到种蛋,防止局部温度上升导致种蛋发育或导致种蛋胚胎发育死亡。

另外,注意避免发生老鼠、猫、狗动物等造成意外的损失。

(四)保存期限

保存期超过 5 天,随着保存时间的延长种蛋的孵化率会逐渐将低(表 5-3),一般说来保存期在 1 周内孵化率下将幅度较小,超过两周下将明显,超过

3 周则急剧降低。保存期越长在孵化的早期和中期胚胎死亡越多,弱雏也越多。同时,孵化期也会随保存时间的延长而增加。保存期间环境条件控制是否适宜也是影响保存时间的重要因素。

在孵化生产中,种鸡蛋保存时间以 7 天内为宜,水禽蛋最好不要超过两周(水禽蛋的蛋壳致密性比鸡蛋好)。夏季种蛋保存时间不宜超过 5 天。保存期长造成孵化率降低的原因是:蛋中具有杀(抑)菌特性的蛋白质(如溶菌酶等)其功能逐渐消失;由于蛋内 pH 变化而使系带和蛋黄膜变脆;由于各种酶的活动而使胚胎衰老、营养物质变性,降低胚胎活力;蛋中残余细菌的繁殖危及胚胎。

表 5 - 3　种蛋保存期与孵化率及孵化期关系

保存天数(天)	1	4	7	10	13	16	19	22
受精蛋孵化率(%)	88	87	79	68	56	44	30	26
孵化期延长（小时）	0	0.7	1.8	3.2	4.6	6.3	8	9.7

注:孵化期延长是指比正常多需的小时数(春、秋、冬季可以适当保存长些,夏季保存时间应短些)。

三、种蛋的包装运输

(一)种蛋的包装要求

水禽蛋常使用竹篓或其他代用品包装,要求外形牢固不易变形,篓底铺垫料,种蛋平摆一层,蛋之间尽量靠紧,每铺一层垫料放一层种蛋,当离篓沿 3 ~ 4 厘米时用垫料填满加盖捆扎。

包装用具及垫料要干燥、清洁、卫生,防止种蛋受污染。种蛋包装后还应注意标明一些必要的项目:品种、品系、产蛋日期、防压、防震、防热、防冻等。

(二)种蛋的运输

种蛋运输要求是快速、平稳,尽量缩短路途时间和减轻蛋的震动。运输工具最好的是飞机、火车、船,其次为汽车等。运输途中应该注意以下事项:

1. 防日晒雨淋

日晒会使局部蛋温升高,影响发育和出雏整齐性;雨淋则会使壳胶膜破坏,引起细菌侵入或霉菌繁殖,淋湿的垫料也会污染种蛋。因此,若用敞车运输时应携带防雨篷布。

2. 防热防寒

气温低时要带有挡风、保暖用品,运输时间可以考虑冬天在中午前后,夏天在傍晚、早晨运输。如果使用保温车运输则车内温度能够保持适宜且稳定。

3. 防震荡挤压

装卸时应轻放,路面不平时降低车速,同时在车厢上放一层垫料也可以减轻颠簸,另一方面行驶中刹车要慢,防止因惯性造成蛋箱互挤损坏。

种蛋运达目的地后应尽快开箱检查,拣出破损蛋,若发现被破损蛋液污染的种蛋应立即用净布擦干,消毒后入孵,不能再存放。

四、种蛋的消毒

(一)消毒目的

杀灭蛋壳表面的微生物。刚产出的蛋表面即有微生物附着,病原很快地繁殖,地面散养家禽的种蛋污染程度更大,微生物繁殖速度也更快(表5-4、表5-5)。种蛋表面或多或少总有污染,但只要保持干净就可防止其危害胚胎。

表5-4 禽蛋存放时间与蛋壳上细菌数量的关系

蛋产出时间	刚产出	产后15分	产后1小时
细菌数(千个)	0.1~0.3	0.5~0.6	4~5

表5-5 蛋壳清洁度与表面细菌数的关系

蛋壳清洁度	清洁	玷污	肮脏
细菌数(千个)	3~3.4	25.7~28.1	290~430

蛋壳表面的微生物容易被杀灭。但随着时间延长微生物侵入壳内后则难以杀灭,造成蛋的变质,某些病如白痢、支原体病等都是因为种蛋污染而引起雏禽发病。由此可见,种蛋收集后应及时消毒。

(二)消毒次数和时间

种蛋从产出到孵化至少应该进行两次消毒:第一次在种蛋收集后马上消毒,在规范化的种禽场应该在种禽舍的工作间设置消毒柜,在每次收集种蛋后立即消毒,消毒后运送到蛋库(如果是长途运输的种蛋,应该在入库之前进行一次消毒,避免运输途中感染病原菌或被细菌污染);第二次在入孵前后进行。

(三)消毒方法

孵化中种蛋的消毒方法常用的主要有以下两类:

1. 熏蒸消毒

用药物气体对种蛋表面进行消毒,可用于每次消毒过程。

(1)福尔马林和高锰酸钾熏蒸消毒　消毒药物用量计算,按消毒室空间每立方米用40%的福尔马林30毫升,高锰酸钾15克;采用的消毒容器应是陶瓷或搪瓷容器,且应耐高温、耐腐蚀,容量要大于药物用量的3倍;加药时应先将称好的高锰酸钾放入消毒容器中,然后倒入甲醛溶液,绝不能把高锰酸钾倒入甲醛溶液中;消毒持续时间:密闭熏蒸15~20分,然后打开门窗,并用排气扇将室内药味抽出,将消毒容器取出放到室外。其他要求:消毒时要严密封闭门、窗和通气孔,消毒环境保持相对湿度75%、温度为25~30℃时效果良好。

(2)过氧乙酸消毒　每立方米空间用1%的过氧乙酸50毫升置于搪瓷器皿中加热,密闭熏蒸消毒15~25分,当烟雾冒尽后进行通风排气。环境温度应在20~30℃,相对湿度70%~90%。

2. 浸泡或喷淋消毒

将种蛋浸在消毒药水中或用消毒药水喷洒在蛋的表面。

(1)高锰酸钾溶液浸泡　药物浓度0.03%~0.05%,溶液温度40℃,浸泡时间1~3分。

(2)新洁尔灭溶液浸泡　药物浓度0.1%,温度40℃,喷洒于蛋的表面或浸泡3分。

(3)二氧化氯消毒法　用80毫克/升的二氧化氯温水溶液喷洒种蛋。使用较多。

3. 其他消毒方法

(1)紫外线消毒法　将种蛋放于紫外线灯下40厘米处,开灯照射1分,再从背面照射1分。

(2)种蛋深度消毒　将种蛋温度缓缓升到40℃,然后浸入含有抗生素的溶液中(温度为20℃左右)2分,由于蛋内容物的收缩药物会浸入蛋内,从而杀灭蛋内细菌。

五、种蛋孵化管理技术

(一)孵化温度控制标准

1. 孵化类型

(1)恒温孵化　在孵化器内温度恒定不变。对于大型立体孵化器来说,孵化过程中孵化器内温度控制的最佳标准为37.8℃(100 ℉),出雏器内温度应保持为37.3℃(99 ℉),在当前常用的恒温孵化中就是以此作为温度控制指标的。恒温孵化常用于分批入孵的管理方式。

（2）变温孵化　在孵化器内不同胚龄阶段的孵化温度是变化的。在实际生产中家禽胚胎对偏离最佳温度幅度不大的情况具有一定的适应能力，其可适应的温度范围是 37.0~39.5℃（98.6~103.1 ℉），变温孵化的控温标准就在这个范围内。变温孵化适用于整批入孵管理方式。温度控制原则：前高、中平、后低。

鹅变温孵化温度：1~2 天 39℃，3~14 天 38℃，15~25 天 37.5℃，25~27天 37.2℃，27 天后 36.5℃。种蛋入孵见图 5-17。

2. 温度的影响

孵化过程中温度偏高或偏低都会影响胚胎的正常发育，其影响程度与温度偏差幅度、持续时间和胚龄大小有关。

（1）温度偏高的影响　温度偏高会使胚胎发育加快、孵化期缩短，死亡胚胎和畸形雏、弱雏增多。若温度超过 42℃经过 2~3 小时胚胎就会发生死亡，若温度达到 47℃时孵化 5 天的胚胎会在 2 小时内完全死亡，而入孵 16 天的胚胎在半小时内就全部死亡。胚龄越大对高温的耐受性越差。高温会导致雏禽出现绒毛与壳膜粘连，雏禽腹部小而且干硬。

（2）温度偏低的影响　温度偏低会使胚胎发育延缓，孵化期延长，出雏率降低。相对而言家禽胚胎对低温的耐受能力要比高温大。如果孵化温度较长时间低于 35.6℃时，胚胎死亡数量则明显增多，如果短时间低于 35.6℃时，胚胎死亡数量则无明显增多；若温度降至 24℃则会使胚胎在 30 小时内全部死亡。低温会造成雏禽腹部膨大、松软，脐部湿。胚龄大的胚胎对低温的耐受性高于小胚龄的胚胎。

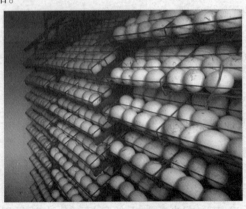

图 5-17　种蛋入孵

3. 胚胎所感受的温度

孵化过程中胚蛋本身的温度受两方面的影响:一是外源性供热如电热丝或其他供热装置,另一个是胚胎在发育过程中自身代谢所产生热量。

胚胎在不同的发育时期其本身所产生的热量也不一样:孵化初期胚胎处于细胞分化和组织形成阶段,胚体很小,所能产生的热量较少,这时种蛋的温度主要受孵化器内环境温度的影响,其后随着胚胎的日龄增大,物质代谢日益增强,胚胎本身产生大量的体热而使胚蛋感受到的温度明显上升。因此,在孵化时一般是采取分批交错上蛋的办法,每五天左右入孵一批蛋,并使"新蛋"与"老蛋"的蛋盘交错放置以便相互调节温度;若整批入孵时,到中、后期必须注意晾蛋以防超温,或将供温标准适当降低。

(二)晾蛋

晾蛋的目的是防止蛋内温度或机内温度超标。晾蛋一般在孵化中后期进行,通常都是在 12 天以后进行。每天 1~2 次,每天上午和下午各一次。方法是:整批入孵晾蛋时把孵化器门打开,关闭加热电源,电扇持续鼓风;分批入孵时将需要晾蛋的蛋车拉出,孵化器门关闭。晾蛋时间根据孵化室内温度和胚龄大小(胚龄大则晾蛋时间长、胚龄小则晾蛋时间短)灵活掌握,一般时间为10~30 分。当蛋表面温度下降到 34℃ 左右,用眼皮感觉达到"温凉"即可。

鹅蛋脂肪含量高,蛋量大,单位重量散热面积小,必须进行晾蛋。晾蛋不仅可驱散孵化器中的余热,还可使胚蛋得到更多的新鲜空气,适当的冷刺激还可促进胚胎发育。

(三)通风换气

家禽孵化器内的通风换气关系到发育中胚胎的气体交换以及对温度和湿度的调节。家禽胚胎在孵化过程中不断地进行着气体代谢——吸入氧气和排出二氧化碳,因此,在孵化中必须供给新鲜空气,排出浊气。

据测定,孵化器中氧气含量不低于 20%,二氧化碳含量低于 1% 时可获得良好的孵化效果,当二氧化碳含量超过 1% 时每增加 1% 则孵化率下降 15%,同时还会出现较多的胎位不正现象和畸形、体弱的雏禽;氧气含量低于 20%会使孵化率降低,在 20% 的基础上氧化含量每降低 1% 孵化率约下降 5%,在海拔高的地区孵化率低的重要原因是空气中氧气含量不足,通过人工补充氧气则会使孵化效果明显改善。

在孵化的不同时期胚胎的耗氧量是不一致的,据测定每个胚胎每天耗氧量在初期为 12.24 厘米^3,17 天达 416.16 厘米^3,20 天、21 天可达 1 000~1 500

厘米³。由此可见在孵化中，后期加大通风量是不可忽视的，它不仅可提供新鲜的空气，排出二氧化碳，而且能够使孵化器中的温度更为均匀，排出余热。

在加大通风的同时应考虑孵化器内的温度和湿度的保持，通风强度大时散热快、湿度小；通风不良时空气不流畅、湿度就大；同时通风太强会使胚胎失去过多水分，通风不良则影响蛋内水分的正常蒸发。从而影响到孵化效果，见表5－6。

表5－6　通风量与孵化率的关系

通风量（米³/小时）	0.27	0.55	0.73	1.21	5.39	11.2
受精蛋孵化率（%）	12.7	25.8	42.6	69.8	86.0	84.7

孵化中通风的控制不仅要求孵化器有良好的通风换气系统及控制装置，而且还要求有适当的气流速度，使气流在机内均匀流通，并要使凉风不直接吹向蛋面。

同时孵化室的通风换气也是一个不容忽视的问题，除了保持孵化器顶部与天花板有适当距离（不低于1米），还应有污气集中排放设备和送气设备，以保证室内空气新鲜（通风不足常见于冬季需要保温之时。常可见到出雏器中因二氧化碳浓度高，雏鸡昏昏欲睡）。

（四）翻蛋

翻蛋是保证胚胎正常发育所必不可少的条件，在母禽抱窝时可以见到其用喙、爪翻动种蛋，翻蛋对胚胎的发育具有重要意义。

1. 翻蛋的作用

（1）翻蛋可以防止胚胎与壳膜粘连　从生理上讲蛋黄含脂肪多，比重较轻，总是浮在上部，而胚胎则位于蛋黄的上面，若长时间不翻蛋则胚胎与壳膜易发生粘连而引起死亡。

（2）翻蛋有助于胚胎运动　保持胎位正常，也可改善胎膜血液循环。

（3）翻蛋能使胚蛋各部受热均匀　在一定程度上可以缓解温差所造成的不良影响。孵化器中的翻蛋装置正是模仿抱窝鸡翻蛋而设计的。

2. 翻蛋次数

机械孵化一般是每天翻蛋12～24次，无论何种孵化方法每天翻蛋次数不宜少于6次，否则会导致孵化率降低，见表5－7。不同的翻蛋处理方式对孵化率的影响有差异，具体见表5－8。

表 5 - 7　翻蛋次数与孵化率的关系

每天翻蛋次数(次)	2	4	6	8
受精蛋孵化率	67.4	70.4	73.3	78.1

表 5 - 8　孵化率与翻蛋措施的关系

处理方式	孵化率(%)
整个孵化期不翻蛋	29
7 天前翻蛋 7 天后不翻蛋	79
前两周翻蛋后两周不翻	95
啄壳前每天都翻蛋	92

生产上要求在种蛋落盘以前都应该翻蛋。在孵化设备的制造上已经体现了这种要求。

3. 翻蛋角度

在新型孵化器中都设计为 90°,而在土法孵化时手工翻蛋尽可能达到 180°。鹅蛋的翻蛋角度要求比鸡蛋大,不低于 100°。

(五)相对湿度

1. 保持适宜湿度的意义

孵化中相对湿度与胚胎发育之间的关系主要表现在三个方面:

(1)调节蛋内水分蒸发,维持胚胎正常的物质代谢　相对湿度偏低会使蛋内水分蒸发过多,造成尿囊绒毛膜复合体变干,从而阻碍氧气的吸入和二氧化碳的排出,也易引起胚胎和壳膜粘连;湿度偏高会阻碍蛋内水分的正常蒸发,都会影响到胚胎物质代谢的正常进行。

(2)使胚蛋受热均匀　适宜的相对湿度可以使孵化初期的胚蛋受热良好,也有利于后期胚蛋散热。

(3)有利于雏禽啄壳　后期有足够的相对湿度可以与空气中的二氧化碳共同作用于蛋壳使碳酸钙转变为碳酸氢钙,蛋壳变脆,有利于雏禽啄壳。

2. 控制标准

家禽胚胎的发育对环境中相对湿度适应范围比较宽,只要温度适宜,40% ~ 70%的相对湿度都不会对家禽胚胎的发育有明显的影响。分批入孵情况下对于鸡胚来说孵化器内相对湿度保持在 50% ~ 60%,出雏器内为 65% ~ 70%即可保持其正常发育;水禽蛋对相对湿度的要求比鸡蛋高 5% ~ 10%。

在整批入孵的情况下,湿度掌握的原则是"两头高,中间低",即孵化第一

225

周,胚胎要形成羊水、尿囊液,相对湿度应为60%～65%,孵化中期胚蛋羊水、尿囊液要向外挥发,相对湿度可降为50%～55%,而落盘后为使蛋壳变脆和防止雏禽绒毛与蛋壳粘连,相对湿度应升高到65%～70%。

鹅蛋在孵化到中后期时要注意及时在蛋的表面洒水,一方面可以帮助蛋内部的热量向外散发,另一方面还可以保持较高的湿度。洒水可在晾蛋的同时进行,水温以35℃左右为宜。

(六)种蛋孵化过程中胚胎的发育

种蛋入孵后,胚胎很快苏醒,发育并形成胚层。胚层将分化形成胚胎所有的组织和器官,外胚层形成胚胎的皮肤、羽毛、喙、爪、耳、口腔、神经系统,眼和泄殖腔上皮;中胚层演化为骨骼、肌肉、血液、生殖和排泄器官;内胚层分化为呼吸和分泌器官及消化道内膜等。

正常的孵化条件下,不同日龄鹅的胚胎发育情况简述如下:

1～2天:胚盘发育,出现消化道,形成脑、脊索和神经管等。在胚盘边缘出现许多红点。

3～3.5天:卵黄囊、羊膜、绒毛膜开始形成。心脏和静脉形成。心脏的雏形开始跳动。

4.5～5天:尿囊开始长出,鼻、翅膀、腿开始形成,羊膜完全包围胚胎。眼的色素开始沉着。

5.5～6天:羊膜腔形成,胚与卵黄囊完全分离,并在蛋的左侧翻转。胚头部明显增大。

7天:生殖腺已经分化,胚胎极度弯曲,眼的黑色素大量沉着。

8～8.5天:喙开始形成,腿和翅膀大致分化。尿囊扩展达蛋壳膜内表面,羊膜平滑肌收缩使胚胎有规律的运动,胚的躯干部增大。

9～9.5天:出现卵齿,肌胃形成,绒毛开始形成,胚胎自身有体温。胚胎已显示鸟类特征。

10～10.5天:肋骨、肝、肺、胃明显可见,母雏的右侧卵巢开始退化。嘴部开始可以张开。

11.5～12天:喙开始角质化,软骨开始骨化。尿囊几乎包围整个胚蛋。

15～16天:龙骨突形成,背部出现绒毛,腺胃明显可辨,血管加粗、色深。

17天:躯体覆盖绒毛,趾完全形成,肾、肠开始有功能,胚胎开始用嘴吞食蛋白。

18天:头部及躯体大部分覆盖绒毛。出现足鞘和爪。蛋白迅速进入羊膜腔。

18~22天:胚胎从横的位置逐渐转成与蛋长轴平行,头转向气室。翅膀成形。体内器官大体上都已形成。绝大部分蛋白已进入羊膜腔。卵黄逐渐成为重要的营养来源。

23~24天:两腿紧抱头部,喙转向气室,蛋白全部输入羊膜腔。

25~26天:胚胎成长接近完成。头弯右翼下,胚胎转身,喙朝气室。

27.5~28天:卵黄囊经由脐带进入腹腔。喙进入气室开始呼吸,胚胎呈抱蛋姿势,开始啄壳。颈、翅突入气室。

28.5~30天:剩余的蛋黄与卵黄囊完全进入腹腔。尿膜失去作用,开始枯干。起初是胚胎喙部穿破壳膜,伸入气室内,接着开始啄壳。

30.5~31天:出壳(图5-18)。

图5-18　雏鹅出壳

六、机器孵化法操作管理

随着科学技术的日益进步,机器孵化法由于控温、控湿精确,自动化程度高,孵化量大,劳动效率高,因此在我国普及推广很快,我国大中型种禽场、孵化场基本上都是用机器孵化法来孵化种蛋的。有关孵化设备的结构和规格可以参考有关产品说明。

(一)孵化前的准备

1. 孵化计划的制订

根据孵化和出雏机容量、种蛋来源、雏禽销售合同等具体情况制订孵化计划。如孵化出雏机容量大,种蛋来源有保证,雏禽销售合同集中而量大,可采用整批入孵的变温孵化法;反之,设备容量小,分批供应种蛋,雏禽销售合同比较分散,可采用分批上蛋的变温孵化法。在制订孵化计划时,尽量把费时的工作(上蛋、照蛋、落盘、出雏)错开安排,不要集中在一起进行。

2. 操作人员培训

现代孵化设备的自动化程度很高,有关技术参数设定后就可以自动控制。但是,孵化过程中各种问题都可能出现,要求孵化人员不仅能够熟练掌握码盘、入孵、照蛋、落盘等具体操作技术,还要了解不同孵化时期胚胎发育特征和孵化条件的调整技术。此外,对于孵化设备、电器设施使用过程中常见的问题也能够合理处理。

3. 孵化室的准备

孵化前对孵化室要做好准备工作。孵化室内必须保持良好的通风和适宜的温度。一般孵化室的温度为 20~26℃,相对湿度 55%~60%。为保持这样的温、湿度,孵化室应严密,保温良好,最好建成密闭式的。如为开放式的孵化室,窗子也要小而高一些,孵化室天棚距地面 4 米以上,以便保持室内有足够的新鲜空气。孵化室应有专用的通风孔或风机。现代孵化厂一般都有两套通风系统,孵化机排出的空气经过上方的排气管道,直接排出室外,孵化室另有正压通风系统,将室外的新鲜空气引入室内,如此可防止从孵化机排出的污浊空气再循环进入孵化机内,保持孵化机和孵化室的空气清洁、新鲜。孵化机要离开热源,并避免日光直射,孵化室的地面要坚固平坦,便于冲洗。

孵化前对孵化室要进行清扫,清理、冲洗排水沟,供电线路检修,照明、通风、加热系统检修。

4. 孵化器的检修

孵化人员应熟悉和掌握孵化机的各种性能。种蛋入孵前,要全面检查孵化机各部分配件是否完整无缺,通风运行时,整机是否平稳;孵化机内的供温、鼓风部件及各种指示灯是否都正常;各部位螺丝是否松动,有无异常声响;特别是检查控温系统和报警系统是否灵敏。待孵化机运转 1~2 天,未发现异常情况,方可入孵。

5. 孵化温度表的校验

所有的温度表在入孵前要进行校验,其方法是:将孵化温度表与标准温度表水银球一起放到 38℃ 左右的温水中,观察它们之间的温差。温差太大的孵化温度表不能使用,没有标准温度表时可用体温表代替。

6. 孵化机内温差的测试

因机内各处温差的大小直接影响孵化成绩的好坏,在使用前一定要弄清该机内各个不同部位的温差情况。方法是在机内的蛋架装满空的蛋盘,用校对过的体温表固定在机内的上、中、下,左、中、右,前、中、后部位。然后将蛋架翻向一边,通电使鼓风机正常运转,机内温度控制在37.8℃左右,恒温半小时后,取出温度表,记录各点的温度,再将蛋架翻转至另一边去,如此反复各2次,就能基本弄清孵化机内的温差及其与翻蛋状态间的关系。

7. 孵化室、孵化器、摊床的消毒

为了保证雏禽不受疾病感染,孵化室的地面、墙壁、天棚均应彻底消毒。孵化室墙壁的建造,要能经得起高压冲洗消毒。孵化前机内必须清洗,并用福尔马林熏蒸,也可用药液喷雾消毒。

8. 入孵前种蛋预热

种蛋预热能使静止的胚胎有一个缓慢的"苏醒适应"过程,这样可减少突然高温造成死精偏多,并减缓入孵初的孵化器温度下降,防止蛋表凝水,利于提高孵化率。预热方法是在22~25℃的环境中放置12~18小时或在30℃环境中预热6~8小时。

9. 码盘、入孵

将种蛋斜放或平放在孵化盘上称为码盘(图5-19),码盘同时挑出破蛋。整批孵化时,将装有种蛋的孵化盘插入孵化蛋架车推入孵化器内。分批入孵时,装新蛋与老蛋的孵化盘应交错放置,注意保持孵化架重量平衡。为防不同批次种蛋混淆,应在孵化盘上贴上标签。

图5-19 码盘

入孵时间最好是在下午4点以后,这样大批出雏可以赶上白天,工作比较方便。

10. 种蛋消毒

种蛋入孵前后 12 小时内应熏蒸消毒 1 次,方法同前。

(二)孵化日常管理

1. 温度的观察与调节

孵化机的温度调节旋钮在种蛋入孵前已经调好定温,在采用恒温孵化的时候,如果没有什么异常情况出现不要轻易扭动。在采用变温孵化的情况下,要由专业技术人员在规定时间调整。

一般要求每隔 1～2 小时检查箱温 1 遍并记录 1 次温度。判断孵化温度适宜与否,除观察门表温度,还应结合照蛋,观察胚胎发育状况。

2. 湿度

孵化器湿度的提供有两种方式,一种是非自动调湿的,靠孵化器底部水盘内水分的蒸发。对这种供湿方式,要每日向水盘内加水。另一种是自动调湿的,靠加湿器提供湿度,这要注意水质,水应经滤过或软化后使用,以免堵塞喷头。湿球温度计的纱布在水中易因钙盐作用而变硬或者沾染灰尘或绒毛,影响水分蒸发,应经常清洗或更换。

3. 翻蛋

孵化过程中必须定时翻蛋。孵化鹅蛋的翻蛋角度比鸡大。根据不同机器的性能和翻蛋角度的大小决定翻蛋的间隔时间。温差小、翻蛋角度大的孵化机可每 2 小时翻蛋一次;反之,应每 1 小时翻蛋一次。手工翻蛋的,动作要轻、平稳,每次翻蛋时要留意观察蛋架是否平稳。发现异常的声响和蛋架抖动都要立即停止翻蛋,待查明原因,故障排除后再行翻蛋。

自动化高的孵化机,翻蛋有两种方式,一种是全自动翻蛋,每隔 1～2 小时自动翻蛋 1 次;另一种是半自动翻蛋,需要按动左、右翻蛋按钮键完成翻蛋全过程。在生产实践中,为了结合观察记录孵化温度,及时了解孵化器是否运转正常,往往采用定时半自动翻蛋。

4. 通风

整批入孵的前三天(尤其是冬季),进、出气口可不打开,随着胚龄的增加,逐渐打开进、出气孔,出雏期间进、出气孔全部打开。分批孵化,进、出气孔可打开 1/3～2/3。鹅蛋在孵化中后期,脂肪代谢比鸡强,所以应特别重视通风换气。

5. 照蛋

照蛋之前应先提高孵化室温度(气温较低的季节),使室温达到 30℃ 左右,以免照蛋过程中胚胎受凉。照蛋要稳、准、快,从蛋架车取下和放上蛋盘时动作要慢、轻,放上的蛋盘一定要卡牢,防止翻蛋时蛋盘脱落。照蛋方法:将蛋架放平稳,抽取蛋盘摆放在照蛋台上,迅速而准确地用照蛋器按顺序进行照检,并将无精蛋、死胚蛋、破蛋拣出,空位用好胚蛋填补或拼盘。抽、放蛋盘时,有意识地上、下、左、右对调蛋盘,因为任何孵化机上、下、左、右存在温差是难免的。整批蛋照完后对被照出的蛋进行一次复查,防止误判。同时检查有否遗漏该照的蛋盘。最后记录无精蛋、死精蛋及破蛋数,登记入表,计算种蛋的受精率和头照的死胚率。

另外,有一种照蛋设备称为照蛋箱,当蛋盘放在箱口时压迫微型开关,箱内灯泡打开,而蛋的锐端与箱口的带孔板相对应,光线不外泄。照蛋者能够看清全盘蛋的情况,效率很高,破蛋也少。

6. 晾蛋

鹅蛋在孵化的中后期必须晾蛋。判断是否需要晾蛋,除胚龄外还要观察红灯亮(加热)、绿灯亮(断电停止加热)的时间长短及门表温度显示。若绿灯长时间发亮,门表显示温度超出孵化温度,说明胚蛋出现超温现象,应及时打开机门,或把蛋架车从机内拉出晾蛋。室温低于 19℃时,不必晾蛋。19 ~ 20 天开始同时进行晾蛋与喷水,一般每天晾蛋及喷水各四次,喷水方法:抽出蛋盘,稍晾一会,在蛋面上喷洒 37℃温水。晾蛋的具体操作前已述及。

7. 落盘

鹅胚发育至 26 ~ 27 天时,把胚蛋从孵化器的孵化盘移到出雏器的出雏盘的过程叫落盘(或移盘)。具体落盘时间应根据二照的结果来确定,当蛋中有 1% 开始出现"打嘴",即可落盘。

落盘前应提高室温,动作要轻、快、稳。落盘后最上层的出雏盘要加盖网罩,以防雏禽出壳后窜出。对于分批孵化的种蛋,落盘时不要混淆不同批次的种蛋。

落盘前,要调好出雏器的温、湿度及进、排气孔。出雏器的环境要求是高湿、低温、通风好、黑暗、安静。

目前我国孵化家禽蛋采用机、摊结合孵化的很多。一般二照前机孵,二照后(鹅 16 天)上摊,把种蛋先放平于上层摊床,放两层(因为上层温度高,胚胎此时自温较低又需高温),在 10 ~ 12 小时,温度上升到 37 ~ 38℃再平放 1 层(由 2 层变为 1 层),靠摊床上棉被层数、厚薄调温,每天进行倒蛋 3 次(每 8 小时 1 次):中间蛋与边缘蛋对倒,到出雏前 1 ~ 2 天,只将边蛋调到中心位置,不进行倒蛋。倒蛋的同时晾蛋,出雏前5天左右由上摊移至下摊(此时种蛋自温已较高,发育不需高温,同时在下摊也便于出雏时操作)。摊孵温度全凭工作经验、胚龄、气温(摊房温度要求28~32℃)适当调整。

8. 出雏与记录

胚胎发育正常的情况下,落盘时就有破壳的,鹅蛋孵化到29天就陆续开始出雏,一般鹅30天就大量出壳。

拣雏(图5-20)有集中拣雏和分次拣雏两种方式。集中拣雏是在雏鸡出壳达80%左右时进行拣雏,把没有出壳的胚蛋集中到若干个出雏盘内继续孵化,大批量孵化主要采用此法;分次拣雏则是从有雏禽出壳开始,每4~6小时拣雏1次。拣雏时要轻、快,尽量避免碰破胚蛋。为缩短出雏时间,可将绒毛已干、脐部收缩良好的雏禽迅速拣出,再将空蛋壳拣出,以防蛋壳套在其他胚蛋上引起闷死。对于脐部突出呈鲜红光亮,绒毛未干的雏禽应暂时留在出雏盘内待下次再拣。到出雏后期,应将已破壳的胚蛋并盘,并放在出雏器上部,以促使弱胚尽快出雏。在拣雏时,对于前后开门的出雏器,不要同时打开前后机门,以免出雏器内的温、湿度下降过大而影响出雏。

图5-20 拣雏

在出雏后期,可把啄壳口已经扩大、内壳膜已枯黄或外露绒毛已干燥,尿囊血管萎缩,雏禽在壳内无力挣扎的胚蛋,轻轻剥开啄壳口周围的蛋壳,分开粘连的壳膜,把头轻轻拉出壳外,令其自己挣扎破壳。若发现壳膜发白或有红的血管,应立即停止人工助产。

每次孵化应将入孵日期、品种、种蛋数量与来源、照蛋情况记录表内,出雏后,统计出雏数、健雏数、死胎蛋数,并计算种蛋的孵化率、健雏率,及时总结孵

化的经验教训。

9. 清扫消毒

出完雏后,抽出出雏盘、水盘,捡出蛋壳,彻底打扫出雏器内的绒毛污物和碎蛋壳,再用蘸有消毒水的抹布或拖把对出雏器底板、四壁清洗消毒。出雏盘和水盘要洗净、消毒、晒干,干湿球温度计的湿球纱布及湿度计的水槽要彻底清洗,纱布最好更换。全部打扫、清洗彻底后,再把出雏用具全部放入出雏器内,熏蒸消毒备用。

10. 停电时的措施

孵化厂最好自备发电机,遇到停电立即发电。并与电业部门保持联系,以便及时得到通知,做好停电前的准备工作。没有条件安装发电机的孵化厂,遇到停电的有效办法是提高孵化、出雏室的温度。停电后采取何种措施,取决于停电时间的长短和胚蛋的胚龄及孵化、出雏室温度的高低。原则是胚蛋处于孵化前期以保温为主,后期以散热为主。若停电时间较长,将室温尽可能升到33℃以上,敞开机门,半小时翻蛋一次。若停电时间不超过一天,将室温升到27~30℃,胚龄在11~13天前的不必打开机门只要每小时翻蛋一次,每半小时手摇风扇轮15~20分。胚龄处于孵化中后期或在出雏期间,要防止胚胎自温,热量扩散不掉而烧死胚胎,所以要打开机门,上下蛋盘对调或拉出蛋架车甚至向胚蛋喷洒温水。若停电时间不长,冬季只需提升室温,若是夏季不必生火。

第六章　鹅产品安全生产技术

　　鹅产品安全生产,进行深加工的意义十分重大,首先鹅产品深加工可以增加产品品种,使鹅产品不再局限于整胴体、羽绒、肥肝、蛋等的简单产品,而且能扩大产品市场,增加产品销售渠道,从而增产品的销量;鹅产品深加工还可延长产品保存期,有利于产品销售和保持产品市场价格稳定;鹅产品深加工更大的意义是可充分挖掘鹅体的价值及变废为宝,不断增产增值,就不会出现鹅产品市场疲软的局面,才能使养鹅业持续稳定发展长盛不衰。

第一节 鹅产品概述

一、鹅产品的种类及特点

（一）鹅肉

鹅肉是鹅业生产的主要产品之一。据测定，8~9周龄的仔鹅肉水分含量68%~72%，蛋白质含量18%~22%，脂肪含量6%~10%。鹅屠宰率87%左右，半净膛率80%~81%，全净膛率71%~73%。鹅肉氨基酸成分比例和人体氨基酸比例接近，容易吸收和消化。鹅脂肪分布于肌肉间和皮下，且多为不饱和脂肪酸，适合传统的加工方法，如烤鹅、烧鹅等。鹅肉加工产品具有风味独特、味道鲜美、容易消化等优点。鹅肉胆固醇含量低，在2012年世界卫生组织发布的"健康食品排行榜"中，鹅肉拔得头筹，位列肉类冠军。鹅属于草食性禽类，可以很好地消化利用青绿饲料和粗饲料，无论以舍饲或放牧饲养，都可以节约大量精饲料，生产成本费用较低，养鹅经济效益显著。随着国家对农业产业结构调整步伐的加快，种草养鹅、退耕还林、还草养鹅将逐步兴起，鹅产品以其优质无污染的特性将受到更多消费者的青睐。鹅肉还具有很好的保健功能。我国传统医学认为：鹅肉味甘性平，补阴益气，暖胃开津，祛风湿，防衰老。鹅油富含不饱和脂肪酸，对心脑血管很有好处。在德国，鹅肉被当作野味，售价比肉用仔鸡高1倍；在匈牙利，鹅肉是节日佳肴；在法国，一直就有"富人吃鹅，穷人吃鸡"的说法。南方人素有吃鹅肉习惯，诗圣杜甫"对酒尝新鹅"的遗风历代相传，以至长江以南有"有鹅不吃鸡"之说。

（二）鹅羽绒

羽绒是水禽的特产，羽绒生产是鹅业开发的一个重要组成部分，鹅羽绒在品质上比鸭羽绒更胜一筹。在放大镜下观察羽绒每根绒丝，呈鱼鳞状，有数不清的微小孔隙，含蓄着大量的静止空气，由于空气的传导系数最低，形成了羽绒良好的保暖性。另外，羽绒还具有其他保暖材料所不具备的吸湿发散的良好性能。据测定，成年人在睡眠时身体一夜散发出的汗水约100克，羽绒能不断吸收并排放人释放出的汗水，使身体没有潮湿和闷热感。

鹅羽绒含绒率高，富有弹性，隔热保暖性强，是高级衣被的填充料。白色鹅绒是羽绒中的极品，在国际市场上早有"软黄金"之说。我国开发利用羽绒资源较早，一个多世纪以来，羽绒一直是我国重要的出口创汇商品，我国年出口羽绒（含鸭）占国际贸易量的50%以上。鹅羽绒以其绒朵大、蓬松度好、填充度高而倍受青睐,基本全部出口,纯绒价格高达900元/千克。随着人们收入的增加,国内对鹅羽绒的需求量逐步增加。

浙江理工大学张克和等(2011年)研究比较鹅羽毛羽绒和鸭羽毛羽绒的结构特征,结果发现鹅羽毛羽绒的长度和大小范围要大于鸭羽毛羽绒的长度和大小范围,且鹅羽绒的绒丝比鸭羽绒的绒丝更细长,因而鹅羽绒比鸭羽绒更加柔软,保暖性更好。把鹅羽绒和鸭羽绒放在电镜下观察,发现区别在于绒丝二阶绒小枝上的节点不同,鹅羽绒的节点数目较少,且节点间距较长,而鸭羽绒的节点数目较多,节点间距较短。

运用红外衰减全反射光谱仪分析羽绒纤维的组成基团,发现鹅羽绒和鸭羽绒纤维的组成基团基本相同,但鸭羽绒纤维中巯基基团明显,使得鸭羽绒在宏观上表现出较差的气味等级,而鹅羽绒的气味等级较好。

运用X射线电子能谱分析羽绒纤维组成基团的结晶结构,测定鹅羽绒纤维的结晶度约为31.4%,鸭羽绒纤维的结晶度约为40.5%,由于鹅羽绒纤维的结晶度较低,所以鹅羽绒纤维相对鸭羽绒纤维较为柔软,舒适性和保暖性优于鸭羽绒。

(三)鹅肥肝

肥肝是指鸭、鹅生长发育大体完成后,在短时期内人工强制填饲大量高能量饲料,经过一定的生化反应在肝脏大量沉积脂肪形成的脂肪肝。肥肝质地细嫩,味道鲜美,脂香醇厚,营养丰富,是一种高级营养食品,在西方国家深受欢迎。近年来,在国内肥肝生产企业的宣传下,消费者对肥肝的营养与保健功能有了一定的认识,国内的消费量也在增加。从肥肝的营养、口感等品质来说,鹅肥肝远远超过了鸭肥肝。再加上鹅季节性繁殖,产量受到限制,鹅肥肝的售价也远超鸭肥肝。育肥后的鹅肥肝重达700~800克,最重可达1800克,比正常肝重5~10倍。由于鹅肥肝中含有大量的不饱和脂肪酸、维生素等多种对人体健康有利的营养素,所以被誉为"世界绿色食品之王"、"世界三大美味佳肴(鹅肥肝、鲟鱼子酱、松茸蘑)之一"。鹅肥肝脂肪含量高达60%~70%,是正常肝的7~12倍,不饱和脂肪酸比正常肝增加20倍,卵磷脂增加4倍,酶活性增加3倍。鹅肥肝中脂肪酸组成:软脂酸21%~22%、硬脂酸11%~12%、亚油酸1%~2%,16-碳烯酸3%~4%、肉豆蔻酸1%、不饱和脂肪酸65%~68%,每100克鹅肥肝中卵磷脂含量高达4.5~7克。不饱和脂肪酸易水解为人体吸收利用,可降低人体血液中的胆固醇水平。亚油酸为人体必需脂肪酸,其在人体内不能合成。卵磷脂具有降低血脂、软化血管、延缓衰老、预防心脑血管疾病发生的保健功效,是当今国际市场保健药物和保健食品必不可少的重要成分。鹅肥肝中色氨酸、蛋氨酸、缬氨酸等必需氨基酸水平都有明显提高,是一种高能量、易消化的保健型食品。鹅肥肝同时是膳食中铜元素的最佳来源,当机体缺铜时,酶活力下降,引起各种相关的功能障碍。

鸭、鹅肥肝与正常肝脏主要成分比较见表6-1。

表6-1 鸭、鹅肥肝与正常肝脏主要成分比较

种类	肝类型	水分(%)	粗脂肪(%)	粗蛋白质(%)
鸭	肥肝	36~64	40~52	7~11
	正常肝	68~70	7~9	13~17
鹅	肥肝	32~35	60	6~7
	正常肝	76	2.5~3	7

(四)鹅蛋

传统的蛋用型家禽有蛋鸡、蛋鸭、蛋鹌鹑三种类型,鹅蛋是用来孵化鹅苗的,很少有人去食用新鲜的鹅蛋。但近年来各种珍禽蛋类在蛋品市场上不断涌现,如珍珠鸡蛋、火鸡蛋、鸵鸟蛋等丰富了人们的餐桌,蒸煮鹅蛋、用鹅蛋加工的咸蛋已成为都市人喜爱的食品,目前鹅蛋呈旺销势头。

鹅抗病力强用药少,放牧食草,生态养殖,鹅蛋无药残污染,属于绿色食品。鹅蛋营养丰富,鹅蛋中的脂肪绝大部分集中在蛋黄内,含有较多的磷脂,其中一半是对人体有益的卵磷脂;鹅蛋中还含铁、钙和磷等矿物质和维生素A、维生素D、维生素E、维生素B_1、维生素B_2、烟酸和胆碱等维生素。鹅蛋中的蛋白质含量达15.1%,高于鸡蛋(14.8%)和鸭蛋(14%)。鹅蛋还具有滋补和药用价值,常被作为治疗糖尿病及催乳、助孕的偏方。因为鹅蛋口感独特,味道鲜,适合各种吃法,加工的咸蛋、松花蛋深受消费者欢迎。

商品鹅蛋的上市不仅丰富了人们的菜篮子和餐桌,而且对调节种鹅蛋、鹅苗市场供应有很好的作用。在鹅苗价格便宜时,养殖场可以将新鲜鹅蛋包装后销售,降低种鹅生产的市场风险。随着育种技术的进步,专用产蛋鹅品系的培育,将大大提高鹅的产蛋率,降低鹅蛋生产成本。

(五)其他鹅产品

1. 鹅裘皮

鹅裘皮是我国于20世纪60年代初首先研制成功的产品,突破了禽类毛皮不能制裘皮的禁区,轰动了全世界。鹅裘皮是由去掉羽毛带绒的鹅皮用化

学和物理方法鞣制而成的,具有裘皮的特性和用途。最初的鹅裘皮出口到法国和德国,主要用于制造妇女化妆盒中的粉扑,这种粉扑柔软而有弹性,所以很珍贵。

我国鹅裘皮用于服装工业在 20 世纪 90 年代兴起,鹅裘皮同其他兽类裘皮相比,具有皮源广、美观时尚、轻柔蓬松、隔热保暖性能好等特点。鹅裘皮的绒毛为朵状纤维,疏水性能很强,据说在水中 30 天还能保持很好的疏水性。在使用鹅裘皮和鹅绒制品时,鹅绒的绒朵会根据温度而膨胀或收缩,温度高时,绒朵收缩,散热和透气性能提高;温度低时,绒朵膨胀,密封性能和保温性能提高。

我国用鹅裘皮制成的大衣,在第 35 届布鲁塞尔国际博览会上获得金奖。但由于鹅裘皮本身的自然属性和加工技术方面尚不够成熟,还存在着拉伸度低、易脱毛等缺点。这就需要专业人员进一步攻关,制定统一质量标准,以尽快打入国内外市场,使我国的鹅裘皮资源能在较高水平上得到利用。

在鹅裘皮制品中,主要分为灰色和白色制品两大类,白色鹅裘皮可以做成以色彩为特色的系列产品。据了解,目前一张鹅裘皮的成本达 200 元以上,出口价达 385 元人民币。如果鹅的饲养和管理成本上涨的话,综合生产成本还会上扬。当制成服饰制品时,其价格会相应提高。在广西举办的第三届东南亚水产畜牧交易博览会上,用鹅裘皮做成的披肩每件售价 4 800 元,马甲每件 3 200 元,围巾每条 480 元,已成为高档华贵的服饰。

2. 鹅羽翎

鹅的主翼羽和副主翼羽统称为鹅羽翎。从鹅翅尖稍往里,第 1~3 根称尖梢翎,第 4~10 根称刀翎,第 11~21 根称窝翎。一只鹅共 42 根羽翎。鹅羽翎羽茎粗硬,轴管长而粗,适合加工各种工艺品、装饰品,如羽毛扇、羽毛画、羽毛花等。另外,用鹅羽翎制作羽毛球,品质优良,在国际市场上普遍受到欢迎。鹅羽翎利用后的次品,经过处理可以加工成羽毛粉,是一种蛋白质饲料,羽毛粉中所含的胱氨酸比鱼粉高 6 倍,可以代替部分蛋氨酸,显著提高饲料的利用率。

3. 鹅油

鹅的脂肪熔点较低,不饱和脂肪酸含量丰富,容易被人体消化吸收,同时还具有独特的香味,是一种很好的动物脂肪。食用鹅油要除去血污,进一步精炼。用鹅油制作糕点,如桃酥等,色形良好,酥脆不粘牙,不腻口,并有一种诱人的清淡香味。肥肝鹅屠宰取肝后,腹部积累了大量的脂肪,是鹅油的主要来源。据测定,大型肥肝鹅取肝后可获得 1 千克以上脂肪。利用鹅油熔点低易吸收的特点,可用以制作化妆品,有润肤美容效果。鹅油还可按 1.5% ~ 2.0% 的比例加入肥肝鹅填饲饲料中,其填肥效果更理想,促使肥肝快速增大。

4. 鹅骨

鹅肉分割后,剩下的带肉骨架是加工鹅骨肉泥、骨粉、鲜骨酱的主要原料。鹅骨能提供优质的钙、磷等矿物质,骨髓中含有丰富的营养物质,加工而成的鹅骨肉泥色泽清淡,组织细腻,口感良好。在饺子、香肠、包子中添加适量鹅骨肉泥,可以提高营养价值,特别适合缺钙的老年人食用。据报道,鹅骨肉泥干物质中含粗蛋白质 31.2%,粗脂肪 48.4%,钙 6.5%,磷 1.0%。

5. 鹅血

鹅血中蛋白质含量高,赖氨酸丰富,嫩而鲜美,可供食用。将新鲜鹅血与 2 ~ 3 倍的淡盐水充分搅拌混合,稍经蒸熟后即可食用。加工出来的鹅血块味鲜质嫩,适口性好,为广大消费者所喜好。国外还将鹅血加到香肠和肉制品中,来改善肉制品的色泽和味道。鹅血中还含有某种抗癌因子,现已确定用鹅血治疗恶性肿瘤是一种有效的方法,可制成抗癌药物。上海生产的鹅全血抗癌药片,已被国家批准正式生产。该药治疗食管癌、胃癌、肺癌、肝癌等恶性肿瘤有效率达 65%,对各种原因引起的白细胞减少症的治疗,有效率为 62.8%。鹅血药片和鹅血糖浆对老人、妇女以及身体虚弱者也有明显的益处。鹅血经离心分离出的血清为乳白色,呈半胶状,味道鲜美,可作为糕点和香肠等食品的添加剂,有名的法兰克福香肠就添加了 2% 鹅血清。英国和黑香肠添加 50% 的鹅血清胶体,用以提高其质量和风味。

成年鹅在屠宰前接种小鹅瘟疫苗,屠宰后每只鹅可提取 30 ~ 50 毫升高免血清,用来预防和治疗小鹅瘟,减少因感染小鹅瘟病毒而造成的死亡和损失。

6. 鹅胆和鹅脑

鹅胆可以用来提取去氧胆酸和胆红素。去氧胆酸能使胆固醇型胆结石溶解,是治疗胆结石的重要药物。胆红素是一种名贵中药,可用来解毒。鹅脑营养丰富,除具有较高食用价值外,还可以提取激素类药物。

7. 鹅脚皮

鹅脚皮经过剥离、鞣制后,可以用来制作表带、钥匙链等,具有厚薄均匀、细致柔软、抗拉性强等特点,而且外观独特,样式新颖,时髦畅销。另外,鹅脚是制作高档菜肴的原料,而且供不应求。

二、鹅产品生产及消费概况

（一）鹅肉

1. 鹅肉生产概况

鹅属于草食性家禽,可以很好地利用各种青绿饲料和粗饲料,而且具有生长速度快、耐粗饲、抗病力强、肉质优良等特点,近年来鹅养殖在我国得到了快速发展。根据中国畜牧业协会统计报告:2011 年全球肉鹅出栏量 6.47 亿只,其中我国出栏量为 6.05 亿只,占世界总出栏量的 93.5%,我国鹅肉产量约 210 万吨,占世界总产量的 94.36%。广东、江苏和四川是我国鹅生产大省与消费大省,年养鹅数量达到 7 000 万 ~ 9 000 万只。山东省全年生产鹅约 5 500万只,其次是吉林、黑龙江、福建、河南等省,年饲养鹅均达到 3 000 万 ~ 4 000万只。

2. 鹅肉国内消费

在我国,南方诸省也素有吃鹅肉的习惯,特别是在广东、江苏等省。广东省是我国鹅肉的主要产区,年出栏肉鹅在 5 000 万只以上,但仍无法满足本省需要,每年都要从外省调进,仅广州市年需鹅就可达到 8 000 万只以上。被誉为鹅都的扬州年生产加工风鹅、盐水鹅数量达 8 000 万只,南京市的鹅肉需求量也相当大,南京市有熟鹅摊点 2 000 余个,年销售 2 000 万只,仍供不应求。在南方诸省早已形成了一整套传统的烹调加工技艺,使鹅肉具有特殊风味,使人久食不厌,如广东烧鹅、香港烤鹅、南京盐水鹅、浙江宁波冻鹅、河南固始旱鹅块、四川成都卤鹅、四川凉山板鹅、杭州酱鹅、上海糟鹅、贵州竹荪鹅、云南板鹅、台湾鹅肉松、绍兴白斩鹅、扬州风鹅、武汉鹅脖等。南方人比较青睐鹅肉,但从目前看,其当地肉鹅的饲养量远远满足不了他们的需求,鹅的南繁北养,北养南运一直以来是鹅生产和消费的格局。上海市年需鹅 2 000 万只,广西 7 000 万只,香港每天就需 10 万只。

近十多年来,在北方地区各大中小城镇都有江、浙、皖等南方人设的活鹅收购点或鹅屠宰手工作坊,将鹅肉制成烧鹅、盐水鹅、熏鹅上市,将食鹅的习惯带给了北方人,活跃了北方的鹅业市场,推动了养鹅业的发展。

3. 鹅肉国际消费

现代营养学家已将鹅肉与鲸鱼肉一起推崇为人类保健食品。鹅肉还被世界粮农组织推荐为绿色肉类食品。鹅肉食品在欧洲各国非常受欢迎,在西方发达国家早已形成了"穷人吃鸡,富人吃鹅"的观念,鹅肉价格是鸡肉的 3.5倍。鹅肉的国际市场一直也很看好。改革开放的初期,我国的鹅肉也曾外销,如浙江的"冻宁波白鹅"销往东南亚地区,东北的冻肥鹅也曾向俄罗斯出口。法国和日本对鹅的去骨胸肉和腿肉感兴趣,都有从我国进口的意向。目前我国肉鹅的生产规模化水平低,分割鹅肉加工数量低,还没有成熟的分割鹅肉加工标准。鹅产品出口加工销售体系不完善,鹅肉的出口量很少,与"养鹅大国"的称号极不相称。国外的鹅肉市场曾一度为欧洲国家所占有。据中国海关统计:我国大陆鹅肉主要面对香港,2009 年输出鹅肉 1.5 万吨,占世界总出口量的 32.8%。

我国是养鹅第一大国,世界上 90% 的鹅肉在我国生产,过去由于鹅肉标准不统一,各国企业在做贸易的过程中就会产生摩擦。联合国欧洲经济委员会牵头组织制定鹅肉标准,就是为了提供通用贸易语言,简化贸易程序,预防贸易技术壁垒等。在联合国召开的第 67 届农产品质量标准工作会议上,由南京农业大学牵头制定的《鹅肉标准》被采用为新的国际标准。标准中对"全鹅""光鹅""2 分体""鹅胸脯肉"等 100 多种鹅产品进行了明确规定。比如"全鹅"必须包括头、颈子、爪子;"光鹅"必须去头、去掉爪子;"2 分体"是去掉颈子后,沿着脊椎骨、胸骨一分为二的部分。鹅肉国际标准由南京农业大学李春保博士和周光宏教授牵头起草,美国、法国、澳大利亚、俄罗斯、波兰等近 10 个国家的相关机构和国内多家禽类加工企业参加了标准的编写和完善。

4. 鹅肉消费前景

食品安全和营养保健是今后食品工业发展的主题,纯天然、无残留、营养丰富是人们所共同追求的目标,鹅抗病力强,发病率低,在鹅肉生产过程中不用添加任何药物,且鹅肉营养均衡,所以鹅肉市场具有广阔的前景。鹅肉在我国有望与鸡肉和鸭肉形成三足鼎立之势,这种态势日益明显。应鼓励企业加工分割肉冷却鹅产品,进入超市、连锁店配送。要大力发展休闲鹅肉产品,如鹅肉干、鹅肉松、卤鹅翅、卤鹅掌、卤鹅舌、卤鹅肫等,提高鹅产品加工的附加值。

发展低温鹅肉制品。我国目前仍以高温加热的肉制品为主,因灭菌效果好、在常温下有较长的货架期而较为适合当前食品行业卫生条件差和冷藏链不完善的状况,尤其适合广大的农村和中小城市。但肉制品在高温加热后普遍存在风味发生改变、产生过熟味(一种令人不愉快的味道)、营养成分受热易遭到破坏的缺点,而低温肉制品其加热温度一般在巴氏消毒温度范围内,肉品原营养成分能得到很好保留,风味口感较好。欧美各国肉制品几乎都属于中、低温加热肉制品。

（二）鹅羽绒

1. 羽绒生产现状

目前我国鹅的饲养量已近 9 亿只,年产羽绒量 10 万吨以上(其中鹅绒产量 3 万吨),占世界羽绒产量的 70%。我国羽绒年出口量 5 万吨,占世界贸易量的 50%,优质鹅绒几乎全部出口。我国是世界上最大的羽绒生产国和出口国,然而我国的羽绒历来都是作为鹅屠宰后的副产品,收取加工方法粗糙,造成羽绒质量低劣,严重制约着养鹅经济效益的提高。世界质量最佳的羽绒来自北欧和加拿大。我国鹅羽绒收集方法迫切需要改进。鹅的活体拔毛技术的推广和普及,是提高羽绒产量和品质的关键技术,应引起各级政府和养鹅企业(养鹅户)的重视。

2. 羽绒消费概况

目前在国内,尤其是南方养鹅发达的省份都有专业的羽绒交易中心,如在皖西六安地区就有 250 多个羽绒交易市场,其中 3 个大型羽绒专业市场分别在固镇、新安、舒城,固镇的羽绒一条街,高峰期日成交羽绒在 2 万千克左右。根据中国商会羽毛羽绒制品分会(CFNA)统计:2008 年我国羽毛羽绒及其制品进出口总额为 20.23 亿美元,其中出口 19.33 亿美元,进口 9 033 万美元,约占国际总贸易额的 55%。受国际金融危机的影响,2009 年我国羽毛羽绒制品额下降到 17.4 亿美元,下降 10%。进口额达 9 800.1 万美元,提高 8.5%。

3. 鹅活体拔毛技术的推广

鹅的活体拔毛起源于欧洲。早在纪元前的古罗马时代,欧洲人就开始活拔鹅羽绒,认为白鹅的羽绒最珍贵,保管得好,能使用七八十年时间,故售价最高。我国古代也有活拔鹅毛的记载,但主要是为了人工强制换羽,达到调整产蛋期的目的,并非采集羽绒。欧洲人在仔鹅 14 周龄时开始活体拔毛,以后每隔 7 周拔毛 1 次。在法国的波尔多地区,活体拔毛很盛行,且远近闻名。在英国也有活体拔毛的传统,每只鹅每年拔毛 5 次。后来,欧洲人移居到美国,把活拔鹅毛技术传到了美国,他们在种鹅停产后和换毛前以及 8 月中旬,各拔毛 1 次,即每年拔毛 3 次。

匈牙利是世界上养鹅较多和盛行活拔鹅毛的国家,该国"青草换鹅毛"的口号,使养鹅数不到我国的 1/10,而鹅羽绒产量却相当于我国羽绒产量的 1/3,羽绒总产值与我国接近,成为世界上第二个羽绒生产和出口国。

我国历史上还没有发现有关活拔鹅毛的文献资料,1986 年陈耀王等考察匈牙利养鹅业,引进了鹅的活体拔毛技术,并大力推广,成为我国鹅业羽绒生产中的创新工程,对我国羽绒产量的增加和品质的提高发挥了极大的推动作用。

1 只上市仔鹅宰杀烫褪毛约 150 克,含绒率 10%。活拔羽绒在不影响母鹅正常生产的情况下,多产 1 倍左右的羽绒,含绒率能提高 20%～30%。平时不产羽绒的种鹅,也可在休产、休配期间,年活拔鹅毛 2～3 次,产羽绒 100～150 克。

(三)鹅肥肝

1. 鹅肥肝的生产现状

鹅肥肝起源于公元前 2500 年的埃及,已有 4 500 余年的历史,其真正形成产业也有 200 余年的历史。鹅肥肝生产已成为某些国家养鹅的主导产业,如法国、匈牙利、以色列等,这些国家养鹅的主要任务是生产肥肝。法国是最大的肥肝生产国、贸易国和消费国,一直居于垄断地位。匈牙利是排行第二位的肥肝生产和输出的国家,生产的肥肝几乎均是鹅肥肝,有 20%～30% 的鹅用于生产肥肝。以色列居第三位,年出口量在 300 吨以上。世界上鹅肥肝年需求量在 13 500 吨,全世界的生产能力在 9 000 吨,尚有 4500 吨的缺口。鹅肥肝生产属劳动力密集型产业,是利润值最高的畜禽产品,在发达国家,受劳动力昂贵和动物保护组织干预,鹅肥肝生产面临困境,这给我国鹅肥肝生产带来了发展机遇。

鹅肥肝与鹅肝酱在 19 世纪传入我国,目前我国的肥肝消费主要是用于商务宴请,大多在星级酒店使用。早在 20 世纪 80 年代初,法国戴尔佩拉公司等国外专家就在我国开展肥肝填饲技术培训,一些高等院校、科研单位及企业开始试验和试生产,取得了较好的成果。我国鹅肥肝试验于 1981 年首次成功,起初我国先后建起几十个家鹅肥肝生产出口企业,经过 20 余年不懈努力,我国的鹅肥肝在产量和销售方面都迈上一个新的台阶。2006 年我国的鹅肥肝已达到 500 余吨,2010 年我国鹅肥肝产量达到 1 500 吨左右。由于鹅繁殖的季节性强,再加上肥肝生产受引种费高(朗德鹅为主要肝用品种)、肥肝鹅繁殖率低、填饲技术不过关、填成率差等因素影响,致使我国鹅肥肝生产企业效益很差,有的已经停产、倒闭。目前国内主要从事鹅肥肝生产的企业有山东圣罗捷畜禽产业有限公司、吉林正方农牧股份有限公司,均达到年产 500 吨以上规模。

2. 慎重发展鹅肥肝产业

从可行性分析看,鹅肥肝生产是利润值较高的畜牧产业。但鹅肥肝生产更是一项高投入、高技术同时伴随着高风险的行业,是门槛很高的产业。如果没有一定的技术水平和资金支持以及国内市场的开拓能力,一哄而上,必将出现"怎么算怎么挣钱,怎么干怎么赔钱"的局面。动物福利法的出台,限制了欧盟一些国家的鹅肥肝生产,如法国将在 2012 年之前停止鹅肥肝生产。似乎中国的鹅肥肝生产更有空间,但与国际接轨的中国的动物福利法也将出台相关规定,所以中国的肥肝业也未必会有太好的前景,入行前须慎重思考。

法国是最大的肥肝生产国,也是最大的进口国和消费国,其次匈牙利、以色列、波兰等国也是肥肝生产大国,年消费量在 1 万吨左右。

我国具有丰富的鹅种资源和劳动力资源,大力发展肥肝生产,增加出口创汇收入,必将推动我国产业结构的调整和优化,提高我国畜牧业在国际市场上的竞争力。江苏、山东两个省被确定为肥肝生产基地,生产工艺得到国外专家的赞赏,我国鹅肥肝生产的工艺技术已经成熟,具有大量生产鹅肥肝的能力,已批量出口日本、法国等国家。随着中国加入世贸组织以后关税的降低,我国肥肝生产将面临新的机遇,广大养鹅企业和养鹅户要学好肥肝生产技术,提高肥肝的品质,增加在国际市场上的竞争力。我国在鹅肥肝生产设备成本和劳动成本上具有明显的优势,企业利润可观。2000 年,广西鸿雁食品有限公司在北海市合浦县兴建世界最大鹅肥肝生产基地,设计年生产鹅肥肝 1 000 吨,是世界上最大的鹅肥肝生产基地。

(四)商品鹅蛋生产前景

近些年,鹅蛋之所以成为市场上的稀有蛋品,主要是因为随着鹅业生产的大发展,种蛋一直供不应求,所以很少有新鲜的蛋上市。目前在国内市场上出售的食用鹅蛋大多是孵化过的无精卵,新鲜的鹅蛋很少,只有在养鹅形势不好的 2008 年,出现了一元钱一枚的低价鹅蛋。近 3 年来,食用鹅蛋一直供不应求,价格一路攀升,每枚单价可达 2～7 元。按这个价钱计算,使用像豁眼鹅这样产蛋量高的品种,专门从事鹅蛋生产还是有利可图的,其利益要远远高于蛋鸡。食用鹅蛋需求量的增长也给种鹅饲养带来了生机,会让规模饲养的种鹅户看到曙光,在种蛋价格低时,可以随时淘汰公鹅销售也可以维系生存,食用蛋市场好时还可以赚取可观的利润。

总体来看,鹅食用蛋的市场还是很广阔的。人们对食用鹅蛋的兴趣有增无减,现阶段主要腌制咸蛋、五香蛋和糟蛋,尤其是用鹅蛋制作的糟蛋,是具有独特风味的美味食品。今后专门化的蛋鹅生产必将出现,是鹅业生产新的增长点。

(五)鹅裘皮生产现状与市场前景

中国国内生产鹅裘皮的企业较少,吉林及山东、黑龙江、安徽、浙江等省的几家工厂或科研单位均已研制出或正在研制鹅绒裘皮,在剥取生皮及初加工工艺上已经取得可喜的成果。但在鞣制过程中有的技术难关尚未完全解决,如还存在绒毛容易脱落等问题。四川隆昌朗德鹅有限公司的产品在固绒技术上是成功的,据说该公司掌握了与其他厂家不同的固绒技术,在今年的上海中(台)日羽绒及羽绒制品专业国际研讨会上,该公司的 10 件鹅裘皮皮张展品都被卖给或赠给业内人士。上述的情况说明,鹅裘皮皮张产品的生产技术正在提高和成熟,专注于鹅裘皮研制和生产的企业也在不断增加。

国内的鹅裘皮服饰产品主要有帽子、围脖、披肩、背心、大衣、被褥、小饰品等。可以相信,随着产业的发展,鹅裘皮制品的品类会越来越多。目前鹅裘皮的生产呈现北强南弱的情况,但是不可忽略的是南方有强大的资本优势、服饰技术优势、市场优势,鹅裘皮服饰业优势有可能向南方移动。鹅裘皮产业的重点是要做好产业链前端的鹅,培育、饲养体型大、产绒多,绒质好的鹅,更要求有较好的整齐度,做好产业链的前端,才能有皮张大而整齐的裘皮货源,也才能有好的市场。

中国羽绒行业专家王敦洲认为,鹅裘皮制品的市场是在国内冬季较为寒冷的地域,另外国际市场前景无量,尤其是俄罗斯的市场会很大。中青年白领女性是最大的目标市场,舒适、美观和雅致是这类人群最重要的消费选择。值得强调的是鹅裘皮皮板柔软,手感极好,轻便保暖。用鹅裘皮制成的服装重量仅是兔皮的 1/2,貂皮的 3/4,白鹅裘皮洁白如雪,用鹅绒裘皮制成的服装及帽子、围巾、披肩以及多种装饰等,穿戴温暖舒适,雍容华贵,美观大方,深受外商青睐,因此鹅绒裘皮很有可能成为我国出口创汇的大宗产品,前景广阔。

第二节 鹅产品安全生产及加工技术

一、肉仔鹅标准化生产

(一)肉仔鹅的生长发育规律

1. 肉仔鹅增重规律

鹅具有早期生长快的特点,一般在 10 周龄时仔鹅体重达到成年体重的 70%~80%,虽因品种不同而有所差异,但各品种鹅的增重规律是一致的。以豁眼鹅为例,可以将其生长阶段分为 4 个时期,即快速生长期(0~10 日龄)、剧烈增重期(10～40 日龄)、持续增重期(40～90 日龄)和缓慢生长期(90～180 日龄),具体数据见表 6 - 2。

表 6 - 2   不同日龄豁眼鹅平均体重

日龄	0	10	20	30	40	50	60	70	90	120	180
公鹅重(克)	73	212	638	1 052	1 524	1 788	2 228	2 535	2 994	3 379	3 819
母鹅重(克)	71	217	494	977	1 390	1 637	2 009	2 255	2 658	3 288	3 358
公母均重(克)	72	214.5	566	1 014.5	1 457	1 712.5	2 118.5	2 395	2 826	3 333.5	3 588.5

2. 骨骼生长发育规律

体斜长的变化可以间接反映出部分躯干骨的生长情况。据测定,四川白鹅 30 日龄体斜长为 13.27 厘米,60 日龄为 21.77 厘米,90 日龄为 25.61 厘米。体斜长生长最快的时间在 30～60 日龄,此阶段是骨骼发育最快的时期。

3. 腿肌的生长发育规律

据测定,太湖鹅初生时腿肌重 5.8 克左右,10 日龄平均为 12.5 克,20 日龄平均为 38.2 克,30 日龄时平均为 82.5 克,以后腿肌生长加快,6 周龄时为 173 克,8 周龄时为 240 克。腿肌的生长高峰在 50 日龄左右,不同品种间有一定差异,生长慢的品种高峰期晚一些,生长快的品种高峰期出现得早。另据测定,国外一鹅种腿部重量,公鹅在 43 日龄时达最佳水平,为 129.8 克;母鹅在 39 日龄达最佳水平,为 104 克。

4. 胸肌的生长发育规律

据测定,太湖鹅初生时胸肌不足 1 克,10 日龄时为 1.2 克,20 日龄为 3.5 克,30 日龄为 7 克,6 周龄时为 18 克,从 8 周龄开始胸肌生长加快,9～10 周龄是生长高峰期,10 周龄时太湖鹅胸肌重约 146 克。因此,为了获得高的胸肌率,肉仔鹅至少饲养 10 周以上。

5. 脂肪的沉积规律

鹅胴体中脂肪的含量随日龄的增长而明显增加。太湖鹅从 4 周龄开始腹内脂肪沉积加快。一般鹅在 10 周龄以后脂肪沉积能力最强,皮下脂肪、肌间脂肪可以增加到体重的 25%～30%,腹脂增加到 10% 左右。一般如在 70 日龄屠宰,皮下脂占 2%～4%,腹脂占 1.5%～3%,因品种和育肥方式不同而异。作为烤制食用的肉仔鹅,适当延长上市时间,例如在华南一带,烤鹅的上市时间一般为 90～100 日龄。

鹅标准化安全生产关键技术

246

（二）肉用仔鹅生产的特点

1. 季节性

肉用仔鹅生产的季节性是由种鹅繁殖产蛋的季节性所决定的。我国的地方鹅种众多，其中除了浙东白鹅、溆浦鹅、雁鹅在当地可以四季产蛋，常年繁殖外，其他鹅品种都有一定的产蛋季节。南方和中部地区主要繁殖季节为冬春季（11月下旬至第二年5月），3月开始肉仔鹅陆续上市，8月底基本结束。而在东北地区，种鹅要等到5月才开始产蛋，8月开始肉仔鹅上市，一直可持续到年底结束，而这时南方食鹅地区当地已没有仔鹅，所以每年秋冬季都有大量仔鹅从东北贩运到南方。目前鹅的饲养仍以开放式饲养为主，受自然光照和气候影响较大，季节性明显。尽管近几年种鹅反季节繁殖取得了突破和成功，但应用推广量较小，短期内改变不了仔鹅生产的季节性。

2. 效益显著

鹅属草食性禽类，可以很好利用青粗饲料，东北、沿黄流域、南方以放牧为主，节约精料。另外，养鹅的基本建设简单，设备投资少。除了育雏期间需要一定的保温房舍与供暖设备外，其余时间用能遮挡风雨的简易棚舍即可进行生产。鹅肉的产品优势逐渐被消费者认可，价格比消耗大量精料的肉仔鸡、肉鸭都高。肉仔鹅生产属投入少、产出高的高效益畜牧业。规模化仔鹅屠宰企业，除了鹅肉主产品外，羽绒也是一笔不小的收入。目前1只仔鹅屠宰时，光羽绒就可获利10元钱左右。

3. 生产周期短

鹅的早期生长速度比鸡、鸭都快，一般饲养60~80天即可上市，小型鹅种达2.3~2.5千克，中型鹅种为3.5~3.8千克，大型鹅种可达5.0~6.0千克。杂交鹅的生长速度优势更为明显。青粗饲料充足时圈养或放牧，精料与活重比为(1~1.7):1。舍饲以精料为主，适当补喂青饲料，精料与活重比为(2~2.5):1。我们在养鹅中，1月龄以上的仔鹅要多喂青粗饲料，利用鹅消化粗纤维能力强的优点，降低生产成本。如果仔鹅全部以精饲料饲喂，不仅不能发挥早期生长速度快的优势，而且增加了饲料成本，基本无利可图。

4. 仔鹅属无污染绿色食品

我国具有丰富的草地资源，各类作物秸秆（花生秧、甘薯秧、豆秸等）资源丰富，为发展肉仔鹅生产提供了充足的饲料来源。仔鹅青粗饲料结合、精粗结合，生长迅速。仔鹅放牧所利用的草滩、草场、荒坡、林地、滩涂等一般没有农药、化肥等污染，精粗料中不加促生长的药物，鹅肉是目前较安全的无污染食品,将受到越来越多消费者的喜好。

(三)肉仔鹅生产常用的品种和杂交配套组合

现代肉仔鹅生产为了满足大规模、集约化生产,首先要求鹅种具有较高的产蛋性能。中国鹅的大部分品种繁殖性能比国外品种要高,而且适应性强,其中四川白鹅、太湖鹅、豁眼鹅以及籽鹅产蛋量较高,为最常用的肉用仔鹅生产品种。

鹅的品种间杂交,利用杂种优势来进行肉仔鹅生产的研究报道很多,结果均表现出一定的优势。主要表现为杂种后代生活力、抗病力增强,早期生长速度加快,肉质变好。一般在选择杂交亲本时,将产蛋性能较好的中小型高产蛋量鹅种做母本,将生长速度较快的大中型鹅种以及国外引进鹅种做父本,必要时采用人工授精方法来配种。

1. 不同地方品种间杂交

杨茂成等(1993)用太湖鹅、四川白鹅、豁眼鹅、皖西白鹅4个品种进行品种间配合力测定,筛选最优组合用于肉仔鹅生产。结果表明,杂交后代60日龄、70日龄活重以豁眼鹅为母本的3个杂交组合表现出杂种优势,其余组合的杂交效应均小于4个品种的平均纯繁效应,并且得出四川白鹅适合作为父本。陈兵等(1995)利用四川白鹅(公)、皖西白鹅(公)与太湖鹅(母)杂交,结果表明,杂交组仔鹅的日增重及饲料转化率极显著地高于太湖鹅,而且肉质也优于太湖鹅。杨光荣等(1998)用四川白鹅和凉山钢鹅进行正反杂交,杂交后代120日龄体重高于四川白鹅,但与凉山钢鹅无显著的差异。骆国胜等(1998)用四川白鹅(公)与四季鹅(母)杂交,杂交鹅的生长速度极显著高于四季鹅,与四川白鹅相比,也表现出一定的杂种优势。江苏扬州大学利用太湖鹅做母本,产蛋性能较好的四川白鹅做父本,杂交后代再自交,培育出了扬州鹅,肉质和生长速度得到了提高。刘胜军等(2004)用狮头鹅作为父本,籽鹅作为母本进行杂交试验,在同等饲养条件下,狮头鹅与籽鹅杂交一代狮籽鹅的成活率均高于籽鹅,其各阶段的生长速度极显著优于籽鹅,60日龄狮籽鹅达到4 000克,纯繁籽鹅只有2 800克。

2. 引进优良鹅种与中国地方良种杂交

我国从国外引进的优良鹅种主要是朗德鹅和莱茵鹅。黄炎坤等(2008)利用莱茵公鹅与四川白鹅母鹅进行杂交试验,7和10周龄杂交鹅的平均体重比四川白鹅分别高16.49%和15.22%,说明利用莱茵鹅做父本、四川白鹅做母本是较理想的杂交组合。班国勇等(2011)报道并利用选育后代豁眼鹅作为母本,莱茵鹅作为父本进行杂交,杂交鹅初生重高于纯种豁眼鹅初生重,杂交鹅 30 日龄、90 日龄重明显高于纯种豁眼鹅 90 日龄重,是较理想的杂交组合。王晓明等(2011)用朗德鹅公鹅与四川白鹅、豁眼鹅分别杂交,10 周龄朗德鹅四川白鹅杂交鹅平均体重、成活率和料重比为 3 920 克、96.3% 和 1.69:1,分别比朗德鹅豁眼鹅杂交鹅高 20.76%、6.7% 和 3.43%,差异极显著($P <$ 0.01)。

(四)肉仔鹅育肥

肉仔鹅育肥期是指从 30 日龄育雏结束到 70 日龄左右上市这一阶段。30 日龄前的雏鹅饲养管理与种鹅育雏期相同,见前述。生产中,肉仔鹅由于饲养方式不同,上市日龄有所差异。在一般放牧育肥、适当补饲的条件下,要到 80 日龄左右上市;舍饲喂给全价配合饲料,60 ~ 70 日龄即可上市;农村粗放式散养,则要到 80 ~ 90 日龄才能达到上市体重。上市体重要求大型鹅种达 5.5 ~ 6.0 千克,中型鹅种达 3.0 ~ 3.5 千克,小型鹅种为 2.25 ~ 2.5 千克。不论哪一种饲养方式,要充分发挥鹅草食性、消化粗纤维能力强的特点,降低生产成本,但在上市前 10 ~ 15 天都要加强饲喂,增加精饲料的用量,提高精饲料营养浓度,使仔鹅快速育肥。

1. 放牧育肥

放牧育肥是一种传统的育肥方法,在有条件的地区可大力推广。放牧育肥可以很好地利用自然资源,达到节约饲料的目的,同时放牧饲养鹅增重快,成活率高,饲养管理方便,设备投资少,产品质量高。例如在河南省沿黄滩区肉鹅放牧取得了很好的经济效益。

(1)牧场要求　放牧育肥对牧场要求较高,一般要求在水草丰茂的草原、坡地草场、河流滩涂、林间草地、湖边沼泽等野生牧场放牧较为合适。根据牧草生长情况,每亩地可放养 20 ~ 40 只育肥鹅。如果利用人工种植草场,每亩地可放养 80 ~ 100 只。另外,还可以在收获后的稻田、麦田中放牧,采食落谷(麦),育肥效果明显。对于一些干旱地区的荒漠型草场,不适合仔鹅放牧,负责会破坏草场,仔鹅频繁奔波,增重速度慢。

(2)放牧时间的安排　雏鹅在 10 ~ 15 日龄开始进行放牧训练,刚开始选择天气暖和、无风雨时进行,在上午 8 ~ 9 点和下午 2 ~ 3 点放牧。第一次放牧 20 ~ 30 分,以后逐渐延长放牧时间。1 月龄以后可采用全天放牧,刚开始每天 8 ~ 10 小时,以后逐渐延长到 14 ~ 16 小时,使鹅有充分的放牧采食时间。天气暖和时早出晚归,天气较冷或大风要晚出早归,但要注意早上放牧最早要等到露水干后进行,否则鹅采食到含有大量露水的牧草会引起腹泻,影响到生长。

(3)鹅群的划分　大批饲养肉仔鹅,放牧时要有合适的群体规模。群体太大,走在后边的鹅采食不到足够的牧草,影响生长和群体的均匀度;群体太小,劳动生产率不高,不能完全利用牧草。一般大中型鹅种群体大小以300～500只为宜,最多不超过600只;小型鹅种以700～800只为宜,最多不超过1 000只。为使鹅群均匀采食、均匀生长,在育雏期间就要控制群体大小,一般在育雏室内头几天应隔成20～30只一群。在育雏期间要定期强弱分群,大小分群,尽量保证育雏结束时生长均匀。

(4)实行轮牧　无论是野生牧场还是人工草场,为了保证牧草的再生利用,避免草场退化,鹅放牧过程中要实行轮牧。实行轮牧要按照鹅群大小,划定固定的草地,每天在一小块上放牧,15天新草长出后再放牧1次。实行轮牧可以保证草地的可持续利用。划定每天放牧草地大小,应根据草的生长情况和鹅采食量来定。每只鹅每天采食青草数量为1.0～1.5千克。

(5)牧鹅技术　鹅是一种生活规律性很强的禽类。放牧鹅群的关键是要让鹅听从指挥,做到"呼之即来,挥之即去",这就需要使鹅群从小熟悉指挥信号和语言信号,形成条件反射。从雏鹅开始,饲养人员每当喂食、放牧和收牧前,要发出不同而又固定的语言信号,如大声吆喊、吹哨、敲盆等。另外,在鹅群下水、休息、缓行、补饲时都要建立不同的语言信号和指挥信号。牧鹅的另一技术是"头鹅"的培养和调教,"头鹅"反应灵敏,形成条件反射快,其他鹅的活动要看"头鹅"来完成。"头鹅"一般选择胆大、机灵、健康的老龄公鹅。为了容易识别"头鹅",可在其背部涂上颜色或颈上挂小铃铛,这样鹅群也容易看到或听到"头鹅"的身影或声音,增加安全感,安心采食和休息。放牧鹅群人员要有耐心,保证鹅群在一定草场区域缓慢行走采食,不要赶着鹅群急行,急行容易引起鹅群吃不饱,掉膘。

(6)放牧方法　鹅群在放牧时的活动有一定的规律性,表现为"采食—饮水—休息"周期性循环。鹅群采食习性是缓慢游走,边走边吃,采食1小时左右,从外表看出整个食管发鼓发胀,表明已吃饱。这时应赶到水塘中戏水和饮水,然后上岸休息和梳理羽毛,每次下水时间为0.5小时左右,上岸休息0.5～1小时后再进行放牧采食。如果草场附近没有水源,可以不游水,但必须喝水,要有拉水车,准备水盆让鹅饮水。鹅休息时,应尽量避开太阳直晒,尤其是夏天的中午,可以在树荫下或搭建的临时凉棚下休息。

在水草丰盛的季节，放牧鹅群要吃到"五个饱"，才能确保迅速生长发育和育肥。"五个饱"是指上午能吃饱2次，休息2次；下午吃饱3次，休息2次后归牧。

（7）补饲　放牧育肥的肉仔鹅，食欲旺盛，增重迅速，需要的营养物质较多，除以放牧采食牧草为主外，还应补饲一定量的精粗料。传统的补饲方法为在糠麸中掺以薯类、秕谷等，供归牧后鹅群采食，这种补饲方法难以满足仔鹅营养需要，上市时间会推迟。建议补饲精粗料改为全价配合日粮，满足能量、蛋白质需要，适当加入粗饲料，使精料中粗纤维含量达到6.5%。仔鹅消化粗纤维的能力大大增强，可以使鹅生长迅速，快速育肥，提前上市，而且降低了饲养成本。每日补饲的次数和数量，应根据鹅的品种类型、日龄大小、草场情况、放牧情况来灵活掌握。30～50日龄，每日补饲2～3次；50～70日龄，每日补饲1～2次。补饲时间最好在归牧后和夜间进行。中小型鹅每日补饲量100～150克，大型鹅每日150～200克。在接近上市前10～15天，如发现体躯较小，更要加强补饲，增加补饲次数和喂量，每天3～4次，每只每天200～250克。

（8）放牧鹅群注意事项　①放牧要固定专人，不能随意更换放牧人员，否则很难形成条件反射，不便于放牧。②定期驱虫。绦虫病是放牧鹅群常发病，分别在20日龄和45日龄，用硫双二氯酚每千克体重200毫克，拌料喂食。线虫病用盐酸左旋咪唑片，30日龄每千克体重25毫克，7天后再用1次，可彻底清除体内线虫。③在青草茂盛草地，可高密度集中放牧；相反，在青草生长不良草地，放牧要分散开进行。这样可以合理利用草地资源。④放牧过程中要仔细观察鹅群精神状态，及时发现问题，归牧后要清点鹅数量。⑤雏鹅刚开始放牧，不要到深水区饮水，防止落水溺死。⑥不要到疫区草地放牧。鸡、鸭的一些烈性传染病，如鸭瘟、鸡新城疫、禽流感、大肠杆菌病等也会传染给鹅。

2. 舍饲育肥

这种育肥方法是指将育肥仔鹅限制在一定的活动范围内，饲料以全价配合饲料为主，增重比放牧育肥要快，可以提前上市。在没有放牧条件或放牧条件较差的地区，舍饲育肥是主要的生产方式，这种方法生产效率较高，适合人工种草养鹅。大规模集约化鹅业生产，应以舍饲育肥，进行标准化生产。

（1）舍饲育肥栏舍　舍饲育肥对栏舍的基本要求是尽量宽敞，能够遮风挡雨，通风采光良好。为了节省投资，鹅舍可以利用闲置厂房、农舍，农村还可以在田间地头搭建简易棚舍。规模化肉鹅养殖，从保护环境和防疫目的出发，肉鹅养殖场应远离村庄及靠近水源,交通便利,方便运输饲料及产品销售。规模肉鹅养殖场还应配置一定面积的运动场地,并保证良好的封闭条件。肉鹅养殖场分为办公(生活)区和养殖区,严格隔离饲养。鹅舍间要保持适当的距离,并按照鹅舍面积2~3倍的规格设置运动场。鹅舍应建在背风向阳的平坦或缓坡地带,可利用废弃的旧房或搭建简易棚舍,也可将棚舍建在河、沟边围养。育雏舍要求防寒保暖、宽敞通风。育肥舍可以使用毛竹、稻草、塑料棚和石棉瓦搭建,便于清理消毒。

(2)舍饲育肥的饲喂方法　舍饲育肥饲料以配合饲料为主,饲料中要加入一定量的粗饲料,有条件的适当补充青绿多汁饲料。一般配合饲料蛋白质水平16.5%,代谢能水平10.7兆焦/千克,粗纤维水平6.5%左右,育肥后期要求适当低的蛋白质水平和高的粗纤维水平,有利于仔鹅生长。配合饲料有粉料和颗粒料,增重效果差不多,但喂颗粒料均匀度稍好。喂粉料最好拌湿,便于采食。育肥后期减少青料量,饲喂顺序先精后青,促使仔鹅增膘。

肉用仔鹅舍饲一般采用自由采食,每天白天加料3~4次,夜晚补饲1次,自由饮水。

(3)舍饲育肥的管理　舍饲育肥管理的目标是饲养的仔鹅成活率高,生长均匀一致,上市日龄早,产品质量高。为了达到上述要求,要做好以下工作:

1)入舍前分群　育肥前的仔鹅来源不同,个体差异较大,应尽量将同一品种、体重相近的鹅放入同一栏内。注意饲养密度合适,保证均匀生长。对于弱小的仔鹅,切不可放入大群。

2)注意鹅舍的通风　在鹅舍的纵向两端要设置通气口,安装风机,保证舍内空气的新鲜。

3)做好栏舍内的卫生工作　垫草潮湿后要及时更换。定期清洗消毒食槽和饮水器,舍内地面、鹅、用具也要定期喷洒消毒。

4)做好疫苗接种工作　除了在育雏期做好小鹅瘟、副黏病毒病的禽流感的免疫接种外,进入育肥期的仔鹅还要做禽流感的二次免疫,在巴氏杆菌病多发地区,也要提前用禽巴氏杆菌苗肌肉注射。注意应用巴氏杆菌苗前一周和后一天,饲料中不能添加抗菌药物,也不能注射抗菌药物。

5)加强运动　舍饲育肥时,运动场设置洗浴池,随时洗浴运动。在河流、池塘边育肥鹅,每天傍晚应放鹅游泳1次,时间为0.5小时。这样做可以加强运动,增进食欲,还可以清洁羽毛。

（4）牧草种植 鹅是草食性家禽,对青率饲料与粗纤维的利用率特别高。大规模集约化肉鹅生产在舍饲的情况下,为了降低饲养成本,节约精料,需要大量的优质牧草。人工种植牧草具有品质优良、产量高等特点,因此种草养鹅已成为调整畜牧业、种植业产业结构的良好项目。一般在秋季种植的牧草有大白菜、黑麦草、燕麦、紫云英,可供当年冬季和来年春季利用。每亩草地可供100只鹅利用,产草3 000~7 500千克。春季种植牧草为苜蓿、三叶草、聚合草、美国籽粒苋、天星苋、苦荬菜等,夏季即可利用,每亩可供100只仔鹅利用,亩产草5 000~8 000千克。鲜草可进行刈割直接饲喂,一般每千克精料配3千克鲜草。对于盛草期过剩的鲜草,可以晒干或烘干后冬季备用,用时加工成草粉,拌入精料中。干草粉的用量占饲粮的15%左右即可。

3. 冬季养鹅要点

肉仔鹅生产具有季节性,冬季是仔鹅生产的主要时期。冬鹅生长快,肉质好,价格高,而且羽绒品质好,饲养冬鹅比其他季节具有较高的经济效益。冬鹅在饲养管理上要注意以下几点:

（1）以舍饲为主 冬季气候寒冷多变,野外饲草匮乏,适合舍饲育肥,只是在天气暖和的午后适当外出戏水。鹅舍应选择背风、向阳、清静的地方修建,最好靠近水源。房舍设计要防寒、保暖。在南方稍暖和的地方,可以适当在鹅舍附近林地、堤坡地、湖滩地放牧。

（2）选择适宜的品种 冬鹅应选择耐寒、生长快、耐粗饲、抗病力强的品种,最好是当地品种。如四川白鹅、四季鹅、皖西白鹅等都可进行冬鹅生产。另外,也可用四川白鹅和当地鹅种进行杂交来生产肉仔鹅。

（3）准备充足的饲草、饲粮 冬季自然牧草少,需人工种植一定数量的青绿饲料,如青菜、大白菜以及抗寒牧草等。另外,要备足粗饲料米糠、麸皮、草粉等。精料可以用全价配合饲料或者用玉米、稻谷加添加剂和矿物质配制。各种干草粉如苜蓿草粉、黑麦草粉等也是冬季养鹅的优质饲料。冬鹅饲养一般每增重1千克耗精料2千克、粗料3千克、青料适量。

（五）肉仔鹅育肥工作日程及技术规范

根据河南省黄淮鹅业科技开发研究所提供的资料,建议的肉仔鹅育雏、育肥工作日程及技术规范可供参考。

1.1 日龄

（1）接雏 按强、弱分群放入围栏内,清点鹅数,按3%~5%的比例抽样称重,做好记录。批量育雏时,应分群饲养,每群一个围栏养50~100只。群小效果好。

（2）温、湿度　室温保持26～28℃,鹅活动区域温度保持28～30℃,相对湿度保持60%～65%,必须维持稳定。

（3）初饮　应在出壳后24小时内进行。雏鹅进入饲养围栏内,部分雏鹅有起身活动和觅食表现,即开始饮水。先在饮水器内盛入20℃左右的口服补液盐或含5%～8%糖水和定量的电解多维。防止雏鹅饮水弄湿绒毛着凉。

（4）开食　在初饮后2小时进行,或同时进行也可。开食应用全价配合饲料,传统只用大米、碎米开食很不科学,容易造成营养缺乏。开食还要用鲜嫩清洁的青绿菜叶切成细丝状拌入料中撒喂,或将菜丝撒在雏鹅背上让其他雏鹅采食。1～2日龄都是这样喂。用量一般是1 000只雏鹅1天2～5千克精料,5千克青绿饲料,白天喂6～8次,夜间喂2次。开食不宜采用纯干颗粒料或干粉料,适当拌湿饲喂,便于雏鹅采食。开始后要设法让每只雏鹅都饮水、吃上料。

（5）光照要求　雏鹅入舍后前3天,要求24小时连续光照,便于其熟悉环境。严防鼠害。

（6）加强管理　昼夜专人值班,做到人不离鹅,鹅不离人。随时观察鹅动态,保持适宜而稳定的室温。雏鹅扎堆,鸣叫不安,表明室温过低,要及时升温。雏鹅张嘴呼吸,表示室温过高,要及时降温和加强通风。严防扎堆出汗,发现扎堆要立即拨开分散。防止贼风或过堂风直接吹到雏鹅身上,喂料的塑料布,鹅每次吃后都应收拾起来,刷干净后再用。发现弱病雏鹅要及时挑出,单圈喂养。

2. 2～3日龄

（1）加强饲喂　白天每2小时喂料一次,夜间喂1～2次,精料与青绿饲料(切碎)的比例为1:1。每顿吃7～8成饱。同时添加清洁饮水,水温适宜,不断水。为了防止消化道疾病,从第二天开始在饲料中加喂大蒜汁,用量为1%～5%。用法是:大蒜去皮,捣破后加适量的净水调成蒜汁,将蒜汁与饲料混合并充分拌匀后投喂,每天2～3次。长期坚持更好。

（2）鹅群观察　每次喂料都要观察鹅群动态,发现不食、不动或缩颈垂头的弱病鹅及时挑出,隔离单圈饲养。严防鼠害。

（3）免疫接种　对来源不明的雏鹅,应于2～3日龄用抗小鹅瘟血清,逐只皮下注射0.5毫升,或先用小鹅瘟雏鹅用疫苗滴眼、滴鼻,再用抗小鹅瘟血清皮下注射,防治小鹅瘟危害。同时要进行雏鹅新型病毒性肠炎、鹅副黏病毒

病的免疫。

（4）保持环境稳定　发现异常及时调整。在保温前提下,搞好通风,防止有害气体危害雏鹅健康。必须保持室内特别是垫料的干燥,搞好环境清洁、卫生。每天清洗饮水器和塑料布一次,打扫一次室内外卫生。

3. 4~7 日龄

（1）饲喂工作　从第四天开始每天喂料 6~8 次,其中夜间喂料 2~3 次,白天喂给青绿饲料比例占 60%~70% 的混合料,夜间喂不含或少含青绿饲料的配合料,每顿吃 8~9 成饱。用小型饲槽或料盘喂料。填料量不能过多,以免抛撒浪费。每次都要先饮后喂,定时定量,少给勤添。每 1 000 只雏鹅每天需配合料 15 千克,青绿饲料 37~40 千克。青绿饲料必须鲜嫩、清洁、卫生,当天采摘当天吃完,严防腐烂变质。禁喂农药污染的青绿饲料。

（2）温度调整　第五天起,室温可调至 25~27℃。昼夜保持稳定。第六天起,鹅群情况良好,天气晴好,风和日丽,室外气温达 25℃ 以上时,可将雏鹅赶到干净、平坦的室外场地活动 1 小时左右。但要防止夏天的烈日暴晒。

（3）垫料管理　地面平养的垫料必须保持干燥。因为垫料干燥是雏鹅保健的必要条件。

4. 8~10 日龄

（1）饲喂工作　配合饲料与青绿饲料用量要逐日增加,每顿都要让雏鹅吃 8~9 成饱,每 1 000 只雏鹅每天喂配合料 20~28 千克,青绿饲料 80~100 千克。

（2）温度调整　室温逐渐降至 25℃ 左右,早晚稍高一些,寒潮大风降温时期要适当增温,让雏鹅感到舒适为度。

（3）卫生工作　每天清洗饲槽、饮水器一次。

（4）放牧与放水　雏鹅 10 日龄后,条件适宜可放牧与放水。天气晴暖上午放牧 1 小时,放水 10~15 分,随日龄增长可每天 1~2 次,原则"上午晚出晚归,下午早出早归"。

5. 11~14 日龄

（1）降温扩群　室温逐渐降至 24~23℃,寒潮大风降温时期要适当增温,让雏鹅感到舒适为度。调整饲养密度,1 米² 以 10~14 只为宜。

（2）饲喂工作　青绿饲料从 11 日龄开始逐渐增至总日粮的 80%~95%,每顿都让鹅吃饱。从第十一天起在室内设置沙盘或沙,添入洗净的绿豆粒大小的沙粒,让鹅自由采食,帮助消化。

（3）多观察　每次喂料特别是早上开圈喂料要仔细观察鹅群动态,发现异常或弱病鹅及时挑出,单独强化饲养。

（4）减少光照　白天停止光照,夜间喂料光照,吃完停止光照。

（5）称重　14日龄开始,每周抽样称重1次,做好记录,根据生长情况分析原因,及时调整饲养管理工作。

（6）加强卫生管理　随着日龄增大,采食量、饮水量和排粪量也日益增多,环境污染严重,每天加强环境清扫,保持清洁和干燥,特别是垫料要勤换勤添或保持干燥。按时搞好消毒与卫生防疫,防止雏鹅瘟与鹅副黏病毒、鹅球虫病、禽出败。

6.15～21日龄

（1）饲喂工作　配合饲料白天喂5～7次,夜间喂1～2次,喂时开灯,吃完关灯,昼夜不断饮水。雏鹅消化能力增强,可将切碎的青绿饲料单独饲喂,任其吃饱。

（2）增加活动量　撤去小围栏,增加室内活动面积。室内室外温度基本平衡,天气晴好,可将雏鹅放到室外运动场上活动,活动时间由短到长,逐渐延长。如有条件放牧,可让雏鹅放牧觅食青草,放牧的距离由近及远,逐渐延长。严防烈日暴晒,往返不能急赶。青饲料充足,可完全舍饲。

（3）注意天气变化　雏鹅的绒毛开始脱换,自身的御寒能力仍较弱,室温应保持20～22℃,大风降温时期,还要适当增温,早晚更要适当增温。正常天气,关闭门窗,室温能保持20℃左右即可停止供温,异常天气可适当增温。

（4）分群　规模养鹅,开始分群饲养,每群100～150只,将体重大小差别不大的组合为若干群,体重较轻者,另组一群加强饲养管理,促使其加速生长。

7.22～28日龄

（1）饲喂工作　在室内喂配合饲料,白天喂5～6次,夜间喂1～2次,喂料时开灯,吃完关灯。天气正常时,白天将雏鹅放到运动场上活动并投喂青绿饲料,任其吃饱。有放牧条件者可适当放牧,注意放牧安全。

（2）环境控制　及时调整饲养密度,1米² 10只左右。寒潮降温时期,室内仍要关闭门窗保持适宜的温度,早晚更要注意保温。室外气温偏低时不要放出活动或放牧。鹅吃青绿饲料多、排粪多,应勤换或勤添垫料,保持干燥,每天打扫1～2次室内外环境卫生。

（3）增加洗浴时间　有条件时可让鹅下水洗浴,水池坡度应适度,便于鹅群下上。水质必须卫生,最好经常换水。

（4）育肥舍准备　25 日龄前后必须按照准备育雏室的工作标准,准备好育肥舍(中鹅舍)。

（5）驱虫　喂水草者,应在 25 日龄前后对全群鹅进行一次投药驱除体内寄生虫工作(主要是绦虫)。

8. 29 ~ 35 日龄

（1）转群饲养　28 日龄抽样称重,准备转入育肥鹅舍,清点鹅数,计算育雏率和全群平均体重,若体重过轻,要分析原因,及时做出改进措施,做好记录。及时转入中鹅舍,按体重大小重新组群,按 1 米^2 5 ~ 7 只的饲养密度进行饲养。体重轻者单群加强饲养,促使快长。

（2）饲料更换　从 29 日龄起换成中鹅饲料,每天白天喂 4 ~ 5 次,夜间喂1 次,喂料时开灯,吃完后关灯。配合饲料用量逐日增加,让其吃饱。改换饲料要有 3 天过渡期,即每天更换 1/3 的饲料。此周是仔鹅快速生长高峰期,配合饲料喂量应逐日增加,保证生长需要。

（3）哺喂青料　除阴雨天外,每天都在运动场上投喂青绿饲料,尽量满足其需要。鹅的消化道容积增大,采食量日益增加。青绿饲料要切成 2 ~ 4 厘米长,放在运动场的槽内饲喂,使其吃饱,满足需要。

（4）洗浴　有水上运动场的,每天让鹅群自由下水洗浴若干次,保持羽毛光洁,促进羽毛生长,水要经常更换,保持清洁卫生。没有水上运动场的,饮水器内不能断水,而且要常饮常新。

（5）舍内卫生　勤换或勤添垫料,保持垫料干燥,利于鹅群休息和健康。室内每天打扫 1 次,运动场每天打扫 2 次。

（6）称重　35 日龄抽样称重,求出平均重,对照参考标准,不达标者,分析原因,及时采取有效措施,做好记录。

9. 36 ~ 42 日龄

（1）饲喂工作　本周是雏鹅快速生长发育高峰持续期,必须尽量满足营养需要,每天饲喂配合饲料 4 ~ 5 次,青绿饲料要充分供给,但每次都要吃完。

（2）环境卫生　勤换或勤添垫料,舍内每天打扫 1 次,运动场打扫 2 次,经常保持环境清洁、卫生、干燥。

（3）洗浴　有条件的每天让鹅群在干净池中洗浴若干次,以保持羽毛光洁,促进羽毛生长。

（4）称重　42 日龄抽样称重,了解生长情况,对体重不达标的鹅群,加强饲养,促其达标,做好记录。

10. 43~49 日龄

（1）饲喂工作 本阶段是仔鹅生长最快阶段，必须针对这一特点充分供给配合饲料和青绿饲料，促其快速增重，争取早日出栏。每天饲喂配合饲料4~5次，夜间1次，青绿饲料充分供给，不断饮水。其他饲养管理工作同前。

（2）称重 49日龄抽样称重，了解生长情况，对照参考标准，对体重不达标的鹅分群，加强饲养，促其达标，做好记录。

（3）环境卫生 保持环境清洁、卫生、干燥和安静，让鹅群吃好喝足，休息好增重快。

（4）增加洗浴 有条件的每天让鹅群在干净水池中洗浴若干次，促进肉、膘、毛同步增长。

11. 50~56 日龄

（1）饲喂工作 本周仍是仔鹅生长高峰期，必须为鹅创造一个清洁、卫生、干燥、安静的生活环境条件。促其多吃，快长。每天饲喂配合饲料4~5次，夜间喂1次，让其吃饱，青绿饲料要充分满足需要。其他日常管理工作同前。

（2）称重 56日龄抽样称重，了解生长情况，参照标准，改进饲管工作，促其达标，做好记录。

（3）洗浴 有条件者让鹅群每天在干净水池中洗浴若干次，促进羽毛生长。

12. 57 日龄至出栏

（1）饲喂工作 每天饲喂配合饲料3次，夜间1次，每天的饲喂量由多到少，逐渐递减，但青绿饲料仍需充分供给。其他日常管理工作同前。

（2）环境控制 继续加强清洁、卫生、干燥、安静等环境条件的管理工作，促其充分生长，达到最佳体重，膘肥毛丰，保持优良体态和健康水平，争取实现高产、优质、高效的目标。

（3）出栏 若体重达标或符合市场需要，63日龄全群称重，上市出售，总结全程工作，以利再创佳绩。若要继续饲养若干天，可按本周工作内容重复1次，即10周龄仍按9周龄的工作内容重复一遍。

二、鹅肉及屠宰副产品加工技术

（一）鹅肉的加工与开发

1. 鹅的屠宰工艺

（1）宰前处理 活鹅经过收购、运输等过程，容易发生应激反应，直接屠

宰会影响到胴体的品质。活鹅运到屠宰场后,应给予12～24小时的充分休息,供给清洁的饮水,不供给饲料,这样彻底排空胃肠道的内容物,减少屠宰过程中对肉质的污染。待宰的肉鹅应从运输笼中抓出,放于水泥地面,注意保证有充足的水槽,防止因抢饮水而发生挤压死亡。有条件的屠宰场,鹅在宰杀前应进行清洗,方法是在通道上设置淋浴喷头,鹅群通过时完成清洗。

(2)放血　放血要求部位准确,切口小而整齐,保证屠体美观,同时要保证放血充分。放血方法有下列3种,但前2种较多见和常用。

1)颈部放血法　又称为切断三管法。即从鹅的喉部用利刀切断食管、气管和两侧血管。这种方法操作简单,放血充分,死亡较快;缺点是刀口暴露易扩大,易造成微生物污染,而且胃内容物会污染血液。颈部放血法要求切口越小越好,注意要同时切断颈部两侧血管。这种放血方法不适合整鹅的加工,一般适合分割鹅肉和罐头的加工。

2)口腔放血法　先将鹅两脚固定倒挂于屠宰架上,一手掰开鹅的上下喙,另一手持手术刀伸入鹅口腔至颈部第二颈椎处,刀刃向两侧分别切断两侧颈总静脉和桥状静脉连接处,随后抽回刀将刀尖沿上颚裂口扎入,刺破延脑,加速死亡。口腔放血法优点是鹅颈部无伤口,胴体外观好,不易受到污染,适合烧鹅、烤鹅等整鹅加工。操作时应注意练习宰杀位置和手法,尽量加快鹅死亡。

(3)浸烫拔毛　鹅放血致死后要立即进行浸烫拔毛。浸烫要严格掌握水温和浸烫时间,一般肉仔鹅水温控制在65～68℃,时间为30～60秒。老龄鹅水温控制在80～85℃,时间同仔鹅。具体水温和时间应根据鹅的品种、年龄、季节灵活掌握,保证鹅皮肤完好、脱毛彻底,而且毛绒不变色、不卷曲抽缩。浸烫时要不断翻动,使身体各部位受热均匀。手工拔毛时先拔去翼、尾部大毛,然后顺羽毛生长方向拔去背部、胸部和腹部羽毛,分类收集。最后清理细小纤毛。脱毛机脱毛容易使胴体和羽毛受到损伤,降低利用价值,要正确操作,才能减少损失。

(4)去绒毛　鹅体烫拔毛后,残留有若干细毛毛茬。除绒方法:一是将鹅体浮在水面(20～25℃)用拔毛钳子从头颈部开始逆向倒钳毛,将绒毛和毛管钳净;二是脱毛蜡拔毛,脱毛蜡拔毛要严格按配方规定执行,操作得当,要避免脱毛蜡流入鹅鼻腔、口腔,除毛后仔细将脱毛蜡除干净。

(5)净膛　净膛的过程就是去除鹅的内脏。净膛时,刀口一般在右翅下肋部,开口7厘米左右。在掏出内脏前,在肛门四周剪开,剥离直肠和肛门,然后连同肠道一块从肋下切口取出。取出心、肝、脾、肠、胃等内容物后,用清水将腹腔冲洗干净。

(6)整形冷藏保鲜　将净膛后的白条鹅放在清水中浸泡0.5~1小时,除尽体内血污,冲洗后悬挂沥干后冷藏上市或深加工。

2. 盐水鹅的加工技术

盐水鹅是南京特产之一,特点是加工方法简单,腌制期短,味道咸而清淡,肥而不腻,口感香嫩,风味独特。盐水鹅的加工方法如下:

(1)原料准备　选用60~90日龄肉仔鹅,宰杀后拔毛,切去脚爪和小翅。右翅下开膛去除全部内脏,体腔冲洗干净,放入冷水中浸泡1小时后,清洗挂起晾干待用。另准备食盐、八角、葱、姜等必需品。

(2)擦盐　每只鹅用盐150~160克、八角4~5克,将盐和八角粉放入铁锅中炒熟(最好用细盐)。先取3/4的盐放入鹅体腔中,反复转动鹅体使体腔中布满食盐。剩下的盐涂擦在大腿外部、胸部两侧、口刀处,口腔也应放一点食盐。在大腿上擦盐时,要用力将腿肌由下向上推,使肌肉与骨骼脱离,便于盐分进入肌肉。

(3)抠卤　擦盐后的鹅体逐只放入缸中或堆码在板上进行腌制。夏秋季经过2~4小时,冬春经过4~8小时,经过盐腌后的鹅体内部渗出水分增多,要适时取出倒掉体内盐水。方法是一手抓鹅翅、颈,使鹅头颈向上,另一手打开肛门切口,盐水即可顺利排出。

(4)复卤　第一次抠卤后,重新放入缸中,经过4~5小时后,用老卤再腌制1次。老卤配制:100千克水中加盐50~60千克,煮沸后配制饱和盐溶液,加入八角300克,鲜姜500克。将鹅体浸入老卤中24~36小时。

(5)烘干或晾干　复卤后出缸,沥尽卤水,放在通风良好处晾挂。烘干方法是用竹管插入肛门切口,体腔内放入姜、葱、八角,在烤炉内烘烤20~25分,鹅体干燥即可。干燥后的鹅体可长期保存或煮制食用。

(6)煮制　水中加入姜、葱、八角后烧开,然后停止烧火,将腌好烘干的鹅体放入锅中,反复倒掉体腔中的汤水,使内外水温均匀,然后浸泡20~30分。接下来开始烧火,烧至起泡,水温约85℃时,停止烧火。这段操作称作第一次抽丝。然后将鹅提起,倒掉体内汤水,放入锅中,浸泡20分后,开始烧火进行第二次抽丝。然后提鹅,倒掉体内汤水,焖煮5~10分,起锅冷却后切块食用。

3. 广东烧鹅的加工技术

烧鹅在养鹅各地均有制作,以广东烧鹅最为讲究烧烤的技术。广东烧鹅的特点是色泽鲜红美观,食之皮脆肉香,肥而不腻,味美适口。

(1)原料的准备　烧鹅一般选取60～70日龄,体重2.25～3千克的仔鹅。此期仔鹅肉质细嫩,容易烧熟,口感好。体躯太大和老龄鹅不宜烧烤。另外,还要准备好盐、五香粉、白糖、饴糖稀(或用麦芽糖)、豉酱、芝麻酱、白酒、葱、蒜、生抽等调味品。

(2)制坯　仔鹅口腔放血屠宰后褪毛,在腹部靠近尾侧开膛除去全部内脏,切去脚和小翅,洗净体腔和体表,沥干水分待用。

(3)加料　调料配制,五香盐粉按盐10份、五香粉1份配制,每100千克鹅坯需五香盐粉4.4千克;酱料需豉酱1.5千克,蒜泥200克,麻油200克,盐20克,搅拌成酱。然后再加入白糖400克,白酒50克,芝麻酱200克,葱末、姜末各200克,混合均匀,供100千克鹅坯用。

按每只鹅用量从腹部开口加入五香盐粉和酱料,转动鹅体使之均匀分布或用小勺伸入腹腔进行涂抹。将刀口缝合,然后用70℃热水烫洗鹅坯,注意不要让水进入体腔。最后将稀释后的糖稀或麦芽糖糊均匀涂抹于体表,使之在烤制中易于着色。

(4)烤制　把晾干的鹅坯送进特制烤炉,先用微火烤20分左右,烤干体表水分,然后大火继续烤制。烤制过程中,先烤鹅背,再烤两侧,最后将胸部对着炉火烤25分即可出炉。炉火温度应达到200～230℃,整个烤制过程需60～70分。

(5)出炉食用方法　当鹅体烤至金红色时出炉,在烧鹅身上涂抹一层花生油。稍凉时食用味道最佳,切片装盘直接食用。切片时刀工较为讲究,在宴会上应拼成全鹅形状装盘。

4. 烤鹅的加工技术

烤鹅与烧鹅在加工过程中都需进行烤制,不同之处是烤鹅在烤制中,要在体腔中灌汤,外烤内煮,食之外脆里嫩,风味与烧鹅有一定差异。各地均有烤鹅加工,但以南京烤鹅较为有名。

(1)原料准备　选取60～70日龄,体重2.5～3千克育肥仔鹅。另需配料有盐、葱、姜、八角、饴糖稀等。

(2)制坯　仔鹅口腔放血宰杀后褪毛,切去脚和小翅,在右翅下肋部切口开膛,去除全部内脏,清水中浸泡1小时后洗净,沥干水分备用。

(3)淋烫　将鹅坯自颈部挂起,用沸水浇淋晾干后的鹅体,使全身皮肤收缩、绷紧。

（4）挂色　饴糖和水按1:5调匀做挂色料，待淋烫的鹅体表干后均匀涂抹于皮肤各个部位，置于通风处晾干糖稀。

（5）填料　用竹管填塞肛门切口，从右翅下切口放入适量的盐、八角、葱、姜等配料。

（6）灌汤　向鹅体腔中灌入90毫升100℃沸水，保证鹅坯烤制时能迅速汽化，加快烤鹅成熟。灌汤后烤制，达到外烤内煮，食之外脆里嫩。灌汤后可再涂抹2~3勺糖色。

（7）烤制　烤炉温度控制在230~250℃，先将右侧切口对着炉火，促使腹腔内汤汁迅速升温汽化。右侧鹅体呈橘黄色后，转动鹅坯，烘烧左侧。左右两侧颜色一致后，转动鹅坯，依次烘烤胸部、背部。这样反复烘烤，待全身各部均匀一致呈枣红色时，即可出炉。整个烤制过程需50~60分。

（8）食用方法　烤鹅出炉后，拔掉肛门中竹管，收集体腔中的汤汁。烤鹅稍放一会儿不烫手时，切块直接食用或浇上汤汁食用。烤好的鹅最好立即食用，冷鹅回炉经短时间烤制，仍可保持原有风味。

5. 糟鹅的加工技术

糟鹅是以60~70日龄仔鹅为原料，用酒曲、酒糟卤制而成。江苏省苏州市是传统糟鹅的主要产地。苏州糟鹅以当地太湖鹅仔鹅为原料，特点皮白肉嫩，醇香诱人，味道清淡爽口，为夏季时令佳肴。

（1）原料准备　选用2.0~2.5千克重育肥仔鹅，颈部放血、去毛，腹部开膛去除全部内脏。浸泡1小时后清洗干净，沥干备用。每50只鹅准备陈年香糟2.5千克、黄酒3千克、大曲酒250克、葱1.5千克、姜200克、花椒25克。

（2）煮制　将沥干后的鹅坯依次放入铁锅中，加清水全部淹没，用旺火煮沸，去除浮沫。随后加入葱块0.5千克、姜片50克、黄酒0.5千克，中火煮40~50分后捞出。

（3）造型　鹅出锅后，身上均匀撒少许细盐，先将头、脚、翅斩下，再沿身体正中剖成两半。冷却备用。注意应放置于干净消毒的容器中。

（4）糟卤配制　煮鹅后原汤去除浮油，然后趁热加入剩余的葱花、姜末、食盐、花椒，再加入酱油0.75千克，冷却后加入黄酒2.5千克备用。

（5）糟制　备好糟缸，先放入糟卤汤，然后把斩好的鹅肉、脚、头、翅分层装入，每放两层加一次大曲酒，放满后大曲酒正好用完。在糟缸上扎双层布袋，布袋中放带汁香糟2.5千克，让糟汁过滤到糟缸内，慢慢浸入鹅肉中。待糟汁滤完后，缸口加盖密封4~5小时，即可出缸食用。

（6）食用方法　鹅肉切块装盘冷食,醇香诱人。鹅脚、鹅头、鹅翅分别单独装盘,风味不同。

6. 酱鹅的加工技术

酱鹅是将鹅肉用盐、酱油腌制而成,易于保存。食时上笼蒸制,具有酱香浓郁、味美适口、肉色红润等特点。酱鹅各地均可加工,最佳加工季节为每年的冬季,仔鹅、老鹅均可加工。

（1）原料准备　选取健康无病、肥瘦适中的活鹅,颈部放血后褪毛,腹部切口去除内脏。切除鹅脚,洗净沥干备用。按每只鹅准备盐 90 克、八角 3 克、花椒 3 克、白糖 30 克、酱油 250 克。

（2）盐腌　用盐将鹅体表、切口、体腔、口腔充分涂擦,放入木桶或缸中腌制。腌制时间冬天气温 0℃ 时 1 ~ 2 天,气温高于 7℃ 或其他季节 6 ~ 12 小时。气温越高,所需时间越短。

（3）酱腌　盐腌后鹅体挂起晾干,然后放入腌缸中,倒入准备好的酱油浸没鹅体,加入其他调料。在气温低于 7℃ 时,腌制 3 ~ 4 天,中间翻动 1 次。夏季 1 ~ 2 天即可出缸。

（4）上色　经盐腌和酱腌的鹅体已经过初步上色,挂起晾干。然后将酱腌后的酱油放入锅中煮沸,稍稠后舀酱汁浇于鹅体上色,反复数次后呈红色,挂在阳光下晾晒 2 ~ 3 天。挂于阴凉通风处收藏。

（5）食用方法　适当冲洗后上笼蒸制,40 ~ 50 分出笼,老龄鹅延长蒸制时间。蒸制时最好切块,配姜末、葱花。冷却后切片食用。

7. 熏鹅的加工技术

熏制是传统的禽肉加工方法。重庆熏鹅是有名的熏鹅产品,其特点是外形美观、色泽红亮、便于贮存、肉味鲜美、风味独特。

（1）原料准备　选取 2.5 ~ 3.5 千克肥嫩仔鹅,宰杀,褪毛,沿中线将胸腹腔剖开,去除内脏,浸泡 1 小时,冲洗干净沥干备用。香料粉配制,用等量白胡椒、花椒、肉桂、丁香、八角、砂糖、陈皮、桂皮等磨细。每 10 份食盐加 1 份香料粉拌匀组成调味盐。每只鹅用调味盐 100 克左右。熏料用干燥的山毛榉、白桦、竹叶、柏枝等。

（2）腌制　将调味盐均匀涂抹在鹅坯全身各部,包括切开后的体腔内侧。然后将多个鹅坯背向下平放入腌缸中,腌制时间,夏秋 1 ~ 3 小时,冬春季 9 ~ 12 小时。起缸后用竹片加撑,挂于通风处晾干。

（3）熏制　晾干后的鹅坯平放在熏床上熏烤,熏床设置在背风处,忌用明火烤,以免烧焦鹅坯。熏烤时烟势要大,应不时翻动鹅坯,使各部熏烤一致,颜色均匀。当鹅坯各部位呈棕色时停止,需时间 20~30 分。熏好的鹅坯冷却后可长期保存。

(4)食用方法 用温热清水洗去烟尘,放入蒸笼内,大火蒸 30~35 分。出笼冷却,涂抹花生油,切块装盘食用。

8. 板鹅的加工技术

板鹅为腌制品,可以长时间存放而不变质,而且便于远距离运输和销售。加工板鹅所需设备少、投资少,适合在养鹅地区推广。板鹅加工步骤如下:

(1)制坯 选取当年育肥仔鹅,屠宰后煺毛,腹部切口取出全部内脏,顺肘关节割下两翅,在跗关节处割下两脚掌。清洗干净后沥干。

(2)擦盐 细盐加适量花椒粉炒干,炒盐冷却后备用。每只鹅用盐 200~300 克。将鹅坯背朝下平放木板上,用 2/3 炒盐反复揉搓胸、腿、翅、颈以及体腔,剩余 1/3 揉搓背部,嘴中放入少量盐。擦盐注意不要抹破皮肤。

(3)腌制 将擦好盐的鹅坯背部向下堆码在缸中,顶部用石块压紧。经过 8~10 小时腌制后,倒掉污盐水和污血水,加入卤盐水浸腌 24 小时。卤盐水盐浓度达到饱和,里面加入适量八角、生姜等调味品。

(4)漂洗 鹅浸入 30℃温水中漂洗 2~3 次,洗净盐水,拉平皮肤皱褶。

(5)造型、系绳 板鹅由腹部开膛,用竹片撑开,造型呈桃月形,鹅皮绷紧。因鹅体大、肌肉厚、脂肪多,为方便运输、销售,可在鹅的下体前 1/3 处和后 1/3 处钻孔系绳,便于携带和悬挂。再配以塑料袋和硬纸盒进行外包装,使造型美观。

(6)干燥 板鹅是腌腊制品,含水量应低于 25%。干燥方法有自然晾干法和人工干燥法。自然干燥一般适合冬季加工,选晴天在室外晒架上晒晾,挂在通风处,约需 10 天。人工干燥为通过鼓风机吹干或微热烘干,约需 1 天,最后再挂于通风处经 2~3 天,彻底达到失水要求。

(7)成品分级 根据鹅的品种、年龄、肥瘦程度及腌制后的色、香、味、形等逐个分级分装。

(8)附件加工 加工板鹅的同时,将鹅胃、鹅肝、鹅掌、鹅翅、鹅肠、鹅血、鹅毛进行一系列综合加工,可提高经济效益。

(二)鹅内脏的开发利用

可以利用的鹅内脏主要包括鹅肫(鹅的肌胃)、鹅肠和鹅心。

1. 鹅肫

鹅肫较鸡肫、鸭肫大,肌肉层厚实,可以加工成风味食品鹅肫干。加工工艺如下:

(1)原料准备 鹅肫剖开去除内容物和角质层,用清水冲洗干净。另准备食盐(每 100 个鹅肫用盐 0.75 千克)和细麻绳。

(2)腌制 将食盐均匀撒在鹅肫表面,分层放置在盆中腌制,经 12～24 小时即可腌透。夏季腌制时间短,冬季时间长。

(3)穿绳 将腌好的鹅肫用细麻绳穿起,每 10～12 个为一串,挂起在日光下晒干。夏季晒 3～5 天,冬季 7～10 天。

(4)整形 晒至七成干的鹅肫要进行整形,将鹅肫平放在木板上,用木棒或刀面用力按压,使两块较高的肌肉成扁平,美观而且方便包装运输。压扁后的鹅肫继续晒 1～2 天,然后挂在室内阴凉干燥处保存。最长可保存 6 个月。

(5)食用方法 用冷水浸泡 1～2 小时,使鹅肫干变软,然后清洗干净后放入冷水锅中,烧火直至煮沸,大火煮 10 分,改为微火焖煮 50～60 分即可起锅。冷后切片食用,口感脆、韧,味美可口,回味无穷。

2. 鹅肠

鹅肠营养丰富,食之鲜嫩可口,在宴席上可加工成高档菜肴。著名鹅肠菜肴为快炒鹅肠,其烹饪方法如下:

(1)鲜肠处理 取现宰鹅肠,去除胰脏。用剪刀剖开使肠壁外翻,冲洗干净内容物。加少量水放入盆中,用明矾、粗盐搓洗,除去肠黏膜及污物。用清水清洗数次后用沸水烫 1～2 分即成半成品。

(2)烹饪方法 鹅肠切成小段,蒜苗切段,姜切末,另准备盐、黄酒、清油、味精少许。将清油烧透后,先加入鹅肠炸炒 1～2 分,然后放入姜末、蒜苗炒 1～2 分,再加盐、酒和适量花椒粉,最后加味精出锅。特点是脆而不烂,风味独特。

3. 鹅心

鹅心的食用方法很多,可以鲜炒、卤制等,也可以加工成盐心干。

(三)鹅骨的开发利用

1. 鹅骨肉泥的加工

鹅肉分割去掉胸肌、腿肌、翅膀、头颈后,剩下的带肉骨架是加工鹅骨肉泥的主要原料。鹅骨能提供优质的钙、磷等矿物质,骨髓中含有丰富的营养物质,加工而成的鹅骨肉泥色泽清淡,组织细腻,口感良好。在饺子、香肠、包子中添加适量鹅骨肉泥,可以提高营养价值,特别适合钙磷缺乏的老年人、儿童食用。据报道,鹅骨肉泥干物质中含粗蛋白质 31.2%,粗脂肪 48.4%,钙6.5%,磷 1.0%。鹅骨肉泥加工方法如下。

（1）清洗　将去掉胸肌、腿肌、翅膀、头颈后的骨架用清水冲洗干净,去除血污。

（2）切碎　将整块鹅骨架放入刨骨机中,切成小块。

（3）粉碎　将小块鹅骨放入碎骨机中,进行粗粉碎。

（4）搅拌　将粉碎后的碎骨连同碎肉一同在搅拌机中搅拌均匀。

（5）研磨　在磨骨机中长时间研磨,为防止升温,要加入冰块。最后产品为细腻的骨肉泥。

2. 鹅骨粉的加工

食用熟食鹅肉废弃的鹅骨可以用来加工成骨粉。骨粉可用作优质钙磷饲料原料。其生产工艺如下:

（1）蒸煮　将鹅骨放入高压蒸汽锅内,高温高压下蒸煮2～3小时,使鹅骨彻底脱脂,最后使油脂、水、骨分离。

（2）干燥　脱脂后的鹅骨可以在烘干机中烘干或在太阳光下晒干。

（3）粉碎　蒸煮干燥后的鹅骨变得松脆,很容易粉碎,根据不同需求可加工成不同粒度。

（四）鹅血的开发利用

1. 食用

鹅血嫩而鲜美,可供食用。鹅血中蛋白质含量高,赖氨酸丰富。将新鲜鹅血与 2～3 倍的淡盐水充分搅拌混合,稍经蒸熟后即可食用。加工出来的鹅血块味鲜质嫩,适口性好,为广大消费者所喜好。国外还将鹅血加到香肠和肉制品中,来改善肉制品的色泽和味道。

2. 生产高免血清

成年鹅在屠宰前接种小鹅瘟疫苗,屠宰后每只鹅可提取 30～50 毫升高免血清,用来预防和治疗小鹅瘟,减少因感染小鹅瘟病毒而造成的死亡和损失。

3. 提取医用药品

鹅血白蛋白是一种用途广、人体易吸收的药用基料。鹅血中还含有某种抗癌因子,现已肯定,用鹅血治疗恶性肿瘤是一种有效的方法。上海生产的鹅全血抗癌药片,已被国家批准正式生产。该药治疗食管癌、胃癌、肺癌、肝癌等恶性肿瘤有效率达65%;对各种原因引起的白细胞减少症的治疗,有效率为62.8%;鹅血药片和鹅血糖浆对老人、妇女以及身体虚弱者也有明显的益处。

4. 饲料

屠宰场大量的废弃鹅血经喷雾干燥后是一种良好的蛋白质饲料,主要用于肉鸡和肥猪。

(五)鹅油的开发利用

鹅的脂肪熔点较低,不饱和脂肪酸含量丰富,容易被人体消化吸收,同时还具有独特的香味,是黄油以外最好的动物脂肪。食用鹅油要除去血污,进一步精炼。肥肝鹅屠宰取肝后,腹部积累了大量的脂肪,是鹅油的主要来源。据测定,小型太湖鹅育肥结束后脂肪有400~500克,大型鹅可达1千克以上。

鹅油除食用外,还可按1.5%~2.0%的比例加入肥肝鹅填饲饲料中,其填肥效果更理想,促使肥肝快速增大。

(六)其他副产品的开发利用

1. 鹅羽翎

鹅的主翼羽和副主翼羽统称为鹅羽翎。从鹅翅尖稍往里,第1~3根称尖梢翎,第4~10根称刀翎,第11~21根称窝翎。鹅羽翎羽茎粗硬,轴管长而粗,适合加工各种工艺品、装饰品,如羽毛扇、羽毛画、羽毛花等。另外,用鹅羽翎制作羽毛球,品质优良,在国际市场上普遍受到欢迎。鹅羽翎利用后的次品,经过处理可以加工成优质饲料和肥料。

2. 鹅胆和鹅脑

鹅胆可以用来提取去氧胆酸和胆红素。去氧胆酸能使胆固醇型胆结石溶解,是治疗胆结石的重要药物。胆红素是一种名贵中药,可用以解毒。鹅脑营养丰富,除具有较高食用价值外,还可以提取激素类药物。

3. 鹅脚皮

鹅脚皮经过剥离、鞣制后,可以用来制作表带、钥匙链等,具有厚薄均匀、细致柔软、抗拉性强等特点,而且外观独特,样式新颖,时髦畅销。另外,鹅脚是制作高档菜肴的原料,而且供不应求。

三、鹅羽绒标准化生产技术

(一)鹅羽毛的生长规律

羽毛是皮肤的衍生物,羽毛生长前,先形成羽囊,产生羽根,羽根末端与真

皮结合形成羽毛乳头，血管由此进入羽髓。羽髓里充满明胶状物质和丰富的血管，血管为羽毛生长提供营养物质。羽毛成熟后，血管从羽毛上部开始萎缩、干枯，一直后移至羽根。故成熟脱落的羽毛，羽根白色而坚硬；没有成熟的羽毛，羽根中充满带有血管的羽髓，呈现红色且质地较软。

鹅的羽毛是在孵化的过程中出现的。当鹅胚发育到 11 天时，羽毛开始萌发；15 天时，全部躯干出现绒毛；17 天时，全身布满绒毛；在孵化的后 13 天中，绒毛逐渐生长成熟。白羽鹅种雏鹅出壳后全身长满丰盛的金黄色绒毛，这时的绒毛具有纤细的羽茎，顶端有小羽枝，保暖性好，为刚出壳雏鹅提供御寒屏障。随着日龄的增大，逐渐脱换为成年羽毛。现以太湖鹅仔鹅期羽毛生长情况为例，说明鹅羽毛的生长规律，供参考（表 6-3）。

表 6-3　太湖鹅仔鹅期羽毛生长规律

俗名	日龄	羽毛变化概况
收身	3~4	全身绒毛稍显收缩贴身，显得更精神
小翻白	10~12	绒毛由黄变浅，开始转白色
大翻白	20~25	绒毛全部变成白色
四搭毛	30~35	尾、体侧、翼基部长出大毛
滑底	40~45	腹部羽毛长齐
头顶光	45~50	头部羽毛长齐
两段头	50~60	除背腰外，其余羽毛全长齐
交翅	60~65	主翼羽在背部相交，表明羽毛已基本成熟
毛足肉足	70~80	羽毛全部成熟，并开始第二次换毛

不同的品种，第一次换毛的日龄有差异。羽毛的脱换变化情况受遗传、环境和营养条件的影响，其中饲料中蛋白质的含量和优劣对羽毛的生长和更换影响很大。胱氨酸是羽毛中的角蛋白的主要成分，蛋氨酸可以通过转化成为胱氨酸而参与羽毛角蛋白的合成。因此，饲料中胱氨酸的含量应占含硫氨基酸总量的 54%，羽毛成熟后可以下降。

应该强调指出，羽毛的生长发育是与整个机体的发育和新陈代谢伴行的。在鹅的日粮中，既要注意羽毛的营养需要，又要注意整个机体的营养需要。机体营养不良时，羽毛生长缓慢，但优于肌肉和脂肪的生长。所以，肉用仔鹅的正确饲养是让羽毛、肌肉和脂肪相伴增长。

(二)鹅羽毛的类型和特征

鹅的羽毛按其结构可分为正羽、绒羽和纤羽。正羽是覆盖鹅体最外部的片状羽毛,成熟的正羽又分为飞翔羽(含翅膀上的翼羽和副翼羽)、尾羽和体羽。体羽生长在躯干、颈、腿等部位。正羽的形态是中间一根羽轴,其下段是位于皮肤羽囊中的羽根,上段是羽茎,羽茎两侧生长羽片。

羽片由许多相互平行的羽枝构成,羽枝上生有两排小羽枝,小羽枝上生有小钩,相互勾连交织起来形成羽片。

绒羽无羽轴,只有一根短而细的羽茎。绒羽羽枝较长而且没有小钩,因此羽枝间互不勾连,看上去很像一个绒核放射出细细的绒丝,呈现朵状,故称绒朵。主要分布在胸、腹部,位于正羽的下层,背部也有一定的分布。

纤羽是单根存在的细羽枝,其特点是细而长,着生在正羽内层无绒羽的部位。三种羽毛的形态见图6-1。

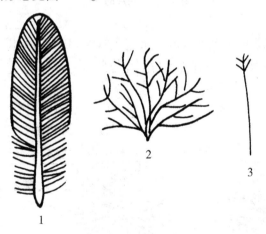

图6-1 羽毛形态

1. 正羽　2. 绒羽　3. 纤羽

绒羽是构成商品羽绒的最主要成分,也是品质最优的羽毛。羽绒根据生长发育程度和形态的差异,又可分为以下几种类型。

1. 毛片

毛片是羽绒加工厂和羽绒制品厂能够利用的正羽。其特点是羽轴、羽片和羽根较柔软,两端相交后不折断。生长在胸、腹、肩、背、腿、颈部的正羽为毛片。毛片是鹅毛绒主要的组成部分,占70%~80%。毛片形态见图6-2。

图6-2　毛片的形态

2. 朵绒

生长发育成熟的一个绒核放射出许多绒丝，并形成朵状，见图6-3。朵绒是完全成熟的绒羽，绒核细小，而绒丝长而柔软。因此朵绒是羽绒中品质最好的部分。

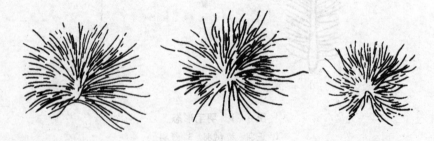

图6-3　朵绒的形态

3. 伞形绒

指未成熟或未长全的绒羽，绒丝尚未放射状散开，呈伞形，见图6-4。伞形绒完全发育成熟后就会转化为朵绒，因此鹅的屠宰日龄要掌握好，避免过多的伞形绒出现。鹅活体拔毛也好控制好拔毛间隔，绒羽从再生到完全成熟至少要45天。

1

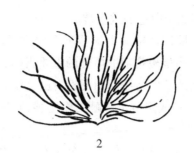

2

图6-4　伞形绒的形态

1. 未散开　2. 已散开

4. 毛形绒

指羽茎细而柔软,羽枝细密而具有小枝,小枝无钩,梢端呈丝状而零乱,见图6-5。毛形绒是羽绒中主要成分之一,其品质仅次于朵绒,只是具有柔软的羽茎,轻柔度差于朵绒。

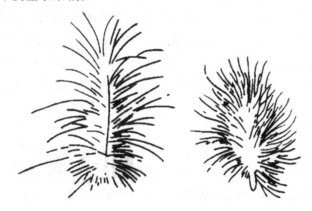

图6-5　毛形绒的形态

5. 部分绒

系指一个绒核放射出两根以上的绒丝,并连接在一起的绒羽。部分绒的形成,有的是自然生长而成,有的是在拔毛过程中从朵绒上脱落下来造成的。部分绒品质较差,应尽量减少其在羽绒中的含量。

6. 劣质毛绒

生产上常见有以下几种劣质羽绒,会造成羽绒的整体品质的下降,应尽量减少或避免出现。

(1)黑头　指白色羽绒中的异色毛绒。黑头混入白色羽绒中将大大降低羽绒质量和货价。出口规定,在白色羽绒中黑头不得超过2%,故拔毛时黑头要单独存放,不能与白色羽绒混装。

(2)飞丝 即每个绒朵上被拔断了的绒丝。出口规定,飞丝含量不得超过10%,故飞丝率是衡量羽绒质量的重要指标。

(3)未成熟绒子 指绒羽的羽管内虽已没有血液,但绒朵尚未长成,绒丝呈放射状开放。未成熟绒子手触无蓬松感,质量低于纯绒,影响售价,不宜急于拔取。

(4)血管毛 指没有成熟或完全成熟的鹅毛,在鹅活体拔毛过程中,遇到血管毛要避而不拔。大量血管毛存在则表明鹅羽毛还没有成熟,应推迟屠宰时间或拔毛时间。

(三)鹅羽绒的收集方法

1. 屠体取毛

就是屠宰后一次性将鹅羽绒全部收取,根据屠宰去毛方法与顺序,又分为水烫法、蒸拔法和干拔法三种采集方法。

(1)水烫法 也称浸烫法、烫褪法。鹅宰杀放血完全后,立即放入70℃左右的热水中浸烫50~60秒,取出后按右翅→肩头→左翅→背部→腹部→尾部→颈部的顺序去毛,要求大小毛都要除干净,且不能破皮,以免影响光鹅质量。这是一种传统的拔毛方法,胴体无余血,体表白净美观,肉品质好,但需注意应及时将羽绒晾晒或烘干,并采取适当的保存方法,以防羽毛变黄,甚至发霉变质,而降低或失去其经济价值。

(2)干拔法 是提高羽绒价值的一种方法。利用宰杀后鹅体还有余温时,采用活拔羽毛的操作方法,按羽绒结构分类和用途分别拔取存放。否则,体温下降后,毛孔紧缩,毛就不容易拔下来。干拔时,要先将绒型羽和绒羽拔下,再拔翅翼及尾部的尾羽和主、副翼羽,拔尾羽和主、副翼羽时可用热水烫后再拔。可以分别放置。应用这种方法拔下来的羽绒,未经浸烫,色泽光洁,保持原有羽型,杂质少,质量较好,但是拔羽绒效率较低,也不易拔干净。

据有关部门测定,12月龄皖西白鹅春季屠宰干拔的结果是,每只鹅平均产羽绒量占体重的6.34%,为285克,其中胸、腹、背、腿和颈部分别占羽绒总量的18.07%、10.56%、24.37%、4.68%和12.82%,其重量依次为51.63克、30.18克、69.63克、13.38克和36.63克,背、胸部的羽绒产量较多,腿部较少。皖西白鹅绒的比例(包括绒朵和绒占2/3以上的绒片)为全部羽绒量的16.58%,约47克,胸、腹、背和腿等部位的绒羽比例分别为25.05%、25.17%、24.99%和25.54%。

（3）蒸拔法　将宰杀沥血后的鹅体放在蒸笼上，蒸 1~2 分后进行拔毛，是近几年来人们为提高羽绒的利用价值而采取的一种方法。按羽绒结构分类和用途采集羽绒，可先拔双翅大翎羽，再拔全身片毛，最后拔取绒羽。然后再用水烫法清除全身的毛茬及余羽。蒸时鹅体在蒸笼里单摆平放、不能贴在锅边上，还要掌握好蒸汽火候和时间，蒸 1 分左右时打开笼屉盖，将鹅体翻个儿并试拔翅上大翎，如顺利拔下，可拔取，否则再蒸一会儿。应用这种方法拔毛，羽毛中的绒羽不会流失，不易混杂，还可避免外界杂质混进，但是高温对羽绒质量有不良影响。如蒸的时间掌握不好，鹅皮肤被蒸熟后容易被撕破，影响质量。在鹅数量较少时可应用。

2. 活体拔毛

活体拔毛是指在不影响产蛋、产肉性能前提下，对成年活体鹅进行活拔羽绒的新技术。活体拔毛是从国外引进的一项鸭鹅的拔毛方法，其优点是获得高质量的羽绒，并增加羽绒的产量。在活体拔毛的发源地欧洲，由于涉及动物福利，活体拔毛逐渐被禁止，但在我国得到了推广应用。

（四）鹅的活体拔毛技术

1. 活体拔毛的由来

我国的羽绒生产，多年一直沿袭宰后干拔或水烫褪毛的传统方法，这种"杀鹅取毛"的办法，在鹅一生中只能采集一次羽绒。这不仅限制了羽绒产量，而且羽绒经热水烫后，弹性降低，蓬松度减弱，色泽受到影响，羽毛中最珍贵的绒子随水流失。水烫毛在烘干过程中，易结团，严重影响羽绒质量。推广活拔鹅鸭羽绒技术可有效提高我国羽绒品质和产量，挖掘潜在的羽绒资源。

鹅的活体拔毛起源于欧洲。早在纪元前的古罗马时代，欧洲人就开始活拔鹅羽绒，认为白鹅的羽绒最珍贵，保管得好，能使用七八十年，故售价最高。

我国古代也有活拔鹅毛的记载，但主要是为了人工强制换羽，达到调整产蛋期的目的，并非采集羽绒，因此我国历史上还没有发现有关活拔鹅毛的文献资料。1986 年陈耀王等考察匈牙利养鹅业，引进了鹅的活体拔毛技术，并大力推广，成为我国鹅业羽绒生产中的创新工程，对我国羽绒产量的增加和品质的提高发挥了极大的推动作用。

2. 活体拔毛的优点

活体拔毛技术合理利用了鹅体的新陈代谢规律和羽绒生长发育规律，具有以下几方面优点：

273

（1）方法简单，容易操作　活体拔毛技术简单易学，不需要什么设备，只需要操作人员有耐心即可，是目前畜牧业生产中投资少、效益高的一项新技术。

（2）周期短，见效快　活鹅每隔45天左右拔毛1次，1只种鹅利用停产换羽期间可拔毛2～3次，而专用拔毛的鹅可以常年拔毛，每年可以拔6～7次。每次拔毛后都有专业收购人员上门收购，或由收购人员自行拔毛，养鹅户周期性获得拔毛收益。

（3）提高了鹅羽绒的产量和质量　活体拔毛在不影响鹅体健康和不增加养鹅数量的情况下，比屠宰取毛法能增产2～3倍的优质羽绒。活拔鹅毛的毛绒无须经过热水浸烫和晒干，毛绒的弹性强，蓬松度好，柔软洁净，色泽一致，含绒量达20%～22%。其加工产品使用时间比水烫毛绒延长2倍左右。

（4）提高养鹅业的综合经济效益　在自然资源较好的放牧条件下，利用青草茂盛季节对肉仔鹅、停产期的种鹅、后备种鹅和淘汰老鹅进行活体拔毛。在不消耗大量饲料的情况下，可增产优质羽绒，增加收入。肉用仔鹅和淘汰鹅尽量延长饲养期，待枯草期集中屠宰，鹅肉进行传统的深加工，能大幅度提高养鹅的经济效益。

3. 活体拔毛的适用范围

（1）适合拔毛的品种　活体拔毛是一项颇有推广价值的新技术，但不是所有的鹅都可以用来活拔毛，也不是任何时候都可以活拔毛，更不是任何部位的毛都可以活拔利用。可以用来进行活体拔毛的鹅品种有以下几类：①体型较大的白鹅种，羽绒产量高，如皖西白鹅、浙东白鹅、莲花白鹅、兴国白鹅等。这类鹅在当地于当年的10月下旬开始产蛋，第二年的4～5月结束，利用种鹅休产期活体拔毛2～3次，既不影响产蛋和健康，也不增加饲料开支，还能卖毛增收。特别是皖西白鹅，体型大，产毛多，含绒量高，适合活体拔毛。②东北地区的豁眼鹅、籽鹅等小型白鹅种。这些鹅种产蛋多，同时为适应寒冷的气候条件，产羽绒量多，羽绒品质优良。种鹅利用休产期，可拔毛3次，每次可拔含绒量30%以上的羽绒90克左右，最多可达130克；专用于拔毛的成年鹅每年可拔6～7次，效益可观。

（2）肉用鹅拔毛　肉用鹅有两种类型：一类是肉仔鹅，例如广东、江苏等地，仔鹅养到70～90日龄，羽毛长齐，翼羽能交叉，骨细肉嫩，脂肪少，当作肉用仔鹅上市屠宰供食用。这种鹅含绒量低，绒朵未成熟，不适于活体拔毛，若多养30～40天，等羽毛丰满后拔毛屠宰，不仅饲养费用增加，且肉质老化，不

受消费者欢迎,所以不宜活体拔毛。另一类是肉鹅,即在没有吃肉用仔鹅习惯的广大地区,在把仔鹅养到立冬前后,青草枯老,鹅已养得肥大毛丰时,再出售或屠宰,这就是有别于肉仔鹅的肉鹅。这样的鹅养到90~100日龄,可以开始活体拔毛。一般活重3.5千克以上的鹅,第一次拔毛可以获得含绒量达22%左右的羽绒约80克。拔毛后再养40天左右,新毛长齐后可进行第二次拔毛。这样可连续拔毛3次,到初冬再把鹅出售或屠宰。这时的肉鹅,体重大,肥度好,比夏秋季节售价也高。在青草丰盛的地方,将肉鹅以放牧为主进行饲养,连续3次拔毛后再出售,1只鹅可以增收30~40元。

(3)后备种鹅拔毛 当后备种鹅养到90~100日龄时,即可进行首次拔毛,40天后再拔毛1次,一般可拔毛2次。后备种鹅通过活体拔毛,每只鹅可增收20~30元。

(4)种鹅停产期拔毛 种鹅到夏秋两季一般都停产换羽,必须在停产还没有换羽之前,抓紧进行活体拔毛,一般可拔毛2~3次。种鹅体躯大,产羽绒也多。对种鹅进行活体拔毛,是降低种鹅饲养成本,增产增收的有效措施。

(5)肥肝鹅拔毛 肉用仔鹅的羽毛刚长齐,体重还不够,不能用于填饲生产肥肝,需要再养一段时间,在这一阶段可拔毛1次,等新毛长齐后再填饲。若当时气候炎热,不能填饲,还可以继续拔毛1~2次,等到天气凉爽后新毛长齐,再填饲生产肥肝,这是增收的好办法。

(6)专用拔毛鹅 养鹅为拔毛,不论公母鹅,也不论季节,可常年连续拔毛6~7次。

(7)适合活体拔毛的杂交类型 苏殿伟等(2004)采用大中型莱茵鹅、朗德鹅、皖西白鹅三个不同肉鹅为父本与豁眼鹅进行杂交。发现莱茵鹅为父本豁眼鹅杂交后,其繁殖力以及F_1代各项生产性能俱佳。同时F_1代毛色全部为白色,90日龄产毛量极显著高于其他杂交组合和豁眼鹅纯繁组,达到300克,纯繁组仅213克。朗德鹅与豁眼鹅杂交在繁殖力等方面也有优点,但后代的毛色为灰色,利用价值相对较低,不宜作为父本进行杂交。皖西白鹅与豁眼鹅的杂交,F_1代各项生产性能均较差,不是理想的杂交组合。

4. 不适合活体拔毛的鹅种

南方的小型灰鹅,加工全鹅制品,要求屠体皮肤美观者,也不宜拔毛。另外灰鹅体躯较小,气候炎热,产毛少且含绒量低,而且灰色羽绒的售价低于白色羽绒20%左右,不适合活体拔毛;另一类是分布于江、湖平原地区的体型较小的鹅种,如太湖鹅,产蛋较多,但羽毛较薄而紧贴,产毛量少,含绒量不足

20%，活拔羽绒效益不高。

5. 鹅羽绒生产的季节性

鹅羽绒的产量和品质与季节密切相关，随着季节的变化，大体可将鹅的羽绒分为冬春羽绒和夏秋羽绒两种。鹅羽绒的生长与脱落随季节的变化而变化，冬春羽绒比夏秋羽绒好，冬毛含绒量比夏毛高出 20% ~ 40%。因此，在养鹅业开展活体拔毛工作中，应该注意这一点。

（1）冬春羽绒　北方各省区在 10 月下旬至翌年 5 月中旬，南方各省区在 11 月中旬至翌年 4 月中旬，鹅的羽绒毛片大、绒朵厚而丰满、柔软蓬松、色泽良好、弹性强、血管毛少、含杂质少、产量高、纯绒多。冬春羽绒虽然品质好，但对于种鹅来说，春季是产蛋季节，不能拔绒。东北地区冬季天气寒冷，也不适宜拔绒。

（2）夏秋羽绒　种鹅主要在夏秋两季鹅绒。北方饲养的种鹅在 6 月底到 7 月初，可抓紧时间拔第一次绒，隔斗个月拔第二次绒，共拔两次，南方可拔 3 次以上。夏秋羽绒毛片小、绒毛少、绒朵小、产量低、品质稍差。

6. 活体拔毛前的准备工作

（1）人员准备　在拔毛前，要对初次参加拔毛的人员进行技术培训，使其了解鹅体羽绒生长发育规律，掌握活体拔毛的正确操作技术，做到心中有数。

（2）鹅的准备　选择适于活体拔毛的鹅群，并对鹅群进行检查，剔除发育不良、消瘦体弱的鹅。拔毛前几天抽检几只鹅，看看有无血管毛，当发现绝大多数羽毛的毛根已经干枯，用手试拔容易脱落，表明已经发育成熟，适于拔毛。若发现血管毛较多，且不易拔脱，就要推迟一段时间，等羽毛发育成熟后再拔。拔毛前一天晚上要停止喂料和饮水，以免拔毛过程中排粪污染羽毛。如鹅体羽毛脏污，应在拔毛前几小时让鹅下水洗浴，羽毛洗净后迅速离水，在干净、干燥的场地理干羽毛后再拔毛。拔毛应在风和日丽、晴朗干燥的日子进行。

为了使初次拔毛的鹅消除紧张情绪，使皮肤松弛，毛囊扩张，易于拔毛，可在拔毛前 10 分左右给每只鹅灌服 10 ~ 12 毫升白酒。方法为用玻璃注射器套上 10 厘米左右的胶管，然后将胶管插入食管上部，注入白酒。经 2 ~ 3 次活拔羽绒的鹅逐渐习惯，反抗降低，毛囊变得松弛，更容易操作。

（3）场地和设备的准备　拔毛必须在无灰尘、无杂物、地面平坦、干净（最好是水泥地面）的室内进行。拔毛过程中将门窗关严，以免羽绒被风吹走和到处飞扬。非水泥地面，应在地面上铺一层干净的塑料布。室内摆好足量的存放羽毛的干净、光滑的木桶、木箱、纸箱或塑料袋以及保存羽绒用的布袋。

备好镊子、红药水或紫药水、脱脂棉球,以备在拔破皮肤时消毒使用。另外,还要准备拔毛人员坐的凳子和工作服、帽子、口罩等。

7. 拔毛鹅的保定

(1)卧地式保定　操作者坐在凳子上,右手抓鹅颈,左手抓住鹅的两脚,将鹅伏卧横放在操作者前的地面上,左脚轻轻踩在鹅颈肩交界处,然后拔羽。此法保定牢靠,但若掌握不好,易使鹅受伤。

(2)双腿保定　操作者坐在矮凳上,用绳捆住鹅的双脚,将鹅头朝向操作者,背置于操作者腿上,用双腿夹住鹅,然后开始拔毛。也可用长凳作保定台,操作者坐在长凳一端,用橡皮绳(圈状)在鹅的两腿各绕一转,然后分开鹅的两腿,与凳等宽,将橡皮绳套在板凳另一端的凳腿处,鹅头向操作者,先仰面,操作时,用两腿夹住鹅的两翅,使鹅不能动弹(但不能夹得过紧,防止窒息)。拔毛时,一手压住鹅皮,一手拔毛。两只手还能轮流拔毛,可减轻手的疲劳,有利于持续工作。此法容易掌握,较为常用。

(3)半站立式保定　操作者坐在凳子上,用于抓住鹅颈上部,使鹅呈站立姿势,用双脚踩在鹅两只脚的趾和蹼上(也可踩鹅的两翅),使鹅体向操作者前倾,然后开始拔毛。

(4)专人保定　一人拔毛,一人专做保定。此法操作方便,但需较多的人手。

8. 拔毛工艺

拔毛一般有两种工艺。一种是毛片和绒朵一起拔,混在一起出售,这种方法虽然简单易行,但出售羽绒时,不能正确测定含绒量,会降低售价,影响到经济效益。需要先拔去黑头或灰头等有色毛绒,予以剔除,再拔白色毛绒,以免混合后影响售价;另一种是先拔毛片,后拔绒朵。用三指将鹅体表的毛片轻轻地由上至下全部拔出,装入专用盛器,后再用食指和拇指平放贴紧鹅的皮肤,自上而下将留在皮肤上的绒朵轻盈地拔下,放在另外一只专用盛器中。并且分开存放,分开出售,毛片价低,绒朵价高,能增加经济收入。在拔羽进程中,如有小块破皮,可涂紫药水。

9. 拔毛的基本方法要领

拔毛的口诀"腹朝上,拔胸腹,指捏根,用力均,可顺逆,忌垂直,要耐心,少而快,按顺序,拔干净"。具体拔法是:先从颈的下部开始,顺序是胸部、腹部,由左到右,用拇指、食指和中指捏住羽绒的根部,一排挨一排,一小撮一小撮地往下拔。切不要无序地东拔一撮,西拔一撮。拔毛时手指紧贴皮肤毛根,每次拔毛不能贪多(一般2~4根),特别是第一次拔毛的鹅,毛囊紧缩,一撮毛拔多了,容易拔破皮肤。胸腹部拔完后,再拔体侧、腿侧、肩和背部。除头部、双翅和尾部以外的其他部位都可以拔取。因为鹅身上的毛在绝大多数的部位是倾斜生长的,所以顺向拔毛可避免拔毛带肉、带皮,避免损伤毛囊组织,有利于毛的再生长。拔毛时,应随手将毛片、绒朵分开放在固定的容器里,绒朵一定要轻轻放入准备好的布袋中,以免折断和飘飞。放满后要及时扎口,装袋要保持绒朵的自然弹性,不要揉搓,以免影响质量和售价。

为了缩短拔毛时间,提高工作效率,可安排3人拔毛,1人抓鹅交给拔毛者,也就是4个人为1组。初拔者,拔1只鹅的毛大约需要15分,熟练者10分左右即可完成。4个人每天工作8小时,平均每人每天拔50只鹅左右。

10. 拔毛注意事项

(1)降低飞丝含量　在拔毛特别是拔绒朵过程中,要防止将毛拔断。因为拔断的绒丝成为飞丝,飞丝多了会降低羽绒的品质。出口规定,飞丝的含量超过10%,要降低售价。

(2)伤口处理　拔毛时若拔破皮肤,要立即用红药水或紫药水涂擦伤部,防止感染。

(3)避免"欺生"　刚拔毛的鹅,不能放入未拔毛的鹅群中,否则会引起"欺生"等攻击现象,造成伤害。

(4)避开血管毛　若遇血管毛太多,应延缓拔毛,少量血管毛应避开不拔。

(5)营养不良鹅不拔　少数鹅在拔毛时发现毛根部带有肉质,应放慢拔毛速度;若是大部分带有肉质,表明鹅体营养不良,应暂停拔毛。体弱有病、营养不良的老鹅(4岁以上),不应拔毛。

11. 拔毛后的饲养管理

活体拔毛对鹅来说是一种较大的外界刺激,一般刚拔毛后会出现精神委顿、愿站立不愿卧下、活动量减少、行走时步态不稳、胆小怕人、翅膀下垂、食欲减退等不良反应。个别鹅出现体温升高、脱肛等不良反应。上述反应在拔毛后的第二天即见好转,第三天基本恢复正常,通常不会引起发病和死亡。为了确保拔毛后的鹅群尽快恢复正常,应注意以下几点。

(1)场地选择　拔毛后的鹅放在事先准备好的具有安静、背风保暖、光线较暗、地面清洁干燥、铺有干净柔软垫草条件的圈舍内饲养。种鹅拔毛后,最好公母分开饲养放牧,防止公鹅踩伤母鹅。对脱肛的鹅,要单圈饲养,用

0.2%高锰酸钾溶液清洗患处几次,即可恢复。对病、弱的鹅应隔离饲养。

(2)加强饲喂 每天除供给充足的优质青绿饲料和饮水之外,还要给每只鹅补喂配合饲料150~180克,增加含硫氨基酸和微量元素的供应,促进鹅体恢复健康和羽毛的生长。

(3)促进羽毛再生 拔毛后鹅体裸露,对外界环境的适应力减弱,3天内不要在烈日下放养,7天内不要让鹅下水洗浴或淋雨。7天后,鹅的毛孔已基本闭合,可以让其下水洗浴,多放牧,多吃青草。经验证明,拔毛后恢复放牧的鹅,若能每天下水洗浴,羽绒生长快,洁净有光泽,更有利于下次拔毛。

据安徽省六安畜牧兽医站试验观察,拔毛后4天,鹅体上开始长出小绒毛,经过35天左右,新的羽绒即可长足。其生长过程是:拔毛后4天腹部露白,10天腹部长绒,20天背部长绒,25天腹部绒毛长齐,30天背部绒毛长齐,35天全部毛绒复原。所以,一般规定40天为一个拔毛周期。第二次拔毛比第一次拔毛容易,鹅也比较适应,不像第一次那样惊恐和痛苦,第二次拔毛的含绒量比第一次提高5%左右,以后再进行拔毛,鹅已习以为常了。

12. 活拔鹅绒的包装和贮藏

鹅活体拔下的毛绒属高档商品,其中最可贵的是绒朵,它决定着羽绒的质量和价格。绒朵是羽绒中质地最轻的部分,遇到微风就会飘飞散失,所以要特别注意包装操作时,绝对禁止在有风处进行,且包装操作必须轻取轻放。包装袋以两层为好,内层用较厚的塑料袋,外层为塑料编织袋或布袋。先将拔下的羽绒放入内层袋内,装满后扎紧内袋口,然后放入外层袋内,再用细绳扎实外袋口。

拔下的羽绒如果暂时不出售,必须放在干燥、通风的室内贮藏。由于羽绒的组成成分是蛋白质,不容易散失热量,保温性能好,且原毛未经消毒处理,若贮藏不当,很容易发生结块、虫蛀、发霉。特别是白鹅绒受潮发热,会使毛色变黄。因此,在贮藏羽绒期间必须严格防潮、防霉、防热、防虫蛀。贮藏羽绒的库房,一定要选择地势高燥、通风良好的地方修建。贮存期间,要定期检查毛样,如发现异常,要及时采取改进措施。受潮的要晾晒,受热的要通风,发霉的要烘干,虫蛀的要杀虫。库房地面一定要放置木垫,可以增加防潮效果。不同色泽的羽绒、毛片和绒朵,要分别标志,分区存放,以免混淆。当贮藏到一定数量和一定时间后,应尽快出售或加工处理。

13. 羽绒的分选

目的是将各种类型毛绒分开,分类利用,同时清除混入毛绒中的皮屑、皮膜等杂质。各类羽绒的大小、形状、重量不同,在同一风力的吹动下,落地的位置不同。利用这一特点,设计出了分选机,减轻了劳动强度。将烘干后的羽绒放入分选机中,调整风力,将绒毛和大、中、小毛片分开,分散到不同的集毛箱中,分类收集。

14. 羽绒的洗涤

部分鹅、鸭在全舍饲饲养,不进行洗浴时,身上的羽绒不可避免地会受到灰尘、油脂等污染。这样获得的羽绒要进行洗涤。羽绒的主要成分是蛋白质,受到酸、碱刺激容易发生变性、变色,所以一定要用中性洗涤剂漂洗。为了增强去污效果,水温要求为 50~55℃,而且要有专用的清洗机。最后甩干与烘干,清除洗涤后羽绒中的水分,使羽绒变得干燥、蓬松,恢复原来应有的状态,便于下一步分选。先将羽绒放入甩干机中甩掉大量水分,然后在烘干机中烘干。注意,每次放入的量不能太大,否则影响甩干和烘干的效果。

不经水洗的加工程序为将羽绒放入除尘机中,除去羽绒中的杂质和灰尘,然后进行分选。对比较干净的羽绒,可以采用这种初加工程序。

15. 羽绒质量评定

(1)感官判定

1)上抛分层 在羽绒堆中取有代表性的小样搓抖除去杂质后将鹅羽绒向上抛起,在下落过程中先落的是片羽,后落的是绒羽。如果羽绒下落的速度较慢,很难分清绒与羽的比例,估计含绒量在 20% 以上。如果抛起时能听到"唰唰"的响声,下落速度较快,绒与羽在下落时分离,估计含绒量8%~10%。

2)羽绒分拣 是将搓抖去尽杂质的羽绒取代表性的样品放在桌面上用镊子或手将羽和绒分开,目测估计两者之间的比例。从羽绒堆中取出有代表性的小样,先用双手搓擦羽绒,一方面使羽绒蓬松开来另一方面可使杂质落下。同时将大、中、小翼羽分拣出来,观察其含量,并鉴别杂羽和黑头率。

3)杂质鉴定 用双手连续搓擦,上下拍动数次使羽绒再蓬松,绒羽舞起,羽绒内的杂质脱落下来,再轻轻用手一层一层地将羽绒中的杂质抖净。搓抖下的杂质用手指压住研磨,鉴定杂质的性质、轻重和估计含量。

4)虫蛀鉴定 虫蛀过的羽绒鉴别时,可将羽绒摊开,仔细观察羽绒内有无蛀虫的粪便,羽中有无锯齿状残缺,用手拍羽绒时有无较多飞丝,如有所描述现象则说明已被虫蛀过了。

5)霉变鉴定 鹅羽绒存放在潮湿的地方就容易发生霉烂。轻者羽绒带有霉味,白色毛变黄,灰色毛发乌,没有光彩;重者绒丝脱落,羽枝缺失触管发软,羽面糟污,羽绒弹性丧失。

（2）千朵重、绒羽枝长度及细度　朵重、绒羽枝长度及细度是影响羽绒的弹性和蓬松度的主要指标。千朵重越重,绒羽枝越长,羽枝越粗,羽绒质量越高。

千朵重测定方法:随机抽取1 000个绒朵用万分之一电子天平称重;绒羽枝长度测定:用千分卡尺量取绒朵根部至尖部长度;绒朵羽小枝的细度测量:将绒朵制成游离纤维玻片标本,用显微纤维投影仪测每根羽枝的直径,一个个体每个部位测定50根羽小丝。

（3）蓬松度　蓬松度是指在一定口径的容器内,一定量的样品绒（羽毛）在恒重的压力下所占的体积。蓬松度是反映羽绒在一定压力下保持最大体积的能力,是羽绒制品保持特定风格和具有保暖性的主要原因。蓬松度是综合评定羽绒质量的指标之一。蓬松度越大,质量越高。

检测方法为从实验室样品中抽取约30克试样,放入烘箱中在7℃±2℃温度下烘干45分,然后将样品用手逐把抖入前处理箱中使其在温度（20±2）℃,空气相对湿度为（65±2）%的环境中恢复24小时以上。将经蓬松处理后的样品称取28.4克,抖入蓬松仪内用玻璃棒搅拌均匀并铺平后,盖上金属压板,让压板轻轻压于样品上自然下落,下降停止后静止1分,记录筒壁两侧刻度数。同一试样重复测试3次,以3次结果的6个数值的平均值为最终结果。

（4）透明度　羽绒样品的水洗过滤液用透明度计测量所得的测量值为羽绒的透明度,表示羽绒（羽毛）清洁的程度。测定方法为:取混合毛样10克,加蒸馏水100毫升浸透,用频率为250次/分的水平振荡机振荡5 000次后,经200目洁净过滤器过滤。将过滤液倒入透明度计透视管内,慢慢升高容器位置,使样液通过软管进入带刻度圆筒,并使液面逐渐升高,从圆筒顶部向下观察底部的黑色双十字线,直至消失,再略向下移动容器,使双十字线重新出现,并能看清楚,记录此时液面在圆筒上的刻度,即为该样品的透明度。

（5）耗氧量　耗氧量是反映羽绒清洁度及所含还原物质多少的指标,清洁度越高的羽绒,耗氧量越低。耗氧量是指在10克羽绒（羽毛）样中消耗氧的毫克数。测定方法为从实验室样品中取出10克的羽毛绒试样放入2 000毫升塑料广口瓶,加入1 000毫升蒸馏水,加盖密封后水平放入振荡器上下振荡30分。将塑料广口瓶内容物用孔径0.1毫米的标准筛过滤,所得滤液收集于2 000毫升烧杯中。在250毫升烧杯中加入100毫升蒸馏水作为空白对照样加入浓度为3摩尔/升的硫酸溶液3毫升,将烧杯放在磁力搅拌器上,打开搅拌器。用微量滴定管（器）逐滴滴入 0.1 摩尔/升的高锰酸钾溶液，直至杯中液体呈粉红色并持续 1 分不褪色，记录所消耗的高锰酸钾溶液的毫升数（A）。用量筒量取 100 毫升滤液加入另一个 250 毫升烧杯中加入 3 摩尔/升的硫酸溶液 3 毫升后按上述方法用 0.1 摩尔/升高锰酸钾溶液滴定，最后记录所消耗的高锰酸钾溶液的毫升数（B）。耗氧量 = (B − A) × 800。

（6）残脂率　残脂率是指水洗后单位质量的羽绒（羽毛）内含有的脂肪和吸附其他油脂的比率。

测定方法（索氏抽提法）：准确称取羽毛绒试样两个，分别放于 250 毫升烧杯中在 105℃ ±2℃ 干燥箱中烘干 2 小时。将干燥的试样分别放入两个滤纸筒，然后分别放入两个预先洗净烘干的抽提器中。在另一个抽提器中放入空滤纸筒作为空白对照。把抽提器按顺序安装好接好冷凝水，在每个预先洗净烘干并称量过的球形瓶中各加入 120 毫升的无水乙醚，将其放入水温控制在 50℃ 的水浴锅中，接上抽提器，掌握乙醚每小时回流 5 ~ 6 次，总共回流 20 次以上。取下球形瓶用旋转蒸发器回收乙醚。将留有抽提脂类的 3 个球瓶放入 105℃ 烘箱中，烘至恒重取出，置于干燥器内冷却 30 分钟分别称取质量。

几种水禽羽绒的上述几项指标的平均值见表 6 - 4，供参考。

表 6 - 4　不同品种羽绒质量评定

品种	绒羽枝长（毫米）	细度（毫米）	千朵重（克）	含水率（%）	含脂率（%）	透明度	耗氧指数	蓬松度
四川白鹅	18.19	11.35	1.311	16.6	1.10	41.26	23.89	450
朗川杂交鹅	22.35	11.87	1.812	14.0	0.53	49.76	19.37	500
天府肉鸭	16.75	12.08	1.060	15.9	0.86	20.56	59.98	400
建昌鸭	15.27	10.81	0.420	17.2	1.10	16.39	78.55	350

（7）含绒率　羽绒收购一般按含绒率来确定价格。含绒率的测定方法为：从同一批要出售羽绒中抽检有代表性的样品，称取重量，然后分别挑出毛片和绒朵（纯绒），称出各自的重量，计算含绒率。如羽绒合计重量为 100 克，其中绒朵 36 克，毛片 60 克，杂质（皮屑、异质纤维等）4 克，计算出此批羽绒的含绒率为 36%，毛片含量为 60%。

（8）羽绒计价　羽绒计价是按照纯绒、毛片的含量和单价分别计算。如混合的羽绒重 1 000 克，含绒率 36%，毛片含量 60%，杂质含量 4%。纯绒价格为 250 元/千克，毛片价格为 30 元/千克。

纯绒值＝绒重（含绒率×总重量）×绒单价＝36%×1千克×250元/千克＝90元

毛片值＝毛片重（毛片含量×总重）×毛片单价＝60%×1千克×30元/千克＝18元

总值＝纯绒值＋毛片值＝90元＋18元＝108元

四、鹅肥肝安全生产技术

（一）鹅肥肝的形成机制

鹅通过短期内填食大量高能饲料（通常是富含碳水化合物的玉米等），在消化道以葡萄糖的形式吸收，经过磷酸戊糖途径以及糖酵解途径生成乙酰辅酶A，在脂肪酸合成酶的作用下在肝细胞内大量合成脂肪酸，通过β氧化降解或与α-磷酸甘油反应成甘油三酯。在正常条件下，甘油三酯是与载脂蛋白、磷脂、胆固醇及其酯等构成极低密度脂蛋白，通过血液循环运送到脂肪组织等肝外组织利用。而在填食期肝中生成的甘油三酯远远超过了生成的肝脏载脂蛋白所能运送的量，并且α氧化途径降解的脂肪酸远少于生成的脂肪酸，造成脂肪在肝细胞中大量堆积，使肝细胞肥大并且增殖，形成脂肪肝，其重量超过填食前的10倍。肥肝生产是一项精细的劳动，必须采取科学的生产技术和管理措施，才能提高肥肝生产效益。

（二）影响肥肝生产因素

1. 填饲时机

填饲时机与肥肝重量有关，也影响到胴体质量和生产肥肝的成本。当鹅到10周龄时，其生长速度明显减慢，一般鹅长到4.5千克时开始填饲比较合适。生产鹅肥肝应选择12周龄左右、接近体成熟的鹅。这时，鹅的肝细胞数量较多，肝中脂肪合成酶的活性较强，有利于肝脏的快速增重。在12周龄以前，仔鹅以粗饲、放牧饲养为主，以降低饲养成本。

2. 填饲季节

不同季节、不同环境温度条件下填饲，肥肝的生产效果也不同。填饲的最适宜温度为10～15℃。一般认为，当环境温度高于25℃时，对鹅肥肝形成非常不利。填饲鹅对低温的适应性较强，在环境温度为4℃的条件下对其影响也不大。

3. 鹅的性别

公母鹅均可进行肥肝生产，但一般公鹅的肥肝形成效率高于母鹅。

（三）肥肝鹅的预饲期饲养

预饲期就是由放牧转为舍饲，由粗饲转为精饲的过渡期，预饲期饲养的好坏直接影响到肥肝的生产效果。预饲期饲养的关键是让鹅有一个逐渐的适应过程,使鹅适应高营养水平的日粮,适应大的精料饲喂量。肥肝鹅应有 3 ~ 4 周的预饲期。预饲期尽量让鹅自由采食,多吃一些青饲料使食管柔软、膨大,消化道扩张性能良好,以免在填饲时发生事故。另外,预饲前要做好接种疫苗、驱虫等工作。

1. 饲养方式的改变

肥肝鹅进入预饲期后,要逐渐缩短放牧时间,改为在舍内和运动场补饲青粗饲料和精料。1 周以后停止放牧,完全转为舍饲。

2. 饲料配合

预饲期要逐渐减少青粗饲料的喂量,逐渐增加精饲料的喂量。精料的配方为:玉米 60%,麸皮 15%,豆粕 18%,花生粕 5%,骨粉 2%。拌湿后让鹅自由采食。当采食量达每天 250 ~ 300 克时,体重增加 10%,转为填饲期。预饲期一般为 7 ~ 10 天。

3. 免疫驱虫

填饲前 1 周,接种禽霍乱菌苗,每只鹅肌内注射 1 毫升;用硫双二氯酚驱除体内寄生虫,每千克体重用药 200 毫克。

(四)肥肝鹅的填饲

为了使肥肝鹅快速增重,增加单个肥肝的重量和提高等级,缩短饲养期,降低饲养成本,要对其进行强制填饲。

1. 饲养方式

填肥鹅最普遍的饲养方式为平养,鹅舍设水泥地面,便于冲洗消毒,冬天天冷时适当铺设垫料,每平方米饲养 3 ~ 4 只。也可采用单笼饲养,笼的尺寸为 500 毫米 × 280 毫米 × 350 毫米。填喂时,直接将填饲机推至笼前,拉出鹅颈,进行填饲。笼养鹅活动少,易于育肥,鹅肝品质高,但设备费用高。

2. 填饲饲料配制

玉米富含淀粉,是目前世界上普遍采用的填饲饲料。玉米中胆碱含量低,有利于脂肪在肝脏中沉积;玉米的能值高,容易消化吸收,价格低廉。因此,玉米是肥肝生产最理想的饲料原料。玉米的颜色对肥肝的颜色有直接的影响。一般黄玉米优于白玉米,用黄玉米填饲的肥肝呈黄色,白玉米填饲的肥肝呈粉红色。填饲的玉米要用水煮或浸泡或炒熟。一般用水煮的玉米其填饲效果较好。配制的具体方法是把玉米粒放入锅内加水,水面超过玉米 5 ~ 6 厘米,烧开后再煮 5 ~ 10 分即可。捞出适温后加入 2% 的油脂和 1% ~ 1.5% 的食盐,每100千克加入10克复合维生素。搅拌均匀后即可进行填饲。填料要求不冷不热,以不烫手为宜,设水槽与沙槽自由饮水,自由采食沙粒。

3. 填饲机器

填饲机是肥肝生产过程中进行强制育肥的一种重要工具,目前国内外多采用螺旋式出料机器填饲。填饲机根据主要工作部件的结构分为立式和卧式两种。主要有上海松江县、无锡市农科所、中国农科院仪器厂生产的仿法式填饲机;中国农业大学研制的Ⅰ、Ⅱ、Ⅲ型填饲机,其中Ⅲ型为卧式(图6-6),其余为立式(图6-7)。喂料管口径,外径20~22毫米,内径18~20毫米。每分出料量为1.4~2.0千克。

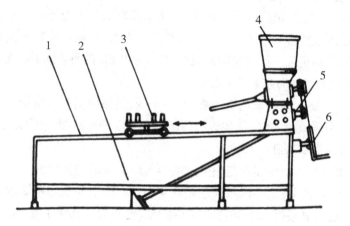

图6-6　卧式填饲机

1. 机架　2. 脚踏开关　3. 固禽器　4. 饲喂漏斗　5. 电动机　6. 手摇皮带轮

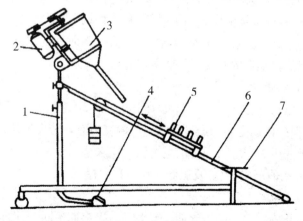

图6-7　立式填饲机

1. 机架　2. 电动机　3. 饲喂机构　4. 脚踏开关　5. 固禽器　6. 滑道　7. 坐凳

4. 填饲方法

填饲的方法有两种。一种是传统的手工填饲法,另一种是采用电动螺旋推进器填食机填饲。

一般填饲机使用较为普遍,填饲均需两人操作,具体步骤如下:①检查填饲机运转是否正常,出料是否畅通,填饲管外涂抹食用油,使其润滑,便于伸入鹅食管。②助手抓鹅体保定,填饲员一手抓住鹅头,用拇指和食指打开鹅嘴,另一手食指伸入口腔,压住舌根部向外拉舌,使鹅嘴尽量张开。然后向上拉鹅头,渐渐套入喂料管,喂料管通过咽部时要特别小心,如遇阻力说明角度不对,应退出重套。将喂料管前端一直送到食管扩大部的上方。③喂料管插入后,填饲员踩动开关,边填边退出喂料管,玉米填到距喉头 5 厘米处为止,关闭机器,全部退出喂料管。④填饲后将鹅放开进行观察,如鹅表现精神愉快,展翅饮水,说明填饲正常。如出现用力甩头,将玉米吐出,说明填饲距喉头太近。

5. 填饲期长短与填饲量的控制

(1)填饲期 鹅的填饲期一般为 3~4 周,具体时间长短应根据品种、年龄、体重和个体差异来定。4 周以后体增重和肥肝增重减缓,易出现消化不良现象,应及时屠宰取肝。

(2)填饲量 填饲量是肥肝生产的关键,直接影响到肥肝的生产效果。填饲量应由少到多,第一周每天填喂 0.4~0.6 千克,每天填喂 2 次,时间为 7:30~8:00 和 19:30~20:00;第二周每天填喂 0.75~0.9 千克,每天填喂 3 次,时间为 6:00~7:00、13:00~14:30 和 20:00~21:30;第三周以后,每天填喂 1.0~1.5 千克,每天填喂 4 次,时间为 7:00、13:00、19:00 和 1:00。为保证合适的填饲量,每次填饲前应先用手触摸鹅的食管膨大部,如已空,说明消化良好,可适当增加填饲量;如仍有饲料积蓄,说明填饲过量,要适当减少填饲量。经常出现消化不良的鹅要尽早屠宰取肝。

6. 填饲期管理

饲养密度以每平方米 3~4 只,每个小群 20~30 只为宜。最好能网养和圈养,应注意保持鹅圈舍内干燥、通风良好、温度适宜。若发生消化不良时,每只鹅可喂服乳酶生 1~2 片,同时供足清洁的饮水。

(五)肥肝鹅的屠宰、取肝及肥肝的包装和贮存

1. 屠宰期的确定

肥肝鹅不能确定统一的屠宰期,个体不同,屠宰期不同,要做到适时屠宰。肥肝鹅填饲期一般为 3~4 周,具体肥肝鹅何时屠宰,主要看鹅的外观表现。

如出现前胸下垂,行走困难,呼吸急促,眼睛凹陷,羽毛湿乱,精神萎靡,这时消化机能下降,应及时屠宰取肝。无此现象者,可继续填饲。

2. 屠宰取肝方法

(1)就近屠宰　肥肝鹅填饲结束后肝脏增大数倍,不能进行长途运输,否则会造成肝破裂而死亡。因此,最好就地、就近屠宰。

(2)宰前禁食　宰前要禁食8~12小时,但要供给充足的饮水,以便放血充分,尽量排净肝脏瘀血,以保证肥肝的质量。

(3)放血　宰杀时,抓住鹅的两腿,倒挂在宰杀架上,使鹅头部朝下,采用人工小心割断气管和血管的方式放血。悬挂10分,使肝脏放血良好,避免肝脏形成血斑。

(4)烫毛　烫毛时,水温控制在65~73℃,时间3~5分。水温过高、过长,鹅皮容易破损,严重时可影响肥肝的质量;水温太低又不易拔毛。鹅体应受热均匀。

(5)脱毛　使用脱毛机脱毛容易损坏肥肝,需采用手工拔毛。拔毛时将鹅体放在桌子上,趁热先将鹅胫、蹼和嘴上的表皮打去,然后左手固定鹅体,右手依次拔翅羽、背尾羽、颈羽和胸腹部羽毛。然后将鹅体放入水池中洗净。不易拔净的绒毛,可用酒精灯火焰燎除。拔毛时不要碰撞腹部,也不要将鹅体堆压,以免损伤肥肝。拔毛时动作要轻,防止肝破裂。

(6)冷却　拔毛后,将刚褪毛的鹅体平放在特制的金属架上,背部向下,腹部朝上,放入冷库中0~4℃冷却6~10小时。冷却后鹅体干燥,脂肪凝结,内脏变硬而又不冻结才便于取肝,保证肥肝的完整性。

(7)取肝　将冷却后的鹅体放置在操作台上,腹部向上,尾部朝操作者。用刀从龙骨前端沿龙骨脊左侧向龙骨后端划破皮脂,然后用刀从龙骨后端向肛门处沿腹中线割开皮脂和腹膜。从裸露胸骨处,用外科骨钳或大剪刀从龙骨后端沿龙骨脊向前剪开胸骨,打开胸腔,使内脏暴露。胸腔打开以后,将肥肝与其他脏器分离,小心剪去胆囊。取肝时要特别小心。操作时不能划破肥肝,分离时不能划破胆囊,以保持肝的完整。如果不慎将胆囊碰破,应立即用水将肥肝上的胆汁冲洗干净。

(8)修整　取出的肥肝应适当进行整修处理,用小刀除去附在肝上的神经纤维、结缔组织、残留脂肪和胆囊下的绿色渗出物,切除肝上的瘀血、出血斑和破损部分。

(9)漂洗　修整后的肥肝放在1%盐水中漂洗5~10分。

（10）鹅肥肝保鲜工艺　先将洗净的鲜鹅肝放入盐水中浸泡,再用二氧化碳或氮气等惰性气体充气,最后包装放置2℃左右贮藏,即可保鲜。也可把分级后的肥肝放在-28℃条件下速冻,包装后放在-20～-18℃条件下,可保藏2～3个月。

（六）鹅肥肝等级的划分

鹅肥肝可根据重量和感官评定来分级。一般的重量分级是重量越大,级别越高,但最大不超过900克,700～800克为最佳肝重。肥肝色泽要求为浅黄色或粉红色,内外无斑痕,色泽一致;组织结构,应表面光滑,质地有弹性,软硬适中,无病变。好的肥肝无异味,熟肥肝有独特的芳香味。鹅肥肝的质量主要依靠重量和感官来进行评定,分级标准见表6-5。

表6-5　鹅肥肝的分级标准

项目	特级	一级	二级	三级	级外
重量(克)	600～900	350～600	250～350	150～250	150以下
色泽	浅黄或粉红	浅黄或粉红	可较深	较深	暗红
血斑	无	无	允许少量		
形状与结构	良好无损伤	良好	一般		

（七）影响鹅肥肝生产的因素

1. 品种

不同的品种及杂交组合产肝性能有很大差异。朗德鹅是世界上最优秀的肥肝鹅品种,但其产蛋较少,国外多采用朗德鹅做父本,与当地鹅种杂交来生产肥肝。我国鹅种资源丰富,大型品种狮头鹅、中型品种溆浦鹅肥肝性能优良。其他地方品种也具有肥肝生产潜力,通过选育可得到提高。另外,我国已引进了朗德鹅、莱茵鹅等品种,与地方鹅种杂交,筛选出了优良的肥肝生产杂交组合。今后,肥肝生产要大力推广杂交配套系,进行专业化生产。

2. 性别

一般来说,鹅的性别对肝重的影响不是很大。据报道,浙东白鹅公鹅填肥肝重399.8克,母鹅为377.9克;太湖鹅试验,公鹅肝重216.4克,母鹅肝重222.8克,差异均不明显。溆浦鹅育肥后,公鹅平均肝重583.3克,母鹅为524.2克,差异显著。实际育肥过程中,母鹅性情温驯,易于育肥,但娇嫩,育成率低。育肥前应适当选择,淘汰部分弱小母鹅,提高整体产肝数量和质量。

3. 日龄

一般选择90～110日龄、体成熟完好的仔鹅进行填饲较好,因为此时肝细胞数量较多,脂肪酶活性较高,有利于肝脏的肥大。日龄小的鹅,填饲中容易发生瘫痪、死亡、肥肝小而达不到标准。

4. 温度

填饲的最佳温度为 10～15℃,最好不要超过 25℃。高温填饲,鹅胃肠蠕动减缓,消化能力下降,容易引起消化不良等病症,甚至引起死亡。但是,如果温度低于 0℃,饲料消耗增加,且不利于育肥。因此,夏季高温不适合肥肝生产,春季和秋季最好。在长江以南地区,冬季也可进行肥肝生产。

5. 发展户养

肥肝生产属劳动密集型和技术密集型产业,鹅的生长快慢、育肥体重、成活率与精心饲喂和科学管理密切相关。国外的肥肝业普遍采用大规模、工厂化生产,其产量和劳动生产率很高,但质量较差。经多年的实践,我国劳动力资源丰富,发展户养生产肥肝,肥肝品质优良、无污染,深受国内外消费者的欢迎。发展户养要有相应的技术和政策保证,以质论价,优质优价,集中收购、屠宰、肥肝出口。

(八)肥肝酱的加工

目前国际上肥肝的供应主要有 3 种形式,即鲜肝、冻肝和肥肝酱。特级鹅肥肝多以鲜肝的形式整肝销售,一级鹅肥肝加工成肥肝块销售,二、三级肥肝则加工成肥肝酱出售。冻肝是生产旺季为长期保存或远距离运输时所采用,售价低廉。如果能够把过剩的肥肝和低等级肥肝加工成肥肝酱后出售,将创造更大的利润。法国肥肝酱生产具有悠久的历史,并以其独特风味和高品质得到普遍认可,是世界上唯一出口肥肝酱的国家,年出口量在 500 吨左右。法国的鹅肥肝酱按在肥肝酱中是否加入其他成分,分为纯肥肝酱和加入其他成分肥肝酱。加入的主要成分为珍贵的块菌。块菌,又称松露,是一种生于地下的食用菌,是法国的一种野生特产,目前在法国已有人工栽培。

鹅肥肝本质上是动物的肝脏,其自身的特点决定了加工生产鹅肥肝酱所遇到的难题,如富含血管和结缔组织,如果剔除不完全会造成鹅肝酱质地粗糙、不均匀,有颗粒感,有肝脏特有的腥味等。具有成熟鹅肥肝酱生产技术的法国,历来重视技术的保密,从多个方面对鹅肝酱加工技术进行了封锁,我们不可能掌握。近几年来,我国的科研工作者一直认真研究鹅肝酱加工技术,试图找到一种鹅肝酱加工方法。如何使鹅肝乳化均匀、口感细腻、无肝腥味是加工过程中的技术难题。各生产单位应不断创新、研制和开发新的肥肝生产工艺,不断推出新产品,满足不同的口味和消费需求,占领国内和国际市场。

目前研究生产的鹅肝酱,主要是把鹅肥肝预先煮熟,再用腌制剂进行腌制,最后打碎与其他配料混合而得。鹅肥肝酱的加工工艺流程:肥肝解冻→冲血清洗→热烫→配料→打浆→高温杀菌→无菌包装→成品。

1. 解冻

冻结的鹅肝需缓慢解冻至中心温度0℃左右,减少营养损失。将冻结肝置于4℃温度下缓慢解冻,防止水分和脂肪流失。

2. 冲血清洗

将解冻以后的鹅肥肝平放于流动水下,边清洗边人工去除血筋、油筋等杂质。必须把血冲洗干净,以免影响肝酱的色泽。

3. 热烫

肥肝解冻后,由于酶的活性提高和微生物的污染,在以后的加工中极易变质。用85～95℃的水烫2～3分,在增强搅拌效果的同时,抑制酶的活性和微生物的生长繁殖。

4. 配料腌制

为了提高肥肝酱的风味和增加其稳定性,将烫后的鹅肥肝沥干水分,按原料的2%添加腌制剂,于4℃下腌制12小时。腌制剂为食盐、沙姜、胡椒粉、五香粉。成品鹅肥肝酱配方如下:鹅肝88.0克,葵花油4.0克,洋葱4.0克,鲜姜0.5克,曲酒0.5克,精盐1.5克,白糖0.5克,味素0.1克,五香粉0.2克,香油0.1克,胡椒粉0.05克,维生素E0.05克。

5. 打浆

用打浆机把原料和辅料粉碎成均匀的浆液。将腌制好的鹅肥肝切成碎块,加入胶体磨进行打浆,打浆的同时加入冰水,分多次加入。

6. 高温杀菌

因为肥肝中可能有肉毒梭状芽孢杆菌等耐热菌,所以鹅肝酱必须在115～118℃下灭菌30～40分。

7. 包装

杀菌后的肥肝酱,应在无菌条件下趁热装罐、封口。空罐应严格消毒。包装后的罐头放在35℃温度下保持1周,剔除胀罐、漏罐和变形罐后即为合格产品。也可装罐后高压杀菌,包装入库。

8. 成品检验

肥肝酱的色泽与外形要求:开罐后表面有一层1毫米厚的白色油脂层,油脂层下的肝酱呈灰黄色,质地细腻柔软。品尝时味道鲜美,咸淡适中,香味浓郁。

第七章　鹅群的安全管理及疫病控制技术

　　鹅场的规划建设是生物安全体系的基础,而严格的管理制度是生物安全体系发挥作用的保障机制,一般养鹅场都是开放式的饲养环境,与外界较难完全隔离,需要通过实施严格的管理措施进行补充和强化,因此生物安全体系管理制度的研究完善显得十分重要。

　　由于鹅的疫病种类多,每种疫病的特点不同,况且可以应用的疫苗种类少,单纯依靠现有的免疫预防和药物治疗方案将难以保障养鹅场的安全生产,因此必须加强各单项技术的研究和组装配套,形成包括养殖场的规划与建设、卫生管理、疫苗免疫与抗体检测监测、药物预防计划等技术内容的疫病综合防控措施。

第一节　鹅场的生物安全管理措施

一、隔离措施

(一)场地隔离

种鹅及商品鹅在引种前进行检疫,确认健康后才能引入,引如后要在进场动物隔离区进行隔离饲养,确认健康无病原携带后,方可进入正常饲养区。

1. 场址选择

养鹅场要求远离村庄、居民区、大型饲养场、屠宰场和公路主干道,符合上述条件的鹅场才能够远离污染源,便于环境控制,利于疾病防控。

2. 场区规划

养鹅场要严格划分场内的各功能区域,避免场区污染和传染病的流行。首先要求生产区与办公区分开,生产区中不同饲养阶段鹅舍要有一定距离。生产区的道路分为净道和脏道,净道供饲养人员运输饲料、种蛋、干净垫料使用,脏道供卫生人员清理粪便、脏垫料、处理病死禽等使用。鹅场要注意设置消毒池,鹅场的大门要有大型消毒设备,对进出鹅场的车辆要喷雾消毒。饲养人员进入生产区,先要淋浴,然后更换消毒服装。如果鹅场条件差,达不到上述要求,也要在生产区门口设置紫外线消毒室,紫外线消毒要求 10~15 分,脚踩消毒池进入生产区。

(二)病鹅隔离

当鹅群出现少量病鹅时,病鹅与健康鹅应隔离饲养,饲养于患病动物隔离区。尤其是暴发病毒病如小鹅瘟、禽流感、鸭瘟、鹅副黏病毒病时,要沉着冷静,及时通知兽医部门进行诊断。把病鹅从大群中挑出,进行隔离观察。

(三)成鹅和雏鹅、青年鹅隔离

成年鹅机体抵抗力比较强,有时可能带毒或带菌,但不会发病,不表现任何症状,雏、青年鹅抵抗力非常弱,对多种病原的易感性很高,如果成年鹅和幼龄鹅在同一圈舍或圈舍距离比较近,均可增加幼龄鹅的发病概率。各个阶段的鹅要采取"全进全出"的饲养制度。每栋鹅舍饲养只能饲养同一日龄的鹅,每一批鹅转出鹅舍后,对鹅舍要进行彻底的清扫和消毒,空置一段时间后,继续下一批的饲养。这样既有利于防疫,又提高了工作效率。

(四)搞好鹅场污物和病死鹅的无害化处理

鹅场污物包括鹅的粪便、废弃垫料、污水等。鹅的粪便和垫料可以集中到

鹅标准化安全生产关键技术

粪场堆积发酵后作为有机肥料回归农田。鹅场的污水可以排放到专门设计的污水沉淀池中,经过一段时间沉淀后,上面的水可以抽出灌溉农田,沉积在底部的粪污可以定期清理。如果鹅场的污物随意排放,容易污染周边的环境,也会造成疫病的传播和扩散,给养鹅场造成巨大的损失。

病死鹅大多携带有病原菌,是养鹅场疾病扩散、传播的重要源头,所以一定要进行科学的处理。对于病鹅首先要与大群鹅隔离开来,同时要将个别病鹅及时送往有资质的禽病诊断室进行剖解、化验,找出病死的原因,以便采取相应的措施。对于死亡的鹅要深埋或焚烧,严禁自行解剖,更不能买卖死鹅。

二、消毒技术

做好畜禽场的卫生消毒工作,是有效减少病原微生物数量与浓度,防止疫病发生的重要措施。养鹅场要重视消毒工作,制订并实施一整套严密的消毒方案。消毒是指用化学药物或物理方法杀死物体上的病原微生物。用于消毒的化学药物叫消毒剂,主要用于鹅群体表、排泄物、饲养设备、用具等的消毒。

(一)鹅场常用的消毒方法

1. 机械性消除

用机械的方法如清扫、洗刷、通风等清除病原体,但必须配合其他方法才能彻底消除病原体。在进行任何消毒之前,必须将畜禽舍和设备彻底清理和冲洗干净,这是消毒程序中最重要的一个环节。

2. 物理消毒法

阳光光谱中的紫外线有较强的杀菌能力,门卫消毒室也可以设紫外线灯消毒。紫外线穿透能力弱,只能作用于物体表面的微生物。火焰烧灼用于笼具等金属制品的消毒,效果良好,特别对球虫卵囊。病死鸡也可以通过焚烧、深埋来处理,彻底杀死病原微生物。

3. 化学消毒

消毒环境中的有机物质往往能抑制或减弱化学消毒剂的杀菌能力。各种消毒剂受有机物的影响不尽相同,如在有机物(家禽粪便)存在时,含氯消毒剂的杀菌作用显著下降;季铵盐类、双胍类和过氧化合物类的消毒作用受有机物的影响也很明显;但环氧乙烷、戊二醛等消毒剂受有机物的影响比较小。如果有机物存在,消毒剂量则应加大。

4. 生物学消毒

通过发酵、微生态制剂等达到消毒的目的,多用于粪便、病死鸡的无害化处理。

(二)合理选择消毒药物

消毒药物的种类多、品种杂,而且不同的消毒药其作用原理和消毒范围、消毒能力都有不同,所以在不同环境、不同时间要选择不同的消毒药。

1. 过氧化物类消毒剂

常用的有过氧乙酸、高锰酸钾、过氧化氢、二氧化氯等。主要用于鹅舍内环境消毒,高锰酸钾、二氧化氯可用于种蛋消毒。

优点:作用强而快,为高效消毒剂,可将细菌和病毒分解为无毒的成分,在物品上无残余毒性,对细菌、病毒、霉菌和芽孢均有效。消毒效果不受温度的影响。

缺点:性质不稳定,易分解,作用时间短,易受环境中有机物影响。过氧化物消毒剂如过氧乙酸,会有较强的刺激性,浓度高时对金属会有一定的腐蚀性。使用时应加以注意。

2. 双季铵盐类

常用的有癸甲溴铵(百毒杀)、消毒净、度米芬等。用于带鹅消毒、环境消毒与种蛋消毒。

优点:为高效消毒剂,结构稳定,对有机物如羽毛、黏液、粪便等的穿透能力强。作用时间长,在一般环境中,保持有效消毒力5～7天,在污染环境中可保持2～3天。消毒效果不受光、热、盐水、硬水及有机物存在影响。无刺激、无残留、无毒副作用、无腐蚀性,对人畜安全可靠。

缺点:对无囊膜病毒的杀灭效果不如有囊膜的强。

3. 碱类消毒剂

常用的有氢氧化钠(火碱)、生石灰等。用于舍外环境消毒和育雏舍空舍消毒地面、墙壁消毒。生石灰常加水配成10%～20%石灰乳,趁热刷洗、喷洒,用于地面、墙壁、粪便等的消毒。

优点:为高效消毒剂,杀菌作用强而快,杀菌范围广,对细菌、病毒、芽孢、霉菌均有效,价格低廉。

缺点:受消毒剂的浓度影响较大,浓度越高消毒效果越好,但高浓度时有极强的腐蚀性,对铁质笼具腐蚀性强。

4. 碘消毒剂

常用的有碘伏、百毒清、聚维酮碘等。用于环境消毒、饮水消毒、带鹅消毒。

优点:杀菌力强,杀灭迅速,具有速杀性,主要起杀菌作用的是游离碘和次碘酸。

缺点：对水量低，有效杀灭病原微生物和病毒的浓度较高，每升水300毫克作用5分才能将芽孢杀灭；杀灭病毒每升水加入30毫克浓度。受温度、光线影响大，易挥发；在碱性环境中效力降低；高浓度时有腐蚀性、有残留，吸收过多可造成甲状腺亢进。

5. 含氯消毒剂

常用的有次氯酸钠、次氯酸钙、二氯异氰尿酸钠等。

优点：对病毒、细菌均有良好杀灭作用；易溶于水，有利于发挥灭菌作用；对芽孢杆菌有效，可用于舍内环境消毒、饮水消毒。

缺点：易受温度、酸碱度的影响，有机物存在可降低有效氯的浓度，从而降低消毒效力。具有刺激性和腐蚀性，可产生挥发性卤代烃，如氯仿、三氯甲烷等致癌物质。

6. 醛类消毒剂

常用的有甲醛、戊二醛等。用于环境消毒。

优点：甲醛价格便宜，消毒效果好，对病原微生物具有极强的杀灭作用。甲醛可与高锰酸钾一起进行熏蒸消毒，其挥发性气体可渗入缝隙，并分布均匀，减少消毒死角。戊二醛金属腐蚀性小、受有机物影响小、稳定性好，用于鸡舍建筑、道路、脚踏消毒池消毒。甲醛和高锰酸钾配合熏蒸禽舍、种蛋、孵化器等。

缺点：甲醛刺激性强，有滞留性，不易散发，有毒性；甲醛消毒力受温度、湿度、有机物影响大，熏蒸时间长，要12~24小时才能达到消毒作用。

7. 复合型消毒剂

常用的有安灭杀（15%戊二醛＋10%专利季铵盐消毒剂）、威岛消毒剂（二氯异氰尿酸钠＋表面活性剂＋增效剂＋稳定剂等复配而成）、卫康（过硫酸氢钾＋双链季铵盐＋有机酸＋缓释剂等）、农福（几种酚类＋表面活性剂＋有机酸）、百菌消（碘、碘化合物、硫酸及磷酸制成的水溶液，深棕色的液体）等。用于环境消毒。

优点：对细菌、病毒、霉菌和芽孢均有效，刺激性较小，作用时间较长，低温仍有效，不受有机物和水中金属离子影响，可进入多孔表面的孔隙中。

缺点：价格较高，购买时不能贪图便宜以免买到假货。

（三）建立严格的消毒制度

1. 空舍消毒

每次在转群、出售后，对原饲养鹅舍进行彻底清扫，最后对鹅舍、设备进行熏蒸消毒,空置1~2周,才能进行下一批生产。

2. 消毒池的设置

鹅场大门口设置车辆消毒池和人员进入专用通道,入场车辆和人员都要彻底喷雾消毒后方可进入场区。饲养人员从生活区进入生产区还要经过洗澡、换工作服、消毒等环节。所有鹅舍入口也要设置消毒池,饲养人员要脚踏消毒池入舍。

3. 合理进行日常消毒

饲养过程中,为预防疫病的发生,需要有计划、定期对鹅舍、鹅的运动场、用具、饲槽等进行消毒,同时对戏水池及其中的水进行消毒。此外,还要注意对饲养的鹅群进行定期消毒。

4. 发生疫病后的消毒

当鹅场发生传染病后,为了迅速控制和扑灭疫病,对疫点、疫区及被污染的用具、场地等进行集中消毒,这时要加大消毒药的浓度和用药量。如果经过2周没有新的病例出现,在解除疫区封锁前,为消灭疫区内可能残留的病原体再进行1次消毒。

(四)养鹅场的消毒程序

1. 设置消毒池

规模鹅场在进入场区要设置车辆消毒池和人员消毒通道。在进入生产区有第二道车辆消毒池和人员更衣消毒间。工作人员进入生产区都要消毒和更衣。

2. 空舍消毒

禽舍全部淘汰或转出后,对整个禽舍及其所有的设备进行彻底的清洗和消毒。首先对雏鹅舍内喂料、饮水设备等拆卸、移至舍外,再清除舍内、外粪便、垫料等污物,用高压水冲洗棚舍、墙壁、地面及舍外墙壁、道路,2~3天待室内干燥后,用2%~3%氢氧化钠水溶液(水温在30℃以上,加强消毒效果)喷洒舍内所有非金属物品和空间,以及舍外道路、墙壁。设备用具先用水冲洗,然后用消毒药浸泡,干燥后安装备用。雏鹅入舍前2~3天,封闭门窗,用甲醛或甲醛与高锰酸钾熏蒸消毒,48小时后开启门窗,通风24小时后使用。

3. 环境消毒

是指鹅舍内外环境的消毒,包括鹅场道路、鹅舍外墙、鹅舍地面、墙壁等消毒。环境消毒通过减少病原微生物的浓度来达到防病目的。

4. 带鹅喷雾消毒

带鹅喷雾消毒不但能杀灭鹅体表和空气中的病原微生物,而且能净化空气,夏季还可以防暑降温,对控制疫病具有重要意义。要选用刺激性小的药物(如百毒杀、碘制剂),消毒药物以雾滴的形式经呼吸道进入体内,刺激性强的药物极易引起呼吸道症状甚至死亡。消毒时间应选择在傍晚,光线较暗时,喷雾时喷头向上,雾粒在 80~120 微米,雾粒过大下落太快起不到消毒作用,雾粒过小容易吸入肺部,引起呼吸困难甚至死亡。喷雾量按 15 毫升/米^3,两种消毒药交替使用,提高消毒效果,在发生呼吸道病或免疫前后三天不做消毒。

5. 饮水消毒

季铵盐类对普通饮用水有很好的消毒作用,也可选用含氯制剂。

6. 设备和器械的消毒

饮水器、料槽等都应定期进行消毒。

(五)影响消毒效果的主要因素

1. 消毒剂的选择

应选择有批准文号并对所要预防的疫病有高效消毒作用的消毒剂。

2. 稀释浓度

要根据消毒药的实际要求进行稀释,浓度太大太小都不合适。浓度太大,会造成不必要的浪费;浓度太小,很难达到应有的消毒效果。

3. 消毒药的剂量

为达到有效的消毒效果,要根据房舍的实际面积,按照消毒药的要求,使所要消毒的空间的消毒药达到足够的剂量。

4. 消毒前的清洗

被消毒物在消毒前要进行彻底的清洗,以除去被消毒物表面的各种有机物,从而使消毒剂能够直接接触到病原体,达到消毒的目的。

5. 消毒时间

各种消毒剂均需与病原体接触一定的时间,才能将其杀死。所以在消毒时,一定要保证消毒剂的量,否则消毒剂很快的挥发或蒸发就很难起到理想的消毒效果。

6. 环境温度

消毒剂的效力可随温度变化而变化,通常温度越高消毒剂的效力越强,尤其是熏蒸消毒,其消毒效果受环境温度、湿度的影响较大,环境温度越高消毒效果越好,反之越差。

7. 水质

消毒用水的质量及某些有机物的存在也会影响消毒剂的效力。

三、鹅场疫病控制规章制度

(一)动物疫情监测制度

1. 专人负责

规模鹅场要设专职人员(动物疫情测报员)负责动物疫情监测结果的整理和上报工作。

2. 主要监测疫病

鹅场常规监测的疾病主要包括:高致病性禽流感、小鹅瘟、鹅鸭瘟、副黏病毒病、鹅新型肠炎病毒病、巴氏杆菌病和大肠杆菌病等。

3. 抽查制度

根据当地实际情况,由动物疫病监测机构定期进行疫病监督抽查,并将抽查结果报告当地畜牧兽医行政管理部门。监测鹅群健康,应制订监测疾病的采样计划,及时准确地发现疫病。

4. 检疫制度

在出售商品仔鹅前,需向动物防疫机构报检,经产地检疫合格后方可出售。严禁已出场但未出售的仔鹅返回原放养场地饲养。

(二)动物疫情登记报告制度

1. 做好鹅群健康状况日常观察

饲养人员每天早晨开灯后,首先要观察鹅群的精神状态,加料后观察鹅群的采食饮水情况,粪便有无异常。发现鹅群异常,排黄绿色粪便、稀便要及时报告养殖场兽医人员。发现病鹅要及时转入患病动物隔离区内隔离,做进一步观察诊断。

2. 严格登记管理

饲养人员要做好每天的生产日报表,详细记录场内各饲养阶段每日存栏与死亡淘汰情况,对怀疑疫病死亡个体转入兽医室由专职兽医进行病例剖解诊断,必要时做实验室诊断。

3. 发生一类动物疫病处置

鹅一类传染病主要是高致病性禽流感、副黏病毒病,发生时应立即上报疫情,在迅速展开疫情调查基础上由同级人民政府发布封锁令对疫区实行封锁。在疫区内采取彻底的消毒灭菌措施,对受威胁区易感动物展开紧急预防免疫接种。

4. 发生二类动物疫病处置

鹅二类传染病包括小鹅瘟、鹅鸭瘟病、禽霍乱、低致病性禽流感等、鸡球虫病,发生时要立即上报疫情。在迅速展开疫情调查基础上由同级畜牧兽医主管部门划定疫区和受威胁区,在疫区内采取彻底的消毒灭菌措施,对受威胁区易感动物展开紧急预防免疫接种。

(三)病死动物无害化处理制度

1. 无害化处理记录

建立养殖档案,对病死鹅及其产品的去向和处理做好记录,不准随意抛弃病死鹅及其产品。一经发现病死鹅,必须立即对病死鹅及其产品进行无害化处理。严禁将病死鹅及其产品随意丢弃、出售或作为饲料再利用。

2. 无害化处理监督

严格按照动物无害化处理规程进行病死鹅的无害化处理。病死或死因不明的鹅的无害化处理应在动物防疫监督机构的监督下进行。

3. 无害化处理方法

无害化措施以尽量减少损失,保护环境,不污染空气、土壤和水源为原则。无害化处理的方式一般为深埋和焚烧。采取深埋的无害化处理场所应在感染的饲养场内或附近,远离居民区、水源、泄洪区和交通要道。对污染的饲料、排泄物和杂物等物品,也应喷洒消毒剂后与尸体共同深埋。无法采取深埋方法处理时,采用焚烧处理。焚烧时应符合环境要求。

4. 奖罚制度

对乱丢乱扔病死动物及其产品的当事人,要进行经济处罚;情节严重的,依法追究刑事责任。

(四)动物用药管理制度

1. 药品种类

允许使用符合《中华人民共和国药典》二部和《中华人民共和国药典规范》二部收载的适用于动物疾病预防和治疗的中药材和中成药方制剂。所用兽药必须符合《兽药质量标准》《兽药生物制品质量标准》《饲料药物添加剂使用规范》和《进口兽药质量标准》。允许使用国家畜牧行政管理部门批准的微生物制剂。肉鹅饲养兽药使用准则目前尚无国家标准、行业标准,可参照 NY 5035《无公害食品 肉鸡饲养兽药使用准则》制定本地方标准,以指导肉鹅饲养。

2. 药品来源

兽用药品为具有兽药生产许可证和产品批准文号生产企业的合格产品。禁止采购和使用"三无"兽药和假冒伪劣兽药。

3. 药品使用

药由有资质的兽医人员开具处方,并在其指导下按照兽药标签规定的用法和用量使用。严格执行有关停药期的规定。

4. 药品登记

保存免疫程序,病程与治疗记录,包括疫苗品种、剂量、生产单位,治疗用药名称、治疗经过,疗程及停药时间。

5. 禁用药品

禁止使用未经国家畜牧兽医行政管理部门批准的兽药或已经淘汰的兽药。禁止使用未经国家畜牧兽医行政管理部门批准的采用基因工程方法生产的兽药。禁止使用麻醉药、镇痛药、镇静药、中枢兴奋药、骨骼肌松弛药等。禁止使用未经农业部批准或已经淘汰的兽药。

第二节　鹅群安全免疫技术

通过人工接种疫苗使家禽体内产生抗体物质,预防疾病的发生,称为人工免疫。传染性疾病是鹅群的主要威胁,而免疫接种是预防传染病的重要措施。规模鹅场应根据鹅常见传染病和本场及周边地区鹅病流行情况,制定合理的免疫程序。免疫接种虽然能使鹅群对某些疾病形成一定抵抗力,但如果有毒力强的病原侵入鹅群时,难免还会造成不同程度的损失,尤其是对雏鹅。养殖人员要时时记住,良好的饲养管理和卫生消毒制度才是预防疾病的最有效的办法,千万不要以为接种了疫苗就万事大吉,放松了卫生消毒等预防措施。

（一）鹅场常用疫苗及抗血清

1. 小鹅瘟疫苗

小鹅瘟疫苗是采用鹅胚多次传代获得的小鹅瘟弱毒株,适用于未经免疫接种鹅的后代。使用时按瓶签注明剂量,即按1∶100倍稀释,给出壳后24小时以内的雏鹅皮下注射0.1毫升。免疫接种后7天产生主动免疫力。

2. 小鹅瘟鹅胚弱毒疫苗

本品采用小鹅瘟鹅胚弱毒 GD 株接种 12~14 日龄鹅胚后,收获死亡 72~96 小时的鹅胚尿囊液,加适量保护剂,经冷冻真空干燥制成。乳白色,海绵状疏松团块,加稀释液后迅速溶解。供产蛋前的留种母鹅主动免疫,雏鹅通过被动免疫预防小鹅瘟。剂量与用法:在注射前,用灭菌生理盐水按1:100倍稀释,在母鹅产蛋前半个月注射本疫苗,每只成年鹅肌内注射1毫升。雏鹅禁用。

3. 鹅副黏病毒病油乳剂灭活苗

系用鹅副黏病毒 YG97 毒株接种无特定病原鸡胚繁殖后,收获感染的鸡胚液,经福尔马林溶液灭菌,加适当的乳油剂制成。理化特性:本品为乳白色均匀乳剂。用于预防鹅副黏病毒病。剂量与用法:14～16日龄雏鹅肌内注射0.3 毫升/只。青年鹅和成年鹅肌内注射0.5 毫升/只。免疫保护有效期6个月。

4. 小鹅瘟、鹅副黏病毒病二联油乳剂苗

系用小鹅瘟病毒和鹅副黏病毒分别接种非免疫鹅胚和无特定病原鸡胚,收取胚液,经灭活后,按一定比例混合,加入油佐剂乳化制成,用于种鹅预防鹅副黏病毒病,并保证其后代充分获得小鹅瘟病的保护性母源抗体。

5. CN40 弱毒疫苗

用在鸭胚成纤维细胞上连续传代的方法,获得由雏鹅新型病毒性肠炎病毒强毒株(NGVEV – CN 株)致弱的弱毒株(CN40 株),该弱毒株能够干扰强毒在雏鹅体内繁殖,进入鹅体后能够进行一定程度繁殖并排泄出体外,使同舍雏鹅感染并获得一定程度免疫力。

6. 小鹅瘟、雏鹅新型病毒性肠炎二联弱毒疫苗

用致弱鹅源分离株制成雏鹅新型病毒性肠炎和小鹅瘟二联弱毒疫苗,对种鹅预防接种,能使其后代5～6个月内获得母源抗体保护。1日龄雏鹅口服雏鹅新型病毒性肠炎弱毒疫苗进行免疫,3天即可产生部分免疫力。

7. 鸭瘟鸡胚化弱毒冻干疫苗

本品采用鸭瘟鸡胚化弱毒株,接种鸡胚或鸡胚成纤维细胞。收获感染的鸡胚尿囊液、胚体及绒毛尿囊膜研磨或收获细胞培养液,加入适量保护剂,经冷冻真空干燥制成。理化特性:组织苗呈淡红色,细胞苗呈乳白色,均为海绵状疏松团块,易于瓶壁脱落,加入稀释液后迅速溶解成均匀的混悬液。用于预防鹅的鸭瘟。使用时按瓶签注明的剂量,加生理盐水或灭菌蒸馏水按1:200倍稀释,20日龄以上鹅肌内注射1毫升/只,5～7天即可产生免疫力,免疫期为6～9个月。

8. 禽流感油乳剂灭活苗

此油乳剂灭活苗是预防鹅发生禽流感。用量与用法:5~7日龄雏鹅进行首免,经2个月进行二免,于产蛋前的种鹅进行第三次免疫。商品鹅只进行首免即可,在严重流感区可进行二免。免疫期,注射疫苗15天产生免疫力,免疫期可达半年。

9. 禽流感、鹅副黏病毒病二联油乳剂灭活苗

本品是预防禽流感、鹅副黏病毒病。其用法、免疫期、贮存温度等都与禽流感油乳剂灭活苗相同。

10. 禽霍乱弱毒苗

本菌苗用禽巴氏杆菌G190E40弱毒株接种适合本菌的培养基上培养,在培养物中加保护剂,经冷冻真空干燥制成。本品为褐色海绵状疏松团块,易于瓶壁脱离,加稀释液后迅速溶解成均匀混悬液。用于预防禽霍乱。按瓶签上注明的羽份加入生理盐水稀释液并摇匀。3月龄以上的鹅,每只肌内注射0.5毫升。免疫有效期3~5个月。

11. 禽霍乱油乳剂灭活苗

本品采用抗原性良好的鸡源A型多杀性巴氏杆菌菌种接种,经甲醛溶液灭活,加适当的乳油制成。本品为乳白色均匀乳剂,久置后发生少量白色沉淀,上层为乳白色液体。用于预防禽霍乱。2月龄以上的鹅肌内注射0.5~1.0毫升/只。免疫有效期为6个月。

12. 鹅蛋子瘟灭活苗

本菌苗采用免疫原性良好的鹅体内分离的大肠杆菌菌株接种于适宜的培养基上培养,经甲醛溶液灭活后,加适量的氢氧化铝胶制成。用于预防产蛋母鹅蛋子瘟。种鹅产蛋前半个月注射本疫苗,每只胸部肌内注射1毫升。免疫有效期4个月。

13. 鹅、鸭疫里默杆菌油乳剂灭活苗

本品预防鹅疫里默杆菌病,于7~10日龄雏鹅颈部皮下注射0.5毫升/只(或按瓶签说明书使用)。注射疫苗后15天产生免疫力,免疫期可达3个月。

14. 抗小鹅瘟高免血清

本品为采用减毒的小鹅瘟活疫苗,接种成年鹅经过反复免疫制成的高免血清。本品为淡黄色液体,久置后瓶底微有沉淀。用于治疗或紧急预防小鹅瘟。预防量,出壳雏鹅皮下注射0.3~0.5毫升/只。治疗量,发病鹅每只肌肉或皮下注射1~2毫升/只。为防止在注射过程中细菌污染,可在血清中加入

丁胺卡那霉素或庆大霉素等。

（二）疫苗选购注意事项

1. 购买疫苗时要选择有批准文号厂家生产的疫苗

仔细检查标签、疫苗色泽。购买价格适宜的疫苗，不要贪图便宜。选择质量可靠，效果好的疫苗使用。购买疫苗时要携带保温箱或保温瓶。

2. 外观鉴定疫苗质量

一般可遵循以下原则和方法进行检查：

（1）标签 检查疫苗标签上的批号、生产日期、有效期和生产厂家，谨防假冒伪劣疫苗。

（2）包装 检查包装是否合格，疫苗是否按要求的保存条件进行保存。

（3）真空 冻干苗用针头插入疫苗瓶内，如果稀释液自动被吸到瓶内说明是真空，反之疫苗不宜使用。

（4）性状 冻干疫苗块离开瓶底，变成粉末或颜色不正常者不宜使用；疫苗在稀释液中溶解不完全者不宜使用；油佐剂灭活苗质地均匀，色泽为乳白色。

（三）疫苗的运输与保管

1. 疫苗的运输

疫苗的安全运输是保证免疫成功的重要环节之一，在天气炎热时，弱毒疫苗应在低温条件运输，一般需要专用疫苗箱，放置冰块降低运输温度；油乳剂灭活疫苗可以在常温下运输，但要避免阳光直射和高温条件下运输。疫苗装车后应在最短的时间内送达目的地。专业户更应该重视这一点，不能买到疫苗后拿着疫苗逛街或办其他事情，这样会影响疫苗的使用效果。

2. 疫苗的保存

鹅场一定要做好疫苗和抗血清的贮存工作，以免变性、失效，失去免疫保护力。疫苗购买回场后，要有专人保管，造册登记，以免错乱。不同种类、不同血清型、不同毒株、不同有效期的疫苗应分开保存。弱毒苗要求存放在 -20℃的低温环境下，而油乳剂灭活苗在 2~8℃冷藏柜存放，不能冷冻，冷冻后油水分离不能使用。应经常检查冰箱温度，最好应有备用电源。冰箱如结霜或结冰太厚时，应及时除霜，使冰箱达到预定的冷藏温度。

3. 抗血清保存

（1）4℃保存 将抗血清除菌后，液体状态保存于普通冰箱，可以存放 3个月到半年，效价高时，一年之内不会影响使用。保存时要加入 0.1% ~

0.2% 叠氮化钠以防腐。如若加入半量的甘油则保存期可延长。

（2）低温保存　放在 -40℃ ~ -20℃ 环境中，一般保存 5 年效价不会有明显下降，但应防止反复冻融，反复冻融几次则效价明显降低。因此低温保存应用小包装，以备取出后在短期内用完。

（四）疫苗的接种途径

根据免疫接种时所用疫苗的种类不同，接种方法也有一定差异，通常采用皮下注射、肌内注射、皮肤刺种、喷雾、口服等方法。免疫接种时操作上的失误，是造成免疫失败的常见原因之一。

1. 皮下注射

凡易溶解，刺激性小的疫苗、血清均可做皮下注射。30 日龄以下鹅胸肌没有完全发育，采用皮下注射法免疫。方法是将注射部位消毒，左手中指和拇指捏起皮肤，同时以食指尖压皱褶向下陷，将注射器针头从皱褶基部刺入，注入药液，（如针头刺入皮下则可较自由地拨动），注毕，拔出针头，局部消毒处理。

2. 肌内注射

一般刺激性较强和较难吸收（油剂、乳剂）的疫苗可采用肌内注射，肌内注射免疫接种的剂量准确、效果确实，但耗费劳力较多，应激较大，成年鹅多用此法。方法是将注射部位消毒，左手拇指，食指轻压注射部位，右手将注射针头垂直刺入注射。在操作中应注意：使用连续注射器注射时，应经常核对注射器刻度容量和实际容量之间的误差，以免实际注射量偏差太大。注射器及针头使用前均应蒸煮消毒。肌内注射部位一般选在胸肌或肩关节附近的肌肉丰满处。针头插入的方向和深度也应适当，与胸骨大致平行，插入深度 1 ~ 2 厘米。在注射过程中，应边注射边摇动疫苗瓶，力求疫苗的均匀。

3. 饮水免疫

饮水免疫避免抓鹅环节，可减少劳力和对鹅群应激，适合弱毒苗的免疫（如鹅新型病毒性肠炎弱毒疫苗、禽霍乱弱毒苗等）。饮水免疫使用的饮水应是凉开水，水中不应含有任何消毒剂。自来水要放置 2 天以上，氯离子挥发完全后才能应用，否则会杀死活的疫苗。饮水中应加入 0.1% ~ 0.3% 的脱脂乳或山梨糖醇可以保护疫苗的效价，提高免疫效果。为了使每只鹅在短时间内能均匀地摄入足够量的疫苗，在供给含疫苗的饮水之前 2 ~ 4 小时应停止饮水供应（视环境温度而定）。稀释疫苗所用的水量应根据鹅的日龄及当时的室温来确定，使疫苗稀释液在 1 ~ 2 小时内全部饮完。饮水器应充足，使鹅群

2/3 以上的个体同时有饮水的位置。饮水器不得置于直射阳光下,如风沙较大时,饮水器应全部放在室内。夏季天气炎热时,饮水免疫最好在早上完成。盛放混有疫苗的容器以硬质塑料、搪瓷或玻璃制品为好。

4. 气雾免疫

疫苗中加入一定保护剂,装入雾化器中,喷出雾化粒子,均匀悬浮于空中,让鹅群吸入体内,从而产生免疫力。

(五)制定合理免疫程序

对于鹅疾病的防治工作,必须贯彻"预防为主,防重于治"的方针,根据鹅群的发病特点,结合当地鹅病的流行特点,制定科学的免疫程序,然后根据免疫程序给鹅群有计划地进行免疫。下面介绍种鹅和商品鹅免疫程序,供参考。

1. 种鹅免疫程序

种鹅饲养期较长,一般利用 2 ~ 3 年,在种鹅的雏鹅阶段、仔鹅阶段、成年鹅阶段都要有计划接种疫苗,但在产蛋期尽量不接种,避免引起产蛋率的下降。有些疫病如小鹅瘟、鹅副黏病毒病等通过种鹅接种疫苗可以使出壳后的雏鹅获得保护力。种鹅免疫程序见表 7 - 1。

表 7 - 1　种鹅免疫程序

年龄	疫苗种类	接种方法与剂量	备注
1 ~ 2 日龄	小鹅瘟雏鹅活苗	皮下注射	未经小鹅瘟活苗免疫种鹅后代的雏鹅
1 日龄	鹅新型病毒性肠炎弱毒疫苗	口服	3 ~ 5 天获得保护
1 ~ 7 日龄	小鹅瘟抗血清	皮下注射,0.5 毫升	无小鹅瘟流行的区域
7 ~ 15 日龄	鹅副黏病毒病油乳剂灭活苗(YG97 株)	皮下注射 0.3 ~ 0.5 毫升	2 个月后再进行 1 次
20 日龄	禽流感 H5N1 灭活苗	皮下注射,0.4 毫升	
50 日龄	禽流感 H5N1 灭活苗	皮下注射,1 毫升	
8 ~ 10 周龄	鹅的鸭瘟弱毒疫苗	肌内注射,1 羽份	以后每隔半年 1 次
11 周龄	禽霍乱灭活苗	皮下注射,1 毫升	
3 月龄	小鹅瘟种鹅活苗	皮下或肌内注射,1 毫升	

日龄	疫苗种类	接种方法与剂量	备注
产蛋前 20 天	小鹅瘟、鹅副黏病毒病二联油乳剂苗	肌内或皮下注射,1毫升	
产蛋前 15 天	鹅卵黄性腹膜炎、禽巴氏杆菌二联灭活苗	肌内注射,1 毫升	
产蛋前 2 周	鹅副黏病毒病油乳剂灭活苗(YG97 株)	皮下或肌内注射,0.5 毫升	3 个月后再进行一次
开产前 10 天	CN40 弱毒疫苗	皮下或肌内注射,1毫升	预防雏鹅新型病毒性肠炎
开产后 3 个月	鹅副黏病毒病灭活苗、鹅禽流感灭活苗	肌内或皮下注射 1毫升	

2. 商品肉鹅免疫程序

商品肉鹅的上市时间一般在 60~90 日龄,因此免疫预防的疫病也比种鹅简单,参考免疫程序见表 7－2。

表 7－2　商品鹅免疫程序

日龄	疫苗种类	接种方法与剂量	备注
1~2	小鹅瘟雏鹅活苗	皮下注射或滴鼻	也可皮下注射 0.5 毫升高免血清
3	鹅副黏病毒活苗	皮下注射,0.2 毫升	种鹅未经免疫后代雏鹅
7~15	鹅副黏病毒病油乳剂灭活苗(YG97 株)	皮下注射 0.3~0.5毫升	2 个月后再进行一次
20	禽流感 H5N1 灭活苗	皮下注射,0.5 毫升	
30	鸭瘟疫苗	皮下注射,10 倍量	
40	禽流感 H5N1 灭活苗	皮下注射,1 毫升	

第三节　鹅群疾病防控技术

一、鹅常见传染性疾病防控

（一）小鹅瘟

小鹅瘟是由鹅细小病毒引起的，主要侵害 3 ~ 20 日龄雏鹅的烈性传染病，死亡率高达 75% ~ 100%。临床特征为急剧下痢，典型病例可见肠管的中段或后段有"腊肠样"栓子。

【病原】 该病毒可广泛分布在病鹅的全身组织和消化道内容物中，能在 12 ~ 14 日龄的鹅胚绒毛尿囊膜上或绒毛尿囊腔内生长，经 5 ~ 7 天可使鹅胚死亡。该病毒对外界环境有很强的抵抗力，一旦被病毒污染，便较难清除。病毒在 50℃ 的温度下可存活 3 小时，在冻干的冰箱中可存活 7 年以上。

【流行特点】 本病发病年龄一般在 3 ~ 5 日龄，30 日龄以上仔鹅发病少，日龄越小，发病率和死亡率越高。最高发病率和死亡率出现在 10 日龄左右的雏鹅，可达 95% ~ 100%，15 日龄以上的雏鹅比较缓和。患病后的死亡率随着年龄的增大而降低，成年鹅一般仅为带毒者，可以成为传染源不断向外界排出病毒，并通过消化道感染健康鹅群。

【临床症状】 本病潜伏期为 3 ~ 5 天，最急性病例常常不见任何症状突然发生死亡。临床上最常见急性病例，患鹅发病初期可见精神沉郁，食欲减少，有的两翅下垂，独立一隅，羽毛松乱。严重病鹅可见口流黄白色黏液，排出黄白色或混有气泡的绿色粪便。后期可见扭头，抽搐，不能行走或倒地翻转。病鹅一般发病后 2 ~ 3 天死亡。

【剖检病变】 突然死亡的病鹅可见皮下发绀充血，肠道呈卡他性炎症。急性病例死亡鹅可见整个肠段黏膜充血、出血，尤以后段最为严重。典型病例可见中后段肠管膨大明显，剖开可见肠腔中充塞着灰黄色的"腊肠样"栓子。其他脏器可见肝、脾、肾肿大，脑膜充血。

【诊断】 根据流行特点（20 日龄以内雏鹅发病）、临床症状（严重下痢，排出黄白或黄绿色水样稀便，伴有麻痹或抽搐等神经症状）及病理变化（肠道出现袋子状或圆柱状的灰白色的伪膜凝固栓子）一般可做出初步诊断。进一步确诊需进行实验室诊断，一般采取中和反应试验，即用已知抗小鹅瘟血清对病料进行中和后注射 12 ~ 14 日龄的鹅胚，并设立对照试验组，观察 5 ~ 6 天，若用小鹅瘟血清处理组健活，而未经处理组死亡，即可确诊为小鹅瘟病。

本病临床症状和病理变化与雏鹅新型病毒性肠炎十分相似,不易鉴别,临床上可根据是否用过小鹅瘟疫苗或血清进行判断和区分;本病与鹅副黏病毒症状有相似之处(都腹泻,都是小鹅发生),但典型的病理变化不同,可以鉴别;必要时进行病毒的分离鉴定或进行血清学检验。

【防治】不从疫区购买鹅苗和种蛋,规模鹅场尽量自繁自养。对病鹅要及时隔离,对病鹅所在鹅舍要彻底消毒,平时要严格消毒制度,尤其对育雏和孵化用具的消毒。可于种鹅开产前15～30天用小鹅瘟鸭胚弱毒疫苗免疫,每只种鹅注射1毫升,雏鹅可获坚强保护。每年只需要注射一次,保护率可达96%。如果种鹅没有进行免疫,雏鹅出壳后3日龄内每只注射0.5毫升高免血清或卵黄抗体,保护率可达95%～100%。一周后再用雏鹅专用小鹅瘟疫苗免疫一次。

孵化室和孵化器往往是该病重要的传播场地,必须要做好这里的消毒工作。无论是本场种蛋还是外购种蛋,在孵化前一定要严格消毒。一般情况下,不要从其他地方买种蛋,即使要购买也要确定所购种蛋鹅场确实做过小鹅瘟的防疫。对孵化所用的一切设备,每次使用前后都要彻底消毒。一旦发现孵化场孵出的鹅苗在3～5日龄发生该病,即表明孵化场已经受到污染,应该立即停止孵化,然后对孵化室、场地、设备进行彻底消毒后,再进行孵化。

(二)雏鹅新型病毒性肠炎

雏鹅新型病毒性肠炎是由一种新型腺病毒引起的雏鹅传染病,多发生于30日龄内雏鹅,可造成雏鹅大批死亡,具有发病急、传播快、发病率高、死亡率高的特点。剖解以小肠的出血性、纤维素性、坏死性肠炎为特征,是雏鹅的重大疫病之一。目前在全国各地时有发生,给养鹅业造成了巨大损失。

【病原】该病病原为腺病毒属的肠炎病毒。病毒对外界环境抵抗力较强,60℃ 1小时仍有致病力,80℃ 5分可以灭活。

【流行特点】该病主要发生于30日龄以内的雏鹅,最早3日龄开始发病,10～18日龄达到死亡高峰,30日龄以后基本不发生死亡,死亡率25%～75%。10日龄以后死亡的病例60%～80%出现小肠的香肠样凝固性栓子。所以一般人们认为该病就是小鹅瘟,但这些种鹅在产蛋前用小鹅瘟弱毒疫苗免疫的后代雏鹅仍然发病,抗小鹅瘟高免血清对该病没有预防和治疗作用。该病无论是自然发病还是人工感染,其死亡高峰期均集中在10～18日龄。据四川省调查,成鹅鹅病毒性肠炎血清阳性率为30.44%～36.84%,说明此病传播相当广泛。

【临床症状】本病潜伏期3～5天,人工接种潜伏期2～3天或达5天。自然感染病例可分为最急性、急性和慢性3种类型。

1. 最急性型

病例多发生在3～7日龄雏鹅,常常看不到前期症状,当发现雏鹅发病后即极度衰竭,昏睡而死或倒地不起两腿乱划,迅速死亡,病程几小时至1天。

2. 急性型

病例多发生在8～15日龄,病鹅表现为精神沉郁,食欲减少,行动迟缓,嗜睡,腹泻,排出淡黄绿色、灰白色稀便,常混有气泡,恶臭。呼吸困难,鼻孔流出少量浆液性分泌物,喙端及边缘色泽变暗。死前两腿麻痹不能站立,以喙触地,昏睡而死,或抽搐而死,病程3～5天。

3. 慢性型

病例多发生在15日龄以后的雏鹅,临床症状主要表现为精神萎靡、消瘦、间歇性腹泻,最后因营养不良衰竭而死。部分病例能够幸存,但生长发育不良。

【病理变化】由于雏鹅发病日龄不同,病程不同,因而其病理变化也不相同。发病后4天死亡的雏鹅只有各小肠段的严重出血,黏膜肿胀发亮,蓄积大量黏液性分泌物。发病后7～12天死亡的雏鹅,各小肠段除严重出血外,黏膜上开始出现少量黄白色凝固的纤维素性渗出物,并有少量成片肠上皮细胞的坏死物。慢性死亡病例中,病雏鹅的小肠内形成纤维素性、坏死性凝固栓子。凝固栓子主要出现在小肠后段至盲肠开口处,与肠壁都不粘连,容易取出。其他脏器及组织的病变均无特征性。

【诊断】本病可根据流行病学情况,症状和特征性的病理变化做出初步诊断。但由于特征性病变出现较晚,故对发病早期的最急性、急性型病例的诊断有一定的困难。本病的症状和特征性病变与小鹅瘟很相似,可通过了解种鹅是否用小鹅瘟疫苗免疫过,病雏是否用小鹅瘟血清预防过加以判断。有条件的,应做血清学检验或做病毒的分离鉴定。

【防治】该病目前尚无有效的治疗药物,重在预防。预防的关键首先是不从疫区引进种鹅和雏鹅,有该病发生、流行的地区,必须接种疫苗免疫和采用高免血清进行防治。平时要做好鹅场的清洁、消毒、隔离工作。

1. 疫苗免疫

在种鹅开产前1个月采用雏鹅新型病毒性肠炎小鹅瘟二联弱毒疫苗对种鹅进行2次免疫,在6个月内可使其种蛋孵出的雏鹅获得母源抗体保护。这是目前预防该病最有效的方法。对1日龄雏鹅,可采用雏鹅新型病毒性肠炎弱毒疫苗进行口服免疫。

2. 高免血清防治

对1日龄雏鹅,采用雏鹅新型病毒性肠炎高免血清或雏鹅新型病毒性肠炎小鹅瘟二联高免血清,每只皮下注射0.5毫升,即可有效控制该病发生。对发病的雏鹅,尽快采用雏鹅新型病毒性肠炎高免血清或雏鹅新型病毒性肠炎小鹅瘟二联高免血清,每只皮下注射1~1.5毫升,治愈率可达60%以上。在采用血清防治的同时,可适当选用抗生素加维生素E、维生素C进行辅助防治,能有效防止并发症的发生。

(三) 鹅鸭瘟病

鹅鸭瘟病是由鹅感染鸭瘟病毒引起的一种急性、败血性传染病,主要在小鹅群中传播,传播速度快,死亡率高。临床特点为头颈部肿大,眼结膜发炎、流泪。剖检时消化道黏膜的坏死、出血为典型病变。

【病原】病原为鸭瘟病毒。病毒存在于病鹅(或鸭)的各个内脏器官、血液、分泌物、排泄物中。该病毒能够在9~14日龄鸭胚的绒毛尿膜上生长繁殖,在发育的鹅胚上也能生长。鸭瘟病毒对热、干燥很敏感。在56℃条件下10分死亡,室温下其传染力能维持30天。可在12日龄鸡胚和12日龄鸭胚及12日龄的鹅胚的绒毛尿囊膜生长。

【流行特点】鹅的鸭瘟病主要发生在鸭瘟病流行的地区,鸭的鸭瘟病通常在盛夏和秋初流行严重,鹅的鸭瘟病则在其后流行,多发生于9~10月。各种年龄、性别、品种的鹅都可感染发病,发病率一般在20%~50%,发病鹅的死亡率可高达95%。但也有个别鹅群在发病后,3~5天全群感染发病。60日龄以下的鹅群一年四季均可发生鹅鸭瘟病,传播快而流行广,发病率高达95%以上,小鹅死亡率高达70%~80%。在低洼潮湿及河川下游放牧饲养的鹅群,最容易发生鹅鸭瘟病。该病常呈地方性流行。

【临床症状】发病初期,病鹅表现精神不振,体温升高至43℃,羽毛粗乱。食欲不振甚至食欲废绝。两脚发软不能行走,趴地不起,不愿下水,强行驱赶时,病鹅步态蹒跚。站立不稳,甚至倒地不起而死亡。病鹅的典型特征是头部及颌部皮下水肿,眼睑肿大,眼流泪,眼结膜出血或充血,有的病鹅在死亡后其眼周围有出血斑迹。拉黄白色、乳白色或黄绿色黏稠稀粪。病鹅临死前全身震颤。泄殖腔黏膜出血或充血和水肿。病程一般为2~5天。

【剖检病变】剖检病死鹅常见皮下出血点和大小不一的出血斑,尤其是头颈部皮下呈黄色胶冻样浸润。消化系统的病变较为明显,口腔食管黏膜、食管扩大部与腺胃交界处有数量不等或连成片的黄色假膜及出血点,剥离假膜可见出血斑或溃疡;肌胃角质下层、腺胃黏膜有大小不等的出血点或出血斑;十二指肠及小肠多见较严重的弥漫性充血或急性卡他性炎症;小肠集合淋巴滤泡肿胀或形成固膜性坏死,形似纽扣状;肠系膜脂肪有点状出血或出血斑;直肠有连成片的黄色假膜或出血斑;泄殖腔充血、出血、水肿,黏膜表面常覆盖有不易剥离的灰绿色坏死痂块。肝脏未见肿大,但常有数量不等的出血点或灰黄色坏死病灶。

小鹅病程短,死亡快。剖检主要症状为皮下有出血点,十二指肠有弥漫性充血或卡他性炎症,泄殖腔有出血点或出血斑,直肠及泄殖腔常见滞留黄白色或淡绿色稀粪,法氏囊出血、水肿。发病产蛋母鹅往往发生类似大肠杆菌感染的卵黄性腹膜炎症状。

【诊断】根据发病流行情况,临床症状和病理解剖可以做出初步诊断。确诊要采取病料进行鸭胚或鹅胚的接种,观察死亡鸭胚或鹅胚的病理变化。

【防治】

1. 隔离消毒

平时严格禁止健康鹅群与发病鸭鹅群接触。发生该病后,应立即隔离和严格消毒,一般可采用10%～20%的石灰水或5%漂白粉水溶液消毒鹅舍、运动场及其他用具。暂停引进新鹅,待病鹅痊愈并彻底消毒后,才能引进新鹅群。

2. 免疫接种

平时可用鸭瘟疫苗对鹅群进行免疫接种,有良好的免疫预防效果。在疫区周围或附近地带,可用鸭瘟弱毒疫苗做紧急接种,肌内注射剂量为:15 日龄以上的鹅用鸭瘟疫苗 10～15 羽份/只,15～30 日龄用 20～25 羽份/只,30 日龄以上至成鹅用25～30 羽份/只。

3. 治疗

每只病鹅用板蓝根注射液 1～4 毫升,维生素 C 注射液 1～3 毫升,或用地塞米松注射液 1～2 毫升,1 次肌内注射,每天 1～2 次,连用 3～5 天。薄荷紫苏汤治疗,配方为:薄荷 8 克,柴胡、苍术、黄芩、大黄、栀子、明雄各 6 克,辛夷、细辛、甘草各 4 克,牙皂、樟脑各 3 克,将上述药混合加适量水煎熬为汤剂,每天上、下午各滴服 1 次。成鹅每次 5～8 毫升,中鹅 3～5 毫升,雏鹅 7 日龄以内 3～5 滴。每剂可供 1 000 只雏鹅,40 只中鹅或 10～20 只成鹅 1 天的用量,连用 3~5 天。

(四)鹅副黏病毒病

鹅副黏病毒病是由禽副黏病毒 I 型病毒引起的鹅的一种高发病率、高死亡率的烈性传染病。本病为一种新的传染病,1996 年在广东首次发现,其后在江苏、上海、浙江、江西、山东、吉林等省市的鹅群中不断暴发流行,造成了较大的经济损失。中国人民解放军军需大学军事兽医系从病原、症状、病理变化、诊断到基因工程疫苗的开发,做了大量的研究。

【病原】本病病原为禽副黏病毒 I 型(APMV-1),属于副黏病毒科、副黏病毒亚科、腮腺炎病毒属,该病毒能引起多种动物的感染和发病。病毒核酸为单股 RNA。对理化因素的抵抗力相当强,能在自然界中顽强生存。碳酸钠和氢氧化钠的消毒效果不稳定,但病毒对乙醚比较敏感,大多数去垢剂能迅速将其灭活。其余如煤酚皂、酚、甲酚等配成 2%~3% 溶液,5 分内可以将其灭活。鹅源的 APMV-1 不但对鹅敏感,对鸡也有高度的致病性。

【流行特点】病鹅、病鸡是本病的主要传染源,一年四季均可流行。各种日龄和各品种的鹅群均有高度易感性,发病雏鹅最小为 3 日龄,最大为 300 多日龄。日龄越小,其发病率和死亡率越高,随着日龄增长,其发病率和死亡率均有所下降,尤其是死亡率明显下降。鹅群的发病率为 40%~100%,平均为 60%,死亡率为 30%~100%,平均 40% 左右。两周龄内的雏鹅发病率和死亡率可达 100%。种鹅群患病后除 30%~40% 死亡外,还会停止产蛋,一般要经 1 个多月才能恢复,但产蛋率很难恢复。

【症状】潜伏期一般在 2~5 天,病程一般在 1~6 天。体温升高,精神委顿,羽毛蓬松,常蹲地,食欲降低或停止,喝水量增加,口流黏液。多数病鹅初期拉白色稀粪,其后粪便呈水样,暗红色,黄色或墨绿色;出现症状 1~2 天后出现瘫痪,有些病鹅从呼吸道发出"咕咕"声,10 日龄左右患鹅有张口呼吸、甩头、咳嗽等呼吸症状。病后期出现扭头、仰头等神经症状,部分鹅头肿大,眼流泪,多数在发病后 3~5 天死亡。也有少数急性发病鹅无明显症状而在 1~2 天内死亡,甚至有的健康鹅在吃食时突然死亡。

【剖检】消化道病理变化明显。从食管的末端到泄殖腔整个消化道黏膜都有不同程度的肿胀、充血、出血点等病变。其中在食管末端及腺胃与肌胃之间黏膜肿胀、糜烂、极易剥离;盲肠黏膜增厚,分泌黏液增多。十二指肠、空肠、回肠黏膜有不同程度的增厚、出血点、溃疡灶,后期逐渐融合变大,形成出血斑或溃疡斑,溃疡斑表面覆盖有淡黄色或褐色的纤维素性结痂。结肠、直肠和泄殖腔黏膜的纤维素性结痂更加明显。部分病鹅口腔充满黏液,喉头黏膜充血,肿胀,气管内黏液增多,气管环出血。肝脏、脾脏肿大,瘀血,有数量不等大小不一的坏死灶。肿大瘀血,表面有针尖大坏死灶,有的融合至绿豆粒大的坏死斑。

【诊断】取肝脏、脾脏做组织切片,用瑞氏、美蓝或革兰染色,均不见细菌。病初,可取可疑病例的心血、肝、脾等,接种鸡胚,待鸡胚死后,取尿囊液做血凝试验,阳性。流行后期,幸存者体内已产生抗体,可取幸存者的静脉血,分离血清做血凝抑制试验,阳性。但是要注意排除流感病毒等。

【防治】该病坚持预防为主的原则,搞好平时的预防工作。对已发病的鹅群,立即隔离,对其他鹅使用疫苗紧急接种。病鹅可用康复血清治疗,同时全群喂服抗生素和多维素,以提高抵抗力,防止继发感染。做好环境消毒,防止重复感染。鸡、鹅不能混养。

免疫接种:种鹅在产蛋前 2 周用鹅副黏病毒病油乳剂灭活苗(YG97 株)进行一次灭活苗免疫。有母源抗体的雏鹅于 15～20 日龄进行一次灭活苗免疫;无母源抗体的雏鹅可根据本病流行的情况于 2～7 日龄或 10～15 日龄进行一次免疫。

在预防鹅副黏病毒病时,绝对不能施用新城疫Ⅰ系活苗免疫各种日龄鹅,否则注射后常引起大批发病和死亡。

(五)禽流感

禽流感是由 A 型流感病毒所引起的一种禽类的感染或疾病综合征。鸡、火鸡、水禽、鹌鹑及野鸟均可感染。发病情况从急性败血性死亡到无症状带毒等多种多样,主要取决于宿主和病毒两方面的情况。

【病原】禽流感病毒属正黏病毒属、正黏病毒科。病毒粒子呈球形、杆状或长丝状等多种形态,表面有一层棒状和蘑菇形纤突。前者对红细胞有凝集作用,称血凝素(HA),后者能将吸附在细胞表面上的病毒粒子解脱下来,称神经氨酸酶(NA)。水禽易感性较差,多为阴性感染或带毒。鸭是禽流感的主要病毒宿主,带毒的禽能将病毒大量排出体外,通过不同的途径将其传播。对各种日龄的鹅均有致病性,死亡率达 15%～50%。

【临床症状】患鹅常突然发病,体温升高,食欲减少或停止,饮水量增加。精神沉郁,反应迟钝,羽毛松乱,有的有神经症状,曲颈歪头,站立不稳。病鹅头颈肿大,眼睛潮红,流泪,形成眼圈,鼻孔有血样分泌物。排白色或淡黄绿色水样稀便。产蛋母鹅发病后产蛋量下降,甚至绝产,幸存者一般在 1～15 个月后才能恢复产蛋。

【剖检】病死鹅皮肤毛孔充血、出血。全身皮下和脂肪出血。下颌部皮下水肿，呈淡黄色或淡绿色胶样浸润。眼结膜出血、溃疡，角膜混浊。胸部皮肤下有斑点状出血，并有淡黄色胶陈样浸润。食管黏膜有点状出血及灰白色斑块状或条纹状假膜，消化道黏膜下层广泛性出血、坏死、溃疡。严重者肠内容物含有血凝块、泄殖腔黏膜出血、坏死、溃疡。喉头黏膜、气管黏膜出血、水肿。卵泡出血、萎缩、畸形，输卵管内有渗出物。有的形成卵黄性腹膜炎和纤维素性气囊炎、纤维素性腹膜炎等。

【诊断】对于禽流感的诊断，主要是以病原的分离和血清学检查为依据，最终由国家禽流感参考实验室做出确诊报告。

1. 病原分离和鉴定

用棉签擦取病禽气管或泄殖腔内容物，放入灭菌的保存液（25%～50%的甘油盐水肉汤或1 000国际单位/毫升的青霉素和10毫克的链霉素的细胞维持液）中。若在48小时内进行试验，可将材料保存于4℃条件下，否则应放低温保存。病料的采取应在发病初期或急性发病期，发病后期因机体已形成足够的抗体而不易分离到病毒。病毒分离通常用鸡胚进行。鸡胚死亡后，检查尿囊液对红细胞的凝集作用。但必须排除新城疫病毒后，才能用禽流感的阳性血清做抑制试验或琼脂扩散实验，初步鉴定。

2. 血清学检查

禽流感血清学检验是重要的特异性方法。常用琼脂扩散实验、血凝抑制试验和神经氨酸酶抑制实验等。

【防治】对于禽类来说，最可能的病毒来源是其他感染禽类；因此预防禽流感的基本方法就是将易感禽群与感染禽及其分泌物和排泄物分开，采用综合性的预防、隔离措施防止本病的传入。

由于本病毒易发生变异，各型间又缺乏交叉免疫性，因此应用疫苗进行预防目前尚有一定困难。应采取综合卫生消毒，严格检疫，防止高致病性流感病毒进入。在常发区或流行地区，用禽流感灭活苗免疫接种，首免20～25日龄皮下注射0.5毫升/只，1月龄后进行二免皮下注射1毫升/只，产蛋前15天第三次接种，肌内注射1～1.5毫升/只，以后每年接种两次。

实践中证明盐酸金刚烷胺对禽流感有一定的疗效，可降低死亡率，但对感染率没有影响。同时配合病毒灵和病毒唑，也有一定效果。中草药大青叶、蒲公英、板蓝根、金银花煎服也有一定的预防和治疗作用。大量喂给维生素C，可增强机体的抗病能力,促进康复,缓解症状。病初也可大量使用干扰素。

特别注意:对是否进行治疗,首先要考虑病原的致病性,只有低致病性禽流感才允许治疗;对高致病性禽流感一般都采取扑杀的办法扑灭疫情;我国采取的是疫区周围3千米内的禽类全部扑杀,3~5千米内的禽类强制免疫,5千米外的禽类计划免疫。

(六)小鹅流行性感冒

小鹅流行性感冒是发生在大群饲养场中的一种急性、渗出性败血性传染病。本病主要发生在20日龄左右的雏鹅,临床特征表现为呼吸困难,鼻腔流出大量的分泌物,发病率和死亡率可达90%~100%。

【病原】小鹅流行性感冒的病原为鹅渗出性败血杆菌(又叫败血志贺杆菌),为革兰染色阴性小杆菌。该菌对热的抵抗力极弱,56℃加热5分可致死。

【流行特点】本病原体只有鹅属于易感动物,在流行初期,主要是1个月内的小鹅发病,其中20日龄左右雏鹅最易感,至后期成鹅也可感染。病鹅和带菌鹅是本病的传染源。传播途径主要是消化道,也可通过呼吸道传播。被污染的饲料、饮水等均是传播媒介。本病常发生于冬春寒冷季节,长途运输、气候剧变、饲养管理不良等因素都可促使本病的发生和流行。

【临床症状】本病的潜伏期很短约12小时以内。病鹅体温升高,精神萎靡,食欲不振,羽毛松乱,喜蹲伏,常挤成堆。病雏从鼻孔流出多量浆液性鼻液,频频摇头致鼻液四溅,或将头颈后弯在身躯前部两侧羽毛上擦拭鼻液,使雏鹅的羽毛变得又湿又脏。随病程发展,病鹅会出现呼吸困难,并发出鼾声,站立不稳,行动摇晃。后期出现腹泻、脚麻痹不能站立。病程2~5天。

【病理变化】病鹅剖检可见全身性败血症变化,鼻腔、喉、气管和支气管内有多量的浆液或黏液,肺脏、气囊内有纤维素性渗出物。皮下、肌肉、肠黏膜出血。肝、脾、肾肿大瘀血,脾表面有灰白色坏死灶。有的病例心脏内、外膜有出血点。

【诊断】根据流大量鼻液的临床症状、全身败血性病变和部分脏器的纤维素性炎症,结合流行病学特点,可以做出初步诊断。通过细菌学检查可以确诊。

【防治】由于该病病程短,治疗效果不理想,所以做好平时的预防工作更为重要。

1. 加强饲养管理

重点是做好育雏期间的保温防湿工作。育雏最初 1～5 天内要求温度在 27～28℃，以后逐渐降温，每 5 天降低 2℃ 为宜，直至降到常温。相对湿度要控制在 65% 左右。给予充足的营养，早期最好饲喂全价配合饲料。

2. 药物预防

2% 环丙沙星预混剂 250 克，均匀拌入 100 千克饲料中或用 0.05%～0.1% 氟哌酸混饲，连喂 2～4 天。

3. 疫苗接种

在多发地区，有条件的饲养场可现场自制灭活菌苗，肌内注射或口服，效果良好。

（七）鹅巴氏杆菌病

鹅巴氏杆菌病又称鹅霍乱或鹅出血性败血症，是由禽多杀性巴氏杆菌引起的鹅的一种急性、败血性传染病。临床特点为急性死亡，恶性下痢，剖检以全身实质器官的出血为特征。本病广泛流行于世界各地，是危害养禽业的一种常见的、严重的传染病。

【病原】病原为多杀性巴氏杆菌。革兰染色阴性，菌体经姬姆萨染色后，两端着色较深，呈"两极染色"。该菌在外环境中抵抗力不强，一般消毒药都能很快将其杀死。本菌对青霉素、链霉素、土霉素、磺胺嘧啶、磺胺二甲氧嘧啶、痢菌净等多种药物均很敏感。

【流行特点】巴氏杆菌是一种条件性致病菌，正常鹅的消化道或呼吸道中存在着巴氏杆菌，由于机体的抵抗力强，鹅并不发病。但当外界条件改变，如突然的冷、热、大风大雨等，或由于饲养管理不当，饲料的突然改变，营养不良等，都可使机体的抵抗力降低而发病。本病一年四季都可发生，但以夏、秋季节最易传播流行。病原分布十分广泛，被污染的周围环境、场地、用具、饲料饮水和带菌动物均可通过呼吸道和消化道传染。

【临床症状】鹅巴氏杆菌病一般分为最急性、急性和慢性 3 种类型，潜伏期为 2～7 天。最急性型病例常常不见症状便突然死亡，一般头天晚上一切正常，第二天早晨便发现死亡。急性型病例常在最急性型病例出现 1～3 天后发生，病鹅主要表现精神沉郁，体温升高，食欲废绝，口鼻常流出白色黏液和泡沫，排出白色、黄色或绿色的混有血液的粪便。急性型病例常在发病 1～2 天后瘫痪而死亡。慢性型见于中后期，有的由急性型转化而来。慢性型的死亡率较低，主要表现为腹泻、消瘦、关节炎和跛行等。

【剖检病变】最急性往往见不到特异性病变,仅仅会看到心冠脂肪有小点出血。急性型病例常常表现出典型的解剖病变。死亡鹅全身浆膜、黏膜出血,心冠脂肪、肺、气管可见小的出血点或出血斑,肺脏上密布针头大小灰黄色坏死点,肠道呈卡他性出血性肠炎。慢性型病例可见关节内积干酪样渗出物,鼻腔、支气管卡他性炎症。

【诊断】根据流行病学症状,病变可做出初步诊断。确诊可采取心血涂片或用内脏的器官组织切片,用美蓝染色或用革兰染色后镜检观察细菌的形态。

【防治】预防本病应加强科学饲养管理,搞好环境卫生,保持鹅舍的干燥通风;并要对鹅进行足够的锻炼,提高鹅的体质;在饲养中还要定期投服药物进行预防。常用药物有喹乙醇、土霉素、青霉素、链霉素、磺胺类等。常发病的地区可在小鹅 2 月龄时肌内注射禽霍乱氢氧化铝甲醛灭活苗 2 毫升,首次注射后 8 ~ 10 天再注射 1 次。使用禽霍乱弱毒疫苗时可肌内注射 1 毫升,一般 7 天后产生免疫力,免疫期可达 6 个月。若口服禽霍乱弱毒疫苗,一般饮后 5 天可产生免疫力,免疫期可达 8 个月。

一旦发现本病可立即投服药物进行治疗。

土霉素:每千克体重 25 毫克肌内注射,每天 2 次,连用 2 ~ 3 天。或按 0.1% 添加到饲料内喂服,连用 5 ~ 7 天。

喹乙醇:预防时每 100 千克饲料中拌 3 ~ 5 克,连喂5 ~ 7 天。治疗时每千克体重 20 ~ 30 毫克,1 次口服,连用 3 ~ 5 天。

青霉素:成年鹅每只肌内注射 5 万 ~ 8 万国际单位,每天 2 次,连用 4 ~ 5 天。

链霉素:每只成年鹅肌内注射 10 万国际单位。中鹅 3 万 ~ 5 万国际单位,每隔 6 ~ 8 小时注射 1 次,连用 3 ~ 5 次。

磺胺类:常用的有磺胺噻唑与磺胺二甲基嘧啶,每千克体重肌内注射 20% 溶液 0.5 毫升,每天 2 次,连用 3 ~ 5 天。混饲添加量为 0.05% ~ 0.1%,连用 1 周。

穿心莲:成年鹅每只每次口服 10 ~ 15 片鲜叶,或用穿心莲干粉煮水混入饲料中喂服。

(八)鹅副伤寒

鹅副伤寒是由沙门杆菌引起的一种对幼鹅危害较大的疾病。临床表现为腹泻、结膜炎和消瘦等症状,成年鹅呈慢性或隐性感染。

【病原】沙门菌属是一群抗原构造、生化性状相似的革兰阴性杆菌,菌种繁多,能对人致病的有几十种,引起鹅副伤寒的沙门杆菌主要是鼠伤寒沙门杆菌、肠炎沙门杆菌。沙门杆菌的抵抗力很弱,一般的消毒剂便可有效地杀死该菌。但细菌在土壤中可存活 280 天,在池塘中可存活 3 个月以上。

【流行特点】副伤寒主要发生在幼鹅,4～14 日龄的鹅最易感染。成年鹅常常体内带菌不发病,但可作为传染源向外界排出病菌。沙门杆菌可通过种蛋传给下一代,所以种鹅群若感染沙门杆菌,孵出的小鹅可以感染本菌而发生副伤寒。本病主要通过消化道和呼吸道传染,许多动物、昆虫、禽类等都可传染本病,饲养人员也可成为本病的传播者。雏鹅在过热、维生素缺乏、营养不良时,容易感染。

【临床症状】潜伏期 12～18 小时。急性病例常发生在孵化后数天内,往往不显症状而死亡。一般稍大的鹅发病后可见病鹅下痢,眼睑肿胀,流泪气喘。患鹅常见肛周粪便污染,有的可阻塞肛门,排粪困难。成年鹅多呈慢性,表现下痢、消瘦或关节肿大而跛行。

【剖检病变】急性病例往往无明显的病理变化。一般典型病例可见肝脏肿大,呈古铜色,肝实质内有灰黄色细小的坏死灶;胆囊肿大,胆汁充盈;肾脏色泽暗红或苍白色;肠黏膜充血、出血,盲肠中有白色的豆腐渣样物质。慢性病例主要见于成鹅,可见卵巢和输卵管变形,肠黏膜坏死溃疡。

【诊断】本病一般诊断比较困难,其临床症状和病理变化很易与其他病相混淆。根据雏鹅的发病情况和病理解剖排除小鹅瘟、鸭瘟等肠道疾病时,可以疑似本病。亦可进行药物性诊断,投服抗生素观察治疗效果。若要确诊必须进行实验室检验,分离和鉴定出沙门杆菌。

【防治】由于沙门菌亦可以从种蛋传染给下一代,所以对于种鹅必须要求健康无病,慢性病鹅要及时淘汰。孵化中要注意严格消毒(用福尔马林熏蒸)种蛋和孵化器。尤其饲养中应注意雏鹅和成鹅分开饲养,以防止相互传染。育雏室在严格消毒的条件下,方能放入小鹅。对于小鹅应注意温度、湿度、通风、密度等条件,一般在出壳 3 天内长途运输、疲劳、饥饿、拥挤、温度过低、圈舍潮湿、空气污浊或饲料和饮水不卫生等,都可诱发本病。因此,在雏鹅饲养的前 3 天应该注意在饲料和饮水中添加抗菌药物进行预防。一旦发现鹅群发生副伤寒病,可立即投服药物治疗。磺胺二甲嘧啶,每升水中加入 2 克,或在每千克料中加 4～5 克,连用 3～5 天。

也可选用 1 份大蒜加 5 份清水制成 20% 的大蒜汁内服。另外,目前市售的很多药如氟哌酸、环丙沙星、恩诺沙星以及很多治疗大肠杆菌和沙门杆菌的中药制剂对本病都有很好的防治效果。在治疗本病时应注意,沙门杆菌易产生耐药性,所以投服药时应交替使用,并及时更换。还应注意的是,药物治疗虽然可以减少死亡损失,但是鹅群有可能会长期带菌,若是将已发病的鹅群作为种用,要考虑其隐性感染的危害(很有可能会经种蛋传染给雏鹅)。

(九)鹅大肠肝菌病

本病是由致病性大肠杆菌引起的鹅的一种急性传染病,2周龄以内鹅多发,呈急性败血症;成鹅也可感染,主要是卵巢、卵子和输卵管感染发炎,进一步发展成为卵黄性腹膜炎,所以又将该病称为鹅蛋子瘟。以卵巢卵子和输卵管感染发炎和腹膜炎为特征。病鹅大多数突然死亡。产蛋停止后本病流行才告终。

【病原】病原是埃希大肠杆菌,为革兰染色阴性短小杆菌,在一般培养基上即可生长。该菌广泛分布于自然界,在干燥的环境中可存活数月,但对热和消毒剂的抵抗力不强,各种消毒剂都可有效地杀死大肠杆菌。

【流行特点】大肠杆菌广泛地存在于自然界与健康鹅的肠道中,其中致病性大肠杆菌占10%~15%,在鹅抵抗力正常的情况下不会发病。当外界环境突变或饲养管理不当以及鹅群患病等因素导致机体抵抗力下降时,就会引起感染发病。病鹅和带菌鹅是主要传染源,粪便污染是本病的主要传播方式,被污染的饲料、饮水、饲养和孵化用具等是主要的传播媒介。种蛋主要被带菌母鹅或产蛋箱、孵化器污染。本病常在产蛋鹅群中流行,产蛋早期零星发生,随着产蛋增多,发病增多,产蛋期结束本病停止。本病流行后,母鹅常出现大批死亡,死亡率可达10%以上。公鹅一般不会死亡,但是感染本病后可通过配种而传给母鹅。雏鹅的发病与饲养管理不良、天气不好、维生素A缺乏等密切相关。

【临床症状】根据临床症状不同可分为急性型与慢性型。急性型为败血型,发生在雏鹅及部分母鹅。病雏表现精神不振,缩颈,呆立,排青白色稀便,食欲减少,饮欲增加,干脚。特征性症状是结膜发炎,眼肿流泪,上下眼睑粘连,严重者见头部、眼睑、下颌部水肿,尤以下颌部明显,触之有波动感。多数患鹅当天死亡,有的5~6天死亡。成鹅表现为体温升高1~2℃,食欲废绝,渴欲增加,迅速死亡。

慢性型病程一般5~15天。病母鹅食欲减退,精神不振,喜卧懒动,常在水面漂浮或离群独处,腹部膨大,产软壳蛋或异形小蛋,产蛋量下降或停止。气喘,站立不稳,头向下弯曲嘴触地,腹部膨大。排黄白色稀便,肛门周围有污秽发臭的排泄物,混有蛋清、凝固的蛋白或卵黄小块。患鹅脱水,眼球下陷,喙、蹼干燥,发绀,最后因衰竭死亡。耐过者不能恢复产蛋。公鹅主要表现生殖器症状,阴茎红肿、溃疡或结节。病情严重者,阴茎表面布满绿豆大小坏死灶,剥去痂块露出下面的溃疡灶,阴茎无法收回,丧失交配能力。

【解剖病变】病变主要为卵黄性腹膜炎。剖检可见腹腔中充满淡黄色腥臭的液体和破坏了的卵黄,腹腔器官表面有淡黄色、凝固的纤维素性渗出物。肠系膜发生炎症,使肠粘连,肠浆膜上有针尖状小出血点。卵子变形,呈灰色、褐色或酱色等不正常色泽,有的卵子萎缩。卵黄积留腹腔时间过久,可凝固成硬块,切面呈层状。输卵管黏膜发炎,有针尖状出血和淡黄色纤维素性渗出物沉着,管腔中含破裂的卵组织物,如小块蛋白、蛋黄等。公鹅可见外生殖器阴茎上出现红肿、溃疡或结节,严重的可见阴茎表面布满绿豆般大小的坏死灶,有的阴茎无法收回。若患鹅的头部肿胀,可见皮下组织水肿坏死,有大量黄色胶冻样液体浸润。

【诊断】根据产蛋季节流行,主要侵害产蛋母鹅,卵巢、输卵管和腹腔特征性的病变,即可做出诊断。确诊需进行病菌培养鉴定,进一步需进行生化及血清学鉴定。

【防治】消除各种不良因素,如保持清洁卫生、良好通风、适当饲养密度及适宜温度,饲料饮水质好充足等。做好鹅舍与孵化室、种蛋的卫生消毒。应确保公鹅健康无病。凡生殖器有病的一律淘汰,在本病流行区可对种鹅进行免疫注射,常用的有氢氧化铝甲醛灭活苗,在种鹅产蛋前注射,每只1毫升,注射后部分鹅可有食欲减退的反应,1天左右消失,免疫期4个月。有条件的,可用发病场分离到的大肠杆菌制成多价灭活苗。发现病鹅应立即隔离,并对其进行药物治疗。

链霉素:每只5万~10万国际单位肌内注射,每天2次,连用2~3天。

庆大霉素:每千克体重按3 000单位胸部肌内注射,每天3次,连用2天。

复方敌菌净:按每千克体重喂30毫克,或按0.03%比例混入饲料中喂服,连用3~4天。

(十)鹅曲霉菌病

曲霉菌病是真菌中的曲霉菌引起多种禽类、哺乳动物和人的真菌病,主要侵害呼吸器官。各种禽类都能感染,发病率高,鹅也属于易感动物,但以幼龄鹅多发,常出现急性、群发性暴发,发病率和死亡率较高,成年鹅多为散发。本病的特征是在鹅的肺和气囊发生炎症,胸腹腔出现霉菌结节。

【病原】曲霉菌属中的烟曲霉菌和黄曲霉菌为主要病原菌,广泛存在于自然界,在霉变饲料(如玉米、豆饼、麸皮、米糠等)中含量最高。感染后霉菌和它的孢子能分泌血液毒、神经毒和组织毒,具有很强的危害作用。曲霉菌孢子对外界抵抗力很强,120℃煮沸5分才能杀死。对化学药品也有较强的抵抗力,一般消毒药1~3小时才能致死。

【流行特点】本病主要的传染媒介是被曲霉菌污染的垫料和发霉的饲料,引起传播的主要途径是霉菌孢子被吸入呼吸道而感染,发霉饲料也可经消化道感染。孵化环境受到严重感染时,霉菌孢子容易穿过蛋壳侵入而感染,使胚胎发生死亡,或者出壳后不久即出现症状。育雏阶段的饲养管理及卫生条件不良是引起本病暴发的主要诱因。

本病多发生于高温、高湿季节和潮湿地区。幼鹅极易感染,常呈急性暴发,成年鹅个别发生。传播途径是通过呼吸道和消化道。出壳后的幼雏进入被烟曲霉菌污染的育雏室后,48小时开始发病,3~10日龄为流行高峰期,以后逐渐减少,到1月龄时基本停止发病。

【临床症状】病鹅呼吸困难,不时发出摩擦音,精神委顿,缩头闭目,眼鼻流液,有"甩鼻"表现,食欲减退,饮欲增加,迅速消瘦,体温升高,后期下痢。病程一般在1周左右,病发后若不及时采取措施,死亡率可达50%。

【剖检病变】肺、气囊和胸腹腔黏膜有针尖至小米大小的霉菌结节,灰白或浅黄色,有时融合成大团块,柔软有弹性,内容物呈干酪样变化。有时在呼吸系统或腹腔内可见到霉菌斑。肝大,质地柔软,色淡、苍白;慢性者肝硬化,色黄,质坚硬而脆。肾苍白肿大。

【诊断】根据病史调查,了解有无接触发霉垫料和饲喂霉败饲料。同时结合剖检时,病鹅肺部、气囊上大小不一、数量不等的霉菌结节,一般可做出初步诊断。确诊需要采取病料做病理组织学检查。采取结节病灶压片镜检(可见到菌丝体和孢子),也可取霉菌结节进行分离培养。

【防治】不使用发霉垫料,不饲喂发霉饲料,是预防本病的主要措施。养鹅户一般只注意不喂发霉变质的饲料和不饮污染的水,而往往忽视空气和地面上霉菌超标,因而也引起了鹅中毒大批死亡。所以进雏鹅前要对鹅舍彻底消毒,选用新鲜干净垫草,进雏鹅后要注重日常消毒,勤换垫草,采用优质饲料,以控制霉菌病的发生。垫料经常翻晒,发现长霉时,可用福尔马林、高锰酸钾熏蒸或过氧乙酸喷洒。育雏室被污染后,必须彻底清扫、换土和消毒。一旦发生曲霉菌病应采取的治疗措施:

1. 更换垫料

把发霉的垫料全部彻底清除,冲洗地面,用过氧乙酸或百毒杀消毒,对已污染的鹅舍每平方米用甲醛溶液42毫升和高锰酸钾21克熏蒸消毒。

2. 硫酸铜饮水

病鹅治疗可用1:3 000的硫酸铜溶液做饮水,连用3~5天,症状明显的鹅可以灌服,每只每次3~5毫升,每天1次,连服3~5天。

3. 制霉菌素拌料

饲料中添加制霉菌素,按每千克加入50万国际单位,连用5天。

(十一)鹅口疮

鹅口疮是由白色念珠菌引起的鹅上消化道霉菌病,典型症状是上部消化道黏膜生成白色伪膜和溃疡,所以又称霉菌性口炎。

【病原】白色念珠菌菌体小而椭圆,长2~4微米,能生芽,伸长形成假菌丝,革兰染色阳性。病鹅粪便中含大量病原,从嗉囊、腺胃、胆囊及肠内均能分离到病菌。主要通过消化道传染,2月龄以内的幼鹅易感。

【症状与病变】病鹅嗉囊黏膜增厚,形成灰白色稍隆起的圆形溃疡,黏膜表面常见有伪膜性斑块。口腔黏膜常形成黄色干酪样物。腺胃偶有蔓延,黏膜肿胀、出血,表面覆盖着卡他性或坏死性渗出物。

【诊断】根据病鹅上消化道黏膜特殊性增生和溃疡病灶来诊断。确诊需采取病料或渗出物涂片镜检或进行霉菌分离培养和鉴定。

【防治】可以涂碘甘油治疗口腔黏膜上溃疡灶。嗉囊中灌入数毫升2%硼酸溶液消毒,饮水中添加0.05%硫酸铜。大群鹅治疗可在每千克饲料中添加制霉菌素50万~100万国际单位,连喂1~3周,有效地控制本病。

(十二)鹅葡萄球菌病

鹅葡萄球菌病又称传染性关节炎,是由致病性葡萄球菌引起的鹅的一种传染病。其特征为化脓性关节炎、皮炎及龙骨黏液囊炎、滑膜炎。雏鹅感染后,常呈急性败血症经过,死亡率可达50%。

【病原】鹅葡萄球菌病的病原为金黄色葡萄球菌,该菌对外界环境抵抗力较强,80℃加热30分才能杀死,常用消毒药需20~30分才能将其杀死。

【流行特点】该菌在自然界广泛分布,鹅的皮肤、羽毛和肠道中都有存在。各种年龄的鹅均可感染,幼鹅在长毛期最易感。鹅是否感染,与体表或黏膜有无创伤、机体抵抗力的强弱及病原菌的污染程度有关。传染途径主要是经伤口感染,也可通过口腔和皮肤感染,也可污染种蛋,使胚胎感染。本病常呈散发式流行,一年四季均可发生,但以雨季、空气潮湿的季节多发。雏鹅饲养密度过大,饲养环境不卫生,饲养管理不良等常成为发病的诱因。

【临床症状】

1. 败血症型

患鹅精神委顿,嗉囊积食,食欲减退或不食,下痢,粪便呈灰绿色,胸、翅、腿部皮下有出血斑点,足、翅关节发炎、肿胀,病鹅跛行。有时在胸部或龙骨上出现浆液性滑膜炎,一般病后2~5天死亡。

2. 关节炎型

常可见胫、跗关节肿胀,热痛,跛行,病鹅卧地不起,有时胸部龙骨上发生浆液性滑膜炎,最后逐渐消瘦死亡。

3. 脐炎型

病雏鹅腹部膨大,脐部发炎,有臭味,流出黄灰色液体,为脐炎的常见病因之一。

【病理变化】

1. 败血症型

可见全身肌肉、皮肤、黏膜、浆膜水肿、充血、出血;肾脏肿大,输尿管充满尿酸盐。关节内有浆液性或浆液纤维素性渗出物,时间稍长变成干酪样;龙骨部及翅下、四肢关节周围的皮下呈浆液性浸润或皮肤坏死,甚至化脓、破溃;实质器官不同程度的肿胀、充血;肠道有卡他性炎症。

2. 关节炎型

关节肿胀,关节囊中有脓性、干酪样渗出物;关节软骨糜烂,易脱落,关节周围的纤维素性渗出物机化;肌肉萎缩。

3. 脐炎型

卵黄囊肿大,卵黄绿色或褐色;腹膜炎;脐口局部皮下胶样浸润。

【诊断】根据临床症状和典型的病变可以做出初步诊断,确诊需做病原学检查。

【防治措施】本病的防治措施主要是做好平时的预防工作,消除产生外伤的因素;搞好环境卫生,定期消毒;加强饲养管理,注意通风,防止雏鹅拥挤,防止潮湿等。一旦发病,应及时隔离治疗或淘汰,对大群投药预防。常用的治疗药物为:

青霉素:按雏鹅1万国际单位,青年鹅3万~5万国际单位肌内注射,4小时1次,连用3天。

磺胺五甲氧嘧啶(消炎磺)或磺胺间甲嘧啶(制菌磺):按0.04% ~0.05%混饲,或按0.1% ~0.2%浓度饮水。

氟哌酸或环丙沙星:按0.05% ~0.1%浓度饮水,连饮7 ~10 天。

(十三)肉毒梭菌中毒

本病是由于鹅食入了肉毒梭菌产生的外毒素而引起的急性中毒性疾病,其特征是病鹅全身性麻痹,头下垂,软弱无力,又称"软颈病"。

【病原】病原为肉毒梭菌,但细菌本身不致病,而是其产生的肉毒梭菌毒素,有极强的毒力,对人、畜、禽均有高度致死性。该毒素有较强的耐热性,100℃加热60分才被破坏。肉毒梭菌毒素分7 个型,引起家禽中毒的主要是A 型和 C 型,以 C 型毒力最强,最常见。

【流行特点】肉毒梭菌广泛分布在自然界及健康动物的肠道中,但不引起发病。当其在腐败的动物尸体、植物产品及粪坑的蝇蛆内,在厌氧的条件下会产生毒力很强的外毒素。本病多发于温暖的季节,由于气温高,容易使饲料腐败,或死鱼烂虾的腐败产生本毒素。鹅吃了这些腐败食物就会发生中毒,也可由于吃了身体沾上了该毒素的蝇蛆而致病。

【临床症状】本病潜伏期1 ~2 天,患鹅突然发病,典型的症状是"软颈",头颈伸直下垂,眼紧闭,翅膀下垂拖地,昏迷死亡。严重病鹅羽毛松乱,容易驳落,也是本病的特征性症状之一。

【病理变化】本病无特征性病变,一些出血性变化无诊断意义。

【诊断】根据特征性"软颈"麻痹的症状,流行病学调查有吃腐败食物或接触过污水、粪坑等情况,可做出初步诊断。确诊需取病鹅肠内容物的浸出物,接种小白鼠,如在1 ~2 天内发生麻痹即可确诊。

【防治措施】主要在于平时禁喂腐败的饲料,死鱼烂虾、粪坑蝇蛆等。尤其要注意的是死于本病的病鹅尸体仍有极强毒力,严禁食用或喂动物,务必深埋或销毁。

本病无特效治疗药物,可使用硫酸镁2 ~3 克加水灌服,加速毒素的排出,同时口服抗生素,抑制肠道菌再产生毒素。

二、鹅常见寄生虫病防控

(一)鹅球虫病

鹅球虫病是由艾美尔科艾美尔属球虫寄生于鹅的肾脏和肠道引起的一种原虫病。雏鹅易感性高,患病严重,死亡率高。本病主要特征为病鹅消瘦、贫血和下痢。成年鹅常成为带虫者,增重和产蛋均受到影响,常呈地方性流行,给养鹅业带来很大危害。

【病原】全世界已报道的鹅球虫有 15 种,我国发现了 10 种。截形艾美尔球虫寄生于肾脏的肾小管上皮,具有强大的致病力,3～12 周龄雏鹅死亡率可达 30%～100%。其余 14 种球虫均寄生于肠道,致病力不等,以柯氏艾美尔球虫和鹅艾美尔球虫致病力最强。在鹅粪中见到的为球虫的卵囊,呈圆形或椭圆形。卵囊在外界发育为含成熟子孢子的孢子囊。鹅经口感染孢子囊后,子孢子侵入肾和肠上皮细胞,反复进行裂殖生殖,使上皮细胞严重破坏。若干代无性生殖后,出现有性生殖,形成大小配子,结合为合子,后形成卵囊,随粪排出。

【流行特点】鹅吃到被卵囊(孢子囊)污染的饲料、饮水而感染,病鹅和带虫鹅是传染来源,感染后 4～7 天粪中可检出卵囊。卵囊在温暖、潮湿的环境中迅速发育为感染性卵囊(孢子囊),因此本病流行有一定季节性,每年 5～9月多发。各品种鹅均有易感性,雏鹅发病较多,死亡率高,2 个月以上的鹅发病较少,成鹅更少,多为带虫者。

【临床症状】肾型球虫病在 3～12 周龄的小鹅通常呈急性,表现为精神不振,极度衰弱和消瘦,食欲缺乏,腹泻,粪带白色,眼迟钝和下陷,翅膀下垂。幼鹅的死亡率可高达 87%。其他的球虫病均为肠型球虫病,依病程长短分为急性和慢性。急性病程为数天到 2～3 周,多见于雏鹅,开始精神不佳,羽毛耸立,双翅下垂,闭目呆立,食欲减退,饮欲增加,先便秘后腹泻,泄殖腔周围粘有稀粪。后由于肠道损伤及中毒加剧,翅膀轻瘫,共济失调,嗉囊充满液体,稀粪水带血,重者血粪。可视黏膜苍白,后期痉挛性收缩,不久死亡。慢性病程为数周到数月,以 4～6 月仔鹅较多,症状与急性相似,但不明显,逐渐消瘦,间歇性下痢,少见血便,产蛋量减少,较少死亡。

【剖检病变】肾型球虫病可见肾的体积大至拇指大,由正常的红褐色变为淡灰黑色或红色,可见到出血斑和针尖大小的灰白色病灶或条纹。

肠型球虫病表现出血性肠炎,小肠充血、出血、肿胀,充满稀薄的红褐色液体,黏膜明显脱落,出现大的白色结节或纤维素性坏死性肠炎,在干燥的假膜下有大量的卵囊、裂殖体和配子体。

【诊断】一看发病鹅是否在流行季节,是否主要危害雏鹅、中鹅;二看粪便是否初为稀糊状,后为水样、带血,排长条状腊肠粪;三看病变部位特点;四看粪便、肠黏膜中有无球虫卵囊和裂殖体。而检查卵囊可采取肠黏膜(或肠内容物,或粪便)少许,直接涂片,显微镜下观察。根据以上情况综合分析、诊断。

【防治】搞好鹅的粪便处理和鹅舍的环境卫生是预防本病的关键。不同年龄的鹅要分开饲养管理。

治疗球虫病的药物较多,宜用两种以上的药物交替使用,争取早期用药。对于常发地区的雏鹅,应定期饲喂预防药。

球痢灵:每千克饲料加250毫克混入饲料中,连喂3~5天,预防时剂量减半。

球虫净(尼卡巴嗪):每千克饲料中加入125毫克预防,屠宰前4天停药。

克球多(可爱丹、氯甲吡啶酚):每千克饲料中加入250毫克饲喂治疗,预防量减半,屠宰前5天停药。

氯苯胍:每千克饲料中加入100毫克,拌匀后饲喂,连用10天,屠宰前5~7天停药,预防量减半。

氨丙灵:每千克饲料中加入150~200毫克,拌匀后饲喂,或在每升饮水中加入80~120毫克饮服,连用7天。用药期间,应停喂维生素B_1。

磺胺二甲嘧啶(SM_2):以含药物0.5%饲喂,或以0.2%饮水饮服,连用3天,停2天后,再连用3天。

广虫灵:每千克饲料中加入100~200毫克,拌匀后喂,连用5~7天。

磺胺六甲氧嘧啶(SMM):治疗以0.05%~0.2%,预防以0.05%~0.1%,混于饲料中饲喂,连用3~7天。

(二)鹅矛形剑带绦虫病

鹅矛形剑带绦虫是鹅的一种常见小肠内的寄生虫。虫体大量聚集,可阻塞肠腔造成机械刺激,破坏和影响鹅的消化,并能产生毒素和吸取营养导致生长发育受阻,影响产蛋量。病鹅常腹泻,混有血样黏液,肠壁上生成灰黄色小结节。

【病原】虫体带状,乳白色,扁平,分节,外表呈矛形。成虫长8~15厘米,宽18~20毫米,头节上有4个吸盘及8个有钩的顶突。虫卵呈椭圆形,灰白色。成虫寄生在鹅的小肠内,孕节或虫卵随鹅的粪便排出落在水中,被中间宿主剑水蚤吞食,发育为具感染力的似囊尾蚴。鹅经口感染,20天左右发育成成虫并开始排出孕节。

【流行特点】本病多发于夏季,对雏鹅、中鹅的危害较大。某些地区调查结果表明这种绦虫的感染率为16.67%,感染强度1~3条。

【临床症状】病情的轻重取决于虫体数量的多少和饲养管理条件的好坏。

病鹅通常食欲不振,消化不良,粪便稀薄,先呈淡绿色,后变灰白色,内有白色绦虫节片。生长发育受阻,贫血消瘦,翅膀下垂。严重时出现神经症状,运动失调。夜间有时伸颈张口如钟摆样摇头,然后仰卧,做划水动作。成年鹅感染后,症状较轻。

【剖检病变】可见小肠黏膜发炎、充血、出血。肠腔内虫体多时可造成肠阻塞、肠扭转、肠破裂等。其他浆膜和黏膜,也常见大小不一的出血点,心外膜上尤为显著。

【诊断】活鹅可通过粪便查找虫体孕卵节片和虫卵来确诊,尸检时在肠道内找到虫体即可确诊。

【防治】每年秋末给成年鹅驱虫 1 次,使越冬的鹅体内无虫。雏鹅、中鹅在放牧后 20 天,全群驱虫 1 次。投药驱虫后 24 小时内,应把鹅群圈养起来,把粪便集中堆积发酵处理。常用驱虫药物有:硫双二氯酚,每次 70 毫克,制成小丸投服;吡喹酮,每千克体重 5 ~ 10 毫克,一次性投服,效果很好;阿苯达唑,每千克体重 20 ~ 25 毫克,一次性投服;氢溴酸槟榔碱,每千克体重 1.0 ~ 1.5 毫克,溶于水内服。投药前禁食 16 ~ 20 小时。在流行区,水池应轮换使用,必要时可停用 1 年后再用。

(三)鹅蛔虫病

鹅蛔虫病是由蛔虫寄生于鹅的小肠内引起的一种寄生虫病。幼鹅与成鹅都可感染,但以幼鹅表现为明显,可导致幼鹅出现生长发育迟缓,腹泻与便秘交替出现。

【病原】本病是由于鹅吞食侵袭性蛔虫卵后而引起的一种肠道寄生虫病。蛔虫主要寄生在禽的小肠,其虫卵随粪便排出体外,在外界适宜的环境中发育成带有侵袭性的虫卵,侵袭性蛔虫卵污染饲料和饮水,成为传播本病的主要途径。

【临床症状】雏鹅以 3 ~ 9 日龄最易感,随日龄的增大,感染性逐渐下降。患禽表现厌食,生长发育不良,消瘦,行动迟缓或呆立;羽毛粗乱,两翅下垂,冠髯及颜面苍白;下痢和便秘交替出现,严重的在粪便中可见有虫体,粪便虫卵检查可见有多量的蛔虫卵。病的后期出现肌肉震颤、衰竭而死。

【剖检病变】剖检可见禽营养不良、消瘦、黏膜苍白,小肠前、中段肠管增粗,剪开肠壁,即有蛔虫虫体出现,严重者可见肠管内有大量的虫体堵塞肠腔。肠黏膜肿胀出血、溃疡。

【防治】注意做好饲槽和饮水器等一切用具的清洁卫生,粪便的清理后堆积发酵,以杀灭虫卵,并做好定期消毒工作。加强饲养管理,饲料中注意维生素 A 和维生素 B 的添加,以提高禽的抵抗力。

定期驱虫,每千克体重喂服 1 片盐酸左旋咪唑,每片含量 25 毫克,隔 10 ~ 15 天重复使用 1 次。每年秋季定期驱虫 1 次。也可采用哌嗪化合物、噻苯达唑或氨苯咪唑,按说明投喂。

(四)鹅前殖吸虫病

鹅前殖吸虫寄生在鹅的直肠、输卵管、法氏囊和泄殖腔内,偶见于蛋内。常引起输卵管炎,病鹅产畸形蛋,有的因继发腹膜炎而死。

【病原】前殖吸虫在我国发现有 5 种,以卵圆前殖吸虫和透明前殖吸虫分布较广。虫体扁平、近似梨形,体表有小刺,体长 3 ~ 6 毫米,呈红棕色。虫卵深褐色,一端有盖,另一端有小刺。成虫在泄殖腔、输卵管内产卵随粪便排出体外,如落入水中被第一中间宿主淡水螺蛳吞食,经毛蚴、胞蚴逐步发育成尾蚴,离开螺体遇到第二中间宿主蜻蜓,进入其体内形成囊蚴。鹅吞食囊蚴后,囊蚴囊壁被消化,幼虫进入泄殖腔,转入法氏囊或输卵管,发育为成虫。

【流行特点】本病呈地方性流行,流行季节多在夏季,与蜻蜓的出现相一致。

【临床症状】病鹅初期症状不明显,产薄壳蛋、软壳蛋或畸形蛋。接着产蛋量下降,精神不佳,食欲减退,羽毛蓬松,常伏地上,腹部膨大,排出卵壳碎片或流出石灰样液体。最后,体温升高,渴欲增加,泄殖腔突出,肛门边缘潮红,3 ~ 7 天死亡。

【剖检病变】主要病变是输卵管发炎,输卵管黏膜充血、极度增厚,在黏膜上可找到虫体。此外,还有腹膜炎,腹腔内含大量黄色浑浊的液体。脏器被干酪样物黏在一起,肠子间可见到浓缩的卵黄。浆膜呈明显的充血和出血。

【诊断】根据临床症状和剖检所见病变,并发现虫体,或用水洗沉淀法检查粪便发现虫卵,便可确诊。

【防治】在流行区,根据病的季节动态进行有计划的驱虫。消灭第一中间宿主,防止鹅群啄食蜻蜓。在蜻蜓出现的季节,勿在早晨、傍晚及雨后到池塘岸边放牧。

治疗:四氯化碳,成年鹅每次 3 ~ 6 毫升,胃管投服或嗉囊注射,间隔 5 ~ 7 天再投药 1 次;硫双二氯酚,每千克体重 200 毫克,一次性口服;六氯乙烷(吸虫灵),每千克体重 0.2 ~ 0.5 克拌入少量精饲料,每天 1 次,连用 3 天,服药前要禁食 12 ~ 15 小时,可与小剂量四氯化碳合用,提高效果。用四氯化碳驱虫要按规定剂量投服,过多会引起中毒。

(五) 鹅嗜眼吸虫病

嗜眼吸虫寄生于鹅的结膜囊内,引起结膜、角膜水肿发炎,失明,病鹅不能觅食,消瘦,影响生长发育,产蛋量下降。

【病原】新鲜虫体为淡黄色,半透明,前端较狭呈纺锤形或梨形,体表粗糙不平,长 3 ~ 6 毫米,宽 0.9 ~ 1.9 毫米。虫卵椭圆形,无卵盖,内含毛蚴。寄生在眼结膜的嗜眼吸虫所产的卵,在水中孵出毛蚴,侵入螺体,经过雷蚴和尾蚴,附在水草上形成囊蚴。鹅经口感染囊蚴后,幼虫只在嗉囊停留 1 ~ 5 天,经鼻泪管移到眼的瞬膜囊内,1 个月后发育为成虫。

【流行特点】鹅的感染、发病情况各地不一。据调查,平均感染率 75%,感染强度为 6 ~ 7 条。

【临床症状】病鹅初时流泪,眼结膜充血潮红,泪水在眼中形成许多小泡沫,眼睑水肿,用脚搔眼或将眼揩擦翼背部,眼睑晦暗、增厚、呈树枝状充血或潮红。少数严重病例,角膜表面形成溃疡,被黄色片状坏死物覆盖,剥离后有的出血。大多数病鹅为单侧性眼发病,一只眼出现严重症状,而另一只眼虽有感染而无明显症状,只有少数鹅为双侧性眼发病。眼内虫体较多的病鹅由于强刺激而失明,难以进食,迅速消瘦,种鹅产蛋减少,最终死亡。

【诊断重点】根据结膜、角膜炎为主的临床症状,肉眼可见的活动虫体,眼内眦瞬膜下的穹隆部可查到嗜眼吸虫,即可诊断。

【防治】用 75% 酒精滴眼驱虫。其做法是:将鹅体、鹅头保定好后,另一人把患病眼睑打开,滴入酒精。治疗后有一部分鹅眼出现暂时性充血,不久即恢复正常。也可滴眼后用氯霉素眼药水滴眼消炎。酒精驱虫后,不要马上将鹅放入水中。此外,可采取人工翻眼摘除虫体(将鹅保定好,用钝头细小金属棒插入瞬膜与眼球之间,向内眦方向拨开瞬膜,用眼科镊子从结膜囊内摘除虫体),然后用一定浓度的硼酸水冲洗眼睛。

(六) 鹅裂口线虫病

鹅裂口线虫寄生于鹅和鸭的肌胃角质层下,偶尔出现在食管和前胃,引起胃壁溃疡、出血和急性发炎。

【病原】新鲜虫体为红色,虫体细长,尖端无叶冠,有一浅而宽的口囊,雄虫长 10 ~ 17 毫米,宽 0.25 ~ 0.35 毫米,末端有交合伞,有一对等长的交合刺和一条细长的引器。雌虫长 12 ~ 24 毫米,宽 0.2 ~ 0.4 毫米,阴门部最宽,尾端呈指状。虫卵椭圆形,卵壳薄。

虫卵随粪便排到外界,在23℃、适当湿度经1天即可发育成感染性幼虫,鹅食入就感染。

【流行特点】鹅的感染率2月最高,7月最低。雏鹅更易感,有些地区感染率可高达99%以上。

【临床症状】雏鹅感染后,消化功能紊乱,食欲减退,甚至废绝,精神不振,发育受阻,体重减轻,羽毛无光,下痢,肛门周围粘满粪便。患鹅体弱、贫血、嗜睡、衰竭,甚至死亡。在鹅群因本病而发生大批死亡的也不少见。成年鹅多为轻度感染,无症状出现,成为带虫者及病的传播者。

【剖检病变】剖开肌胃,见有大量红色细小虫体寄生在角质层的较薄部位,部分虫体埋在角质层内,造成角质层的坏死、脱落,变成易碎的棕色硬块。棕色是由于出血和血色素沉积所致。有时在腺胃、食管内也可发现虫体。

【诊断】生前可通过粪便检查,用饱和盐水漂浮法,镜检漂浮出的虫卵即可做出初步诊断。剖检病鹅,在肌胃角质层发现大量红色细小线虫,结合临诊症状便可确诊。

【防治】对本病预防主要是搞好环境卫生,达到消灭虫卵和感染性幼虫的目的。由于大鹅常是带虫者,所以大小鹅群应分开饲养、放牧。在本病流行的地方,每年进行2次预防性驱虫,通常在20~30日龄、3~4月龄各1次。驱虫应在隔离鹅舍内进行,投药后的3天内,彻底清除鹅粪,进行生物发酵处理。

几种驱线虫药对此虫均有较好的驱除作用。左旋咪唑,以每千克体重25毫克通过饮水给药,对本虫驱除率为99%;噻吩嘧啶,以每千克体重50毫克给药,对幼虫的驱除率66%~99%;甲苯达唑,每千克体重100毫克内服3天;噻苯达唑,每千克体重400毫克,也有效果。

(七)鹅虱

鹅虱是鹅的一种体外寄生虫,种类很多,共有40余种,有的寄生在鹅的头部和体部,有的寄生在鹅的翅部。使鹅躁动不安,并能吸血及产生毒素,严重影响鹅的生长发育。

【病原】虫体呈椭圆或长椭圆形,灰黑色或黄色,雄虫体长3~5毫米,雌虫体长4~6毫米。鹅虱发育呈不完全变态,所产卵结合成块,经5~8天孵化为幼虱,在2~3周内经3~5次蜕皮变为成虱。

【流行特点】鹅虱主要靠直接接触感染,一年四季均可发生,特别在秋冬季大量繁殖,以啮食鹅的羽毛和皮屑为生,有时也吞食皮肤损伤部的血液。母鹅抱窝时,由于鹅舍狭小、舍地潮湿,也常耳内生虱。

【临床症状】病鹅精神痴呆,食欲不振,贫血消瘦,羽绒脱落,睡眠不安,产蛋量下降,母鹅抱窝孵蛋受到影响。用手翻开耳朵旁羽毛,可见耳内有黄色虱子,甚至全身毛根下皮肤上都有黄色虱子。如不及时治疗,10天内可使鹅死亡。

【防治】灭虱可用0.2%敌百虫液,晚上喷洒在鹅体羽毛表面;烟草1份,加水20份煮1小时后,以蒸出液涂洗鹅身,此法最好在晴天进行;氟化钠5份、滑石粉95份,混匀后撒在体表及羽毛上或用1%马拉硫磷粉喷洒;2%除虫菊酯粉、3%~5%硫黄粉或鱼藤精粉撒在鹅的体表,效果也不错;用25%的除虫菊酯油剂,用水稀释成1:2 000、1:4 000、1:8 000等,进行喷雾或药浴;寄生在耳内的虱子可用菜油滴入耳朵内,每天早晚各滴1次,连滴数天后,虱子可全部杀灭。

三、鹅常见普通病防控技术

1. 鹅有机磷中毒

有机磷农药种类繁多,杀虫效力强,家禽误食施用过有机磷农药的蔬菜、谷类、青杂草或喝了污染农药的水后引起中毒。

【病因】有机磷通过皮肤、呼吸道吸收进入体内,与体内的胆碱酯酶结合,形成磷酰化胆碱酯酶,使胆碱酯酶失去活性,不能水解乙酰胆碱,导致体内乙酰胆碱蓄积过多而中毒。

【临床症状】鹅群突然大批发病、死亡。病鹅表现呼吸困难,两脚发软,站立不稳,频频摇头,并从口中甩出食入的饲料,全身发抖,泄殖腔外口急剧收缩,频拉稀粪,最后倒地死亡。症状出现的时间与药物的浓度、喷药量、鹅食入剂量、天气及喷药后时间有关。

【剖检病变】病死鹅嗉囊和肌胃内容物可嗅到大蒜气味,黏膜充血或出血、脱落、溃疡,肝、肾大质地变脆,脂肪变性,血液呈暗黑色。

【诊断】详细了解病史,在发病前的几小时内是否有误食敌百虫、敌敌畏、乐果、一六〇五、一〇五九、辛硫磷等有机磷农药的机会与可能,结合临床症状与剖检病变,进行综合判定。必要时可将病鹅或嗉囊中的内容物送有关单位化验。

【防治】农药的保管、贮存和使用必须严密注意安全。鹅场附近禁放农药,刚喷洒过农药的农田、沟塘等不能放牧。农药中毒多为急性,来不及抢救,若发现得早,可用手按压食管及食管膨大部,挤压出刚吃进去的饲料,成鹅每只肌内注射1毫升解磷定注射液(每毫升含40毫克),第一次注射后过15分再注射 1 毫升,以后每 30 分服阿托品 1 片(每片 1 毫克)连服 2 ~ 3 次,并给予充分饮水。小鹅用量酌情减少。

2. 雏鹅水中毒

雏鹅由于饮水不足,引起脱水,一旦有水就暴饮,导致体内水分突然增加,失去平衡,使组织内大量蓄水,使血浆钠、氯浓度下降,细胞内液渗透压高于细胞外液,水进入细胞内引起细胞水肿,特别是脑细胞水肿。常因神经元功能障碍或脑内压升高,而使患鹅出现精神不振,四肢无力,运动失调,以致昏迷而死亡。

【临床症状】雏鹅暴饮后 30 分左右,精神不振,四肢无力,步态踉跄,共济失调,呈犬坐姿势,或张口扬头,或头顾嗉囊,口流黏液,两脚急步呈直线后退或做圆周运动,并排出水样粪便,数分后倒地死亡。部分雏鹅在倒地 30 ~ 40 分后苏醒康复。

【剖检病变】口腔无明显病变,嗉囊充满水样液体,肠道黏膜以刀背轻刮极易脱落,其他未见眼观变化。

【防治】雏鹅出壳后要及早饮水(应在开食前尽早进行),供水要充足,防止机体脱水。若已脱水,应在饮水中加食盐,达到生理浓度 0.9%,同时控制饮水量,不让雏鹅暴饮,即可防止出现水中毒。

3. 雏鹅维生素 K 缺乏症

维生素 K 缺乏可导致凝血时间明显延长甚至不能凝固。3 ~ 6 周龄仔鹅较易发病,死亡率一般在 3% ~ 5%。

【临床症状】营养情况良好的鹅大多突然死亡,个别鹅死前奔跑,死时四肢朝天。

【剖检病变】脸和肌肉苍白,胸肌、腿肌和两翅下有大小不等的出血点,绝大部分尸体腹腔内积满血液,将腹腔内的血液放出后,可见肝呈土黄色或深浅不等的条纹状,部分肝破裂,心冠脂肪,心肌有弥漫状出血,腿骨骨髓苍白。

【诊断】根据肌肉、翅、腿等组织出血和体腔内充满血液来诊断;也可采病鹅的血液,在室温下,若凝血时间显著延长,甚至不凝固即可诊断。

【防治】饲料中适当添加维生素 K,特别是生长发育旺盛的引进良种鹅更应如此。病鹅可用维生素 K_3 进行治疗,每千克饲料添加 20 ~ 30 毫克,使用 1 周后降为每千克饲料添加 10 毫克再用 1 周,效果很好。一般使用 3 天后即可停止出现以腹腔内出血为特征的死鹅,7 天后即可全部康复。

4. 冬季雏鹅脚瘫病

冬季雏鹅脚瘫病是一种集中发生于天气寒冷季节的气候性疾病。雏鹅受寒,寒滞血凝,肢端尤甚,影响脚关节活动,形成脚瘫,脚静脉血淤不畅,发生肿疼,影响鹅体精神、食欲和抗病力,造成一定死亡率。此外由于小鹅瘟、鹅沙门菌感染等也可引起脚瘫。

【临床症状】病鹅体温基本正常或偏低,精神沉郁,食欲不振,翅垂昏睡,离群独处,脚瘫伏地,行走蹒跚,鼻流清涕,喙部、脚趾皮肤干缩呈黑紫色,肢端冷,恶寒,全身阵发痉挛,少数伴有白痢、黄痢或黄白痢。

【剖检病变】绒毛杂乱,机体消瘦,鼻腔积液,消化不良,胆囊肿大,肌胃内容物呈稀薄糊状,心包液充盈并呈淡红色,小肠鼓气,普遍脚趾干缩,趾上静脉血管肿胀呈紫黑色,眼睑苍白。

【防治】将病鹅隔离圈养,屋内保温,室温保持在 28～30℃,伴有黄白痢的病鹅灌服禽炎康,补充维生素 A、维生素 C,每日饮温热水,饲喂配合饲料和青草。病鹅普遍进行趾静脉放血,去瘀血直至充盈鲜红血液。经治疗病愈率可达 98% 以上。

5. 雏鹅光过敏症

雏鹅光过敏症又称水疱性皮炎。典型病变特征为上喙缩短,喙边缘上翻,脚爪上跷,喙边及脚部表皮结痂。

【临床症状】病初少量鹅上喙短于下喙边缘上翻,采食受到影响,两侧脚蹼上有黑色斑块。3～5 天后,脚趾全部上跷,雏鹅行动迟缓,喜卧,两侧脚趾、跖部无被毛处皮肤有较厚的痂皮,掌部肉垫层增厚,趾、跖关节未见明显变形,腿骨长度正常。生长发育极度迟缓,体重明显低于正常鹅,羽毛发育不全。

【防治】本病主要由于某种霉菌污染垫料、饲料,霉菌产生的毒素致使鹅群发病。因此,发病后,饲养场地应全面清扫、消毒,取消垫料,饲喂全价配合饲料,加喂禽用多维素,对全群鹅只进行氟哌酸常量饮水。

6. 雏鹅痢特灵中毒

雏鹅痢特灵临诊常用剂量为每千克体重 10 毫克,每天内服 2 次,错误添加,每只鹅每天喂服 0.25 克后,会出现痢特灵中毒,死亡率达到 25%。

【临床症状】病鹅精神沉郁,颈强直,翅下垂,食欲下降,渴欲增加,站立不稳,步态蹒跚,全身震颤,惊厥鸣叫,到处乱走,个别转圈,最后倒地痉挛而死。

【剖检病变】嗉囊、腺胃、肌胃内有黄色黏液;肠道有出血性炎症;肝微肿大,橘黄色,有轻微出血点;颈部皮下、腿肌有出血点和斑;胸腹腔有黄色液体;

心包积有棕色液体,左右心房有出血点;肺有坏死点;脑膜出血;肾脏橘黄色。

【治疗】立即停喂痢特灵,同时饮水中加5%葡萄糖和速补-14,每天饮用2次,其余时间饮用口服补液盐,5天鹅群基本恢复正常。

7. 雏鹅食灰菜中毒

【临床症状】病鹅精神委顿,食欲废绝,眼睛和头部肿胀,由于不适和瘙痒,有摇头现象;眼半闭,嗜睡,结膜潮红,站立不稳,走路摇摆,惊叫不安,呼吸困难,常倒地摇头窒息而死。病鹅多呈急性经过,病程半天。

【剖检病变】嗉囊充满灰菜,腺胃少量出血点,胸腹腔积橘黄色液,心包积液,心脏扩张,胰白垩色、有出血点,肝脏有斑驳纹、有出血点,肠道肿胀有出血点,肺气肿、内含淡红色泡沫,脑充血,皮下出血,并有橘黄色浸润渗出。

【治疗】停喂灰菜,并不要把鹅暴露在阳光下;按多维葡萄糖40克,维生素C 1克,维生素 B_1 100 毫克比例溶化在500毫升水中,让鹅自由饮用,4天鹅群基本恢复正常。